U0224504

酚醛泡沫建筑防火保温施工

锦州市好为尔保温材料有限公司　编著

中国建材工业出版社

图书在版编目（CIP）数据

酚醛泡沫建筑防火保温施工/锦州市好为尔保温材料有限公司编著. —北京：中国建材工业出版社，2015.1
ISBN 978-7-5160-0999-4

Ⅰ. ①酚… Ⅱ. ①锦… Ⅲ. ①酚醛树脂-应用-建筑物-保温工程 Ⅳ. ①TU761.1

中国版本图书馆 CIP 数据核字（2014）第 240642 号

内 容 简 介

本书以建筑保温应用酚醛保温材料为主线，重点介绍酚醛保温板、复合酚醛板在建筑围护结构中采用粘贴、模板内置、干挂，以及酚醛泡沫浇注、喷涂法的保温系统施工技术，并针对典型工法的工程质量缺陷提出防治措施。同时，适当介绍了保温板生产和设计内容，以及酚醛泡沫复合板作为建筑外保温的防火隔离带、空调通风管道安装、保温屋面防水和工程项目管理等内容。

本书侧重实用，具有图文并茂、系统、全面和翔实等特点，可供生产、设计、施工、监理和科研人员参考使用。

酚醛泡沫建筑防火保温施工

锦州市好为尔保温材料有限公司　编著

出版发行：中国建材工业出版社
地　　址：北京市海淀区三里河路 1 号
邮　　编：100044
经　　销：全国各地新华书店经销
印　　刷：北京鑫正大印刷有限公司
开　　本：787mm×1092mm　1/16
印　　张：17
字　　数：406 千字
版　　次：2015 年 1 月第一版
印　　次：2015 年 1 月第一次
定　　价：68.50 元

本社网址：www.jccbs.com.cn　　微信公众号：zgjcgycbs
本书如出现印装质量问题，由我社发行部负责调换。联系电话：（010）88386906

前　言

酚醛泡沫（板）是有机类热固性硬泡保温材料中的一种，它具备有机类保温材料容重低、导热系数低、防火性能好和施工方便等综合特点。

特别是近年我国建筑节能率和防火等级的逐步提高，使酚醛泡沫突出的防火、耐火焰穿透、低烟雾、低毒和耐高温等独特性能体现独特优势，更加适合节能建筑保温系统应用要求。

酚醛泡沫除具有保温效果能够容易达到建筑节能效果外，而且在施工过程控制中，还是在工程验收后的正常使用中，都能对预防发生火灾事故起到预防的重要作用。

尤其近年来，酚醛泡沫合成技术、保温工程应用配套材料合成技术，以及工程应用技术都得到突飞猛进的发展。

辽宁锦州市好为尔保温材料有限公司，在酚醛保温板保温系统配套的关键材料研究和应用技术方面实现了新的重大突破。如针对有低酸性的酚醛泡沫板，研发了酚醛保温板专用隔酸增强护（界）面剂、酚醛泡沫板专用耐酸性非水泥基单组分聚合物抹面胶浆（聚合物抗裂砂浆）、酚醛泡沫板专用耐酸性的非水泥基单组分胶粘剂，研发的低酸（PH≥6）或中性酚醛泡沫保温板、复合酚醛保温板等均申请国家发明专利，所研发和生产的产品技术性能达到或超过现行国家、地方相关标准、规程规定，达到国内领先水平。

酚醛泡沫（板）、涂装饰面等外保温系统材料，经多层、高层建筑大量工程实践应用，用户反映效果良好，得到设计、建筑和施工单位一致认可，使酚醛泡沫在建筑业保温应用技术更加成熟，已愈来愈多应用于节能率为50％公用建筑和65％民用建筑，也成为民用建筑75％节能率应用的希望。

为使酚醛泡沫在建筑行业持续稳定健康发展，做出更多、更好的优质工程，使更多读者加深了解酚醛泡沫，掌握施工基本技术，充分利用该产（制）品技术特征，继续扩大酚醛泡沫在节能建筑中的应用，我们组织工程技术人员，通过总结产品生产经验和工程施工实践编写了本书。

本书编写在主要参照现行国家、行业和省地方酚醛泡沫板的相应规范、规程和技术标准的同时，结合实际经验将所编内容更具体化，使其更加实用、查找方便、通俗易懂。

本书由李明树、刘艳君、冯立志、陈国俊、李小兵、屈崇、李家伟、罗振新、赵丽敏、李启飞、曲之刚、李皎、朱玉辉、许新宇、张航原、修园园、陈晓琴、王立超参加具体编写，全书由辽宁民发集团董事长李明亮统审定稿。

在编写过程中得到辽宁省住房和城乡建设厅建筑节能科技发展促进中心、辽宁省保温材料协会和辽宁省建筑节能环保协会的大力支持，以及行业专家热情帮助与指导，在此一并表示衷心感谢。

我们愿将生产酚醛保温板、外墙外保温系统施工和钢结构装配技术，施工经验，奉献给同行与社会、愿与同行共同交流技术。

酚醛泡沫的生产、配套材料和建筑保温系统应用技术，仍在不断完善、发展当中，加之编写水平有限，本书所编内容存在错误和不足在所难免，敬请读者批评指正，以便共同提高，为建筑保温做出应尽的责任。

作　者

2014 年 10 月

目　　录

3

概　　述

中国是世界上建筑业发展最快的国家，全国到处都是建筑工地。据市场调查报告称，全球保温材料将以 5％的速度增长，2009～2014 年预计中国将占到全球保温的 29％，目前中国是世界上保温材料需求最多的国家。

建筑应用保温材料可简单划分为有机型、无机型和复合型，我国近 15 年保温材料生产和应用获得高速发展，不少产品从单一化到多样化、功能化。材料合成技术、生产设备达到先进水平，使产品质量、防火等级普遍提高，已成为品种比较齐全的产业。

根据建筑构造特点、节能率和安全防火等要求，各类建筑保温材料采用不同技术措施，在节能建筑保温系统中被广泛选择使用。

各类保温材料性能和应用各有利弊，单从保温材料防火性能比较，无机类轻体状保温材（浆）料，虽然有很好的防火性能（燃烧等级为 A 级），但因导热系数偏高，在达到同等保温效果前提下，无机保温材料应用厚度必然加大，必然增加建筑荷载。因此，无机类轻体状保温材料，如不在建筑保温的构造上采取措施，除在我国南方地区可使用外墙外保温外，而按北方地区现有 65％建筑节能率和防火要求，无机类轻体浆保温材料，特别适用于北方地区不采暖楼梯间、分户间隔墙、地下室顶棚保温或个别外保温、热桥等部位修补、内外墙复合保温。

有机类保温材料具有容重小、导热系数低和施工方便等优点。聚苯乙烯泡沫（XPS、EPS）板燃烧等级普遍为 B2 级（可燃），防火改性后可达到 B1 级（难燃）。但聚苯乙烯泡沫受热（≥80℃）后，开始软化、收缩，遇明火熔滴、形成空腔。

酚醛泡沫和聚氨酯硬泡同属有机质热固性保温材料，热固性保温材料的性能和应用方法都具有很多优点，而且施工技术非常成熟。

聚氨酯硬泡燃烧后无熔滴现象，但燃烧等级多数为 B2 级，改性后可达到 B1 级（但其中氧指数很难达到 30％），改性聚异氰脲酸酯（PIR）硬泡燃烧等级可达 B1 级。B1 级聚氨酯硬泡、改性聚异氰脲酸酯一旦遇火表面炭化、无融熔滴落物，但产生有高毒浓烟。

众所周知，酚醛泡沫在具备有机类保温材料基本优点的同时，尤其具备无机类保温材料突出的防火性能，最普通的酚醛泡沫燃烧等级为 B1 级（其中氧指数达到 40％，易达到45％），它在高温 1300℃明火直接接触下，只在其表面产生炭化而无融熔滴落物，具有耐火焰穿透性能，烟雾极低、低毒。相对其他有机质能保温材料，能在建筑外保温施工过程中或工程验收后减少火灾事故发生，并能有效控制火焰蔓延。

在国内外墙外保温施工过程中或是在竣工后曾发生多起火灾事故，多因聚苯乙烯泡沫、聚氨酯硬泡引起，但没有一起是酚醛泡沫引起的。

为达到应用的更高建筑防火等级，常采用无机材料与酚醛保温板复合使用。酚醛泡沫与无机抹面材料，或与燃烧性能为 A 级的无机（保温）材料包裹（面层）复合后，燃烧等级可等效达到 A 级（不燃）。或通过其他防火保温构造设计后，更加体现其独特优势，使外保温系统的整体燃烧等级可等效达到 A 级（不燃），即在达到最好保温效果的同时，又具有使用范围广、施工方便和安全防火等特点。

酚醛树脂是德国化学家阿道夫·冯·拜尔（Johann Friedrich Wilhelm Adolf von Baeyer）（1835年－1917年）于1872年首次合成。1907年，比利时的美国化学家利奥·亨德里克·贝克兰（Leo Hendrik Baekeland，1863年－1944年）改进了酚醛树脂的生产技术，将树脂实用化、工业化。1910年，他建立通用贝克莱特公司（General Bakelite），并用自己的名字赋予酚醛树脂商标名"Bakelite"，使之工业化生产。

酚醛树脂是一种合成塑料，本身具有耐高温性能好、粘结强度高、高残碳率、低烟低毒、抗化学性、热处理好等性能。合成时加入不同组分，可获得功能各异的改性酚醛树脂，如聚乙烯醇缩醛改性酚醛树脂、聚酰胺改性酚醛树脂、环氧改性酚醛树脂、有机硅改性酚醛树脂、硼改性酚醛树脂、二甲苯改性酚醛树脂、二苯醚甲醛树脂等，酚醛树脂已广泛应用于多个领域。

酚醛泡沫的研制技术早在1940年，德国利用其保温、防火、低烟等技术特点，首先将其应用在飞机上作为保温隔热层。在1970年前，几乎各国对酚醛泡沫研制和应用都没有太大进展，主要是经济原因和没能有效地利用酚醛泡沫的最大特点：耐温性、难燃性、低发烟性、耐火焰穿透性。之后，北美、西欧一些国家对其进行深入研究后，欧洲联邦德国、前苏联、美国，以及日本等国，将酚醛泡沫做为建筑隔热保温的主体材料。

在20世纪80年代，英国（HP chemical）、美国（koppers）、德国（dynamite Nobel）、前苏联、日本和南韩等国，已经具有连续层压酚醛泡沫保温板材生产技术，其中前苏联还开发了现场喷涂酚醛泡沫的施工技术。

我国从90年代初开始，酚醛泡沫技术进入实质性研究。早期生产的酚醛泡沫存在酸性大（与金属、水泥基材料接触会有一定腐蚀性）、脆性过大（运输、应用不便）、残存甲醛味大（尤其生产中，或室内应用保温对人体健康有害）和闭孔率低（导热系数高）等普遍缺点，已逐步得到改善。特别是近几年，我国建筑业的节能率和建筑保温防火等级逐渐提高，各企业、研究部门加大了对酚醛泡沫技术的科研力度，使酚醛树脂生产质量稳定，在合成泡沫技术和应用技术上不断改性与改进。

好为尔通过借鉴国外先进技术，经工程技术人员积极努力，结合国情，围绕酚醛泡沫在建筑保温系统的材料合成和工程应用研究方向都取得突破性进展，从各方面改性研究彻底解决传统酚醛泡沫的酸、脆、粉缺陷与不足，在连续化生产线上，制造出高质量酚醛保温板，且性能分别符合国家和省级地方性能的要求。如：通过对酚醛树脂及发泡技术调整后，酚醛保温板达到有机酸的低酸性（几乎是化学中性），又使泡体弹性大大提高，可采用普通硅酸盐水泥基粘结砂浆粘贴达到规定强度；为使酚醛泡沫板在行业应用技术上达到普及，可在低酸性泡沫板的六面体通过喷、刷或浸进行专用护（界）面处理，不但封酸、提高酚醛保温板强度，同时在施工间歇（或等待保温层验收时）起到防晒、防雨、防老化等作用，而且经处理后的保温板与基层和抹面胶浆粘结极好，分别达到国家和省级地方标准要求。

为适应行业发展的要求，好为尔已成功研发出酚醛保温板专用耐酸的中性粘结胶（非水泥基）、专用单组分抹面胶浆（非水泥基），使酚醛泡沫板和墙体基层牢固粘结，以及在泡沫板表面薄抹面层后，不但耐久，而且可达到A级防火性能的要求，等等。

国内酚醛泡沫板的生产技术已完全成熟，达到自动连续化工业生产，各项技术性能指标达到国际同等水平或国际先进水平。

根据建筑节能率、防火安全提高和施工经验积累，酚醛泡沫成套系统的施工技术已向规范化发展，由于酚醛泡沫技术发展较快，也存在有的设计、施工单位对酚醛泡沫应用技术还不十分了解，有待尽快加强熟悉。

酚醛泡沫在建筑业应用得到高度重视，中国工程建设协会标准、辽宁省、北京市、上海市、福建省等南方、北方地区，分别编制省级地方标准、规程（规范）与施工构造图集。国家《建筑防火设计规范》发布，使酚醛保温材料在建筑业应用市场逐渐扩大，更加广泛应用于公共、民用等节能建筑。

国家现行标准、规范和有关地方标准的发布，体现我国节能建筑保温、防火与时俱进的发展和节能建筑工程质量的提高，使酚醛泡沫在节能建筑业的施工、应用更加规范化，使设计、施工和验收有正确依据。

酚醛泡沫所构成施工的工法，适用于全国不同温度区域的各类新建、既有民用建筑和公共建筑。在我国寒冷地区、严寒地区和夏热冬冷地区大面积推广应用，已取得可喜的节能效果。

我国建筑的年竣工面积超过所有发达国家之和，在既有建筑中，超过95％以上是高耗能建筑，至少有三分之一既有建筑需要进行节能改造。从全国范围看，酚醛泡沫建筑保温已诞生很大的市场，同时相关酚醛泡沫产业链的生产企业也将迎来更好的发展良机。

酚醛泡沫从建筑防火安全、节能保温效果、施工技术、泡沫制品（工程）单价和使用寿命等全方位综合分析，相对具有很大优势，是未来很有发展的建筑保温材料，必然在节能建筑保温系统中继续扩大使用。

术　　语

1. 酚醛泡沫混合料

由酚醛树脂、发泡剂、表面活性剂、填充剂和硬化剂等助剂经充分混合而成的发泡组合（物）料，简称PF混合料。

2. 热固性泡沫塑料

泡沫塑料成型过程为化学变化过程，其化学结构变成体型或网状结构，性能稳定；受热硬化后成为不溶熔物质，不能再被热加工；过程不可逆。如酚醛泡沫塑料、聚氨酯泡沫塑料等。

3. 热塑性泡沫塑料

泡沫塑料成型过程为物理变化过程，其化学结构无变化；受热溶熔物质，冷却后变硬，一定温度范围内可反复加热软化和冷却变硬；过程可逆。如EPS保温板、XPS保温板等。

4. 外墙外保温系统

由保温层（酚醛泡沫板或酚醛泡沫复合板）、抹面层、固定材料（胶粘剂、锚固件等）和饰面层构成，并固定在外墙外表面（或内表面）的非承重保温构造的总称，简称PF外墙外保温系统。

5. 酚醛保温板外墙外保温工程

将酚醛泡沫保温系统通过组合、组装、施工或安装，固定在外墙外表面上（或内表面）所形成的建筑物实体。

6. 酚醛保温板专用粘结胶浆

用于酚醛保温板与基层墙体之间粘结的特制专用聚合物胶浆，简称 PF 板专用粘结胶浆。

7. 酚醛保温板护面剂

在通用酚醛保温板表面，通过涂、喷或刷覆盖在酚醛泡沫保温板表面，能封闭保温板表面酸性且有增强、防雨、防晒作用的专用界面剂，简称 PF 板护面剂。

8. 护面酚醛保温板

在通用酚醛裸板表面通过喷或涂专用护面剂后，与 PF 保温板复合成的保温板，简称 HPF 保温板。

9. 酚醛保温板专用聚合物抗裂砂浆

由聚合物、增强纤维、水泥基或专用非水泥基，以及细砂及添加剂等按一定比例混合，固化后具有抗裂性能的韧性砂浆，简称抗裂砂浆或抹面胶浆，简称 PF 板抗裂砂浆。

10. 酚醛保温板抹面层

抹在酚醛保温板上的专用聚合物抹面胶浆（或聚合物抗裂砂浆），中间夹铺增强网，保护保温层并起防裂、防水、抗冲击和防火作用的构造层，简称 PF 抹面层。

抹面层可分为薄抹面层和厚抹面层，用于耐碱玻纤网格布增强的涂料饰面为薄抹（灰）面层，用于热镀锌网增强的面砖饰面为厚抹（灰）面层。

11. 饰面层

附着在酚醛泡沫表面，直接暴露在空气中，对保温层和抹面层有防止风化、提高抗裂性和起外装饰作用的构造层，简称 PF 饰面层。

饰面层包括涂装（如涂料、饰面砂浆和柔性面砖饰面）饰面、面砖饰面和块材幕墙饰面和其他装饰板饰面。

12. 保护层（防护层）

抹面层和饰面层的总称。

13. 酚醛保温板粘贴法

酚醛泡沫保温板、复合酚醛泡沫保温板或保温装饰复合板，以粘贴为主要固定（或以锚固为辅）安装的方式，称为粘贴法，简称 PF 粘贴法。

14. 酚醛泡沫喷涂法

使用专用的喷涂发泡设备，喷涂在外围护结构基层表面的发泡混合原料迅速发泡，通过连续多遍喷涂形成无接缝的酚醛泡沫体，称为喷涂法，简称 PF 喷涂法。

15. 酚醛泡沫浇注法

使用专用的浇注发泡设备，将发泡混合原料注入空腔（或已安装模板）中，在空腔中形成饱满连续的酚醛泡沫体，称为浇注法，简称 PF 浇注法。

16. 酚醛保温板干挂法

酚醛泡沫保温装饰复合板以专用挂件（连接件、锚固件等）为主要固定（或以粘贴为辅）安装的方式，称为干挂法，简称 PF 板干挂法。

17. 现浇混凝土酚醛保温板模板内置法

在外墙内、外两侧，用模板固定模板内两侧酚醛泡沫板或固定外墙外侧（单侧）酚醛泡沫板，在墙体两侧（或单侧）设置酚醛泡沫空腔处预置绑扎钢筋，用浇注免振混凝土将钢筋与酚醛泡沫板构成保温墙体，称为 PF 板模板内置板材法。

18. 复合酚醛泡沫保温板

以酚醛泡沫板为芯材，在其两面、单面或六面，以界面层或无装饰性的水泥基聚合物薄面层复合而成的防火保温板，简称复合 PF 板。

19. 酚醛保温装饰复合板

以酚醛泡沫板为芯材，在其两面（或单面），以某种有装饰性的面材复合而成，简称 PF 装饰复合板、或装饰复合 PF 板。

20. 托架

将酚醛板或装饰复合板材用固定件固定在基层，能起辅助预防保温板下沉的金属件。

21. 涂装饰面

施工在抹面胶浆表面，与外保温体系材料相容，以装饰功能为主，兼具有保护功能的弹性建筑面层（包括建筑涂料、饰面砂浆、柔性饰面砖）。

22. 免拆模板

在模板内浇注酚醛泡沫后，模板与酚醛泡沫结合成整体，作为外保温系统的组成部分，这种模板称为免拆模板。

23. 墙体基层界面剂

由高分子乳液及各种助剂、粉料配制而成，用于密封墙体基层潮气、增加酚醛泡沫与基层的粘结强度。

24. 镀锌金属组合挂件

用于干挂酚醛泡沫保温装饰复合板或饰面板的连接件。

25. 柔性装饰面砖

是以聚合物水泥片材为胎基，与无机骨料加聚合物组成的基研材料复合，在自动化生产线加工而成片（块）状装饰材料，简称柔性面砖。

26. 耐碱玻纤网格布

采用耐碱玻璃纤维纺织，面层涂以耐碱防水高分子材料制成，分普通型和加强型，统称耐碱玻纤网格布。

27. 塑料膨胀锚栓

用于将热镀锌电焊网或保温板材固定于基层墙体的专用机械连接固定件，通常由螺钉（塑料钉或具有防腐性能的金属钉）和带圆盘的塑料膨胀套管两部分组成，简称锚栓。

28. 柔性耐水腻子

由弹性乳液、助剂和粉料等制成的具有一定柔韧性和耐水性的腻子，简称柔性腻子。

29. 酚醛防火保温板

在工厂将酚醛保温板与无机面层复合预制成具有 A 级防火、保温性能的板或块，简称 PF 防火保温板。

30. 复合酚醛板防火隔离带

设置在可燃、难燃类保温材料外保温系统中，由复合酚醛板构成具有一定宽度的带状构造，火灾发生时，可起到阻止火焰蔓延的构造带作用。一般按水平方向呈封闭环形设置，必要时也可以竖向设置。简称 PF 板防火隔离带。

31. 阻火传播性

阻止火焰沿外保温系统传播的能力。

32. 过渡粘合找平层

用于在含有护面剂酚醛泡沫表面，具有找平、保温或防火功能的无机类浆体保温材料。

33. 热桥

保温层不连续之处，即在此处易有由高温向低温方向扩散热量的薄弱部位，称为热桥。

34. 围护结构传热系数的修正系数

不同地区、不同朝向的围护结构，因受太阳辐射和天空辐射的影响，使得其在两侧空气温差同样为 1K 情况下，在单位时间内通过单位面积围护结构的传热量要改变。这个改变后的热量与未受太阳辐射和天空辐射影响的原有传热量的比值，即为围护结构传热系数的修正系数。

35. 高层建筑

建筑高度大于 27m 的住宅建筑和其他建筑高度大于 24m 的非单层建筑。

第1章 基本知识

酚醛隔热保温板（phenolic insulation board，PIB），泛指经技术改性的酚醛泡沫（modified phenolic foam，MPF）板，简称酚醛泡沫（phenolic foam，PF）板（PF板）或PF保温板。通过配方调整PF后，按产品成型工艺，其产品又有喷涂成型酚醛泡沫或浇注成型酚醛泡沫保温材料。

PF保温板、喷涂型或浇注型酚醛泡沫，统称酚醛泡沫（phenolic foam，PF）。酚醛泡沫俗称酚泡，因酚醛泡沫外观呈粉色而又称"粉"泡。

PF保温板、浇注或喷涂PF泡沫，是以热固性酚醛树脂为主体原料，PF成型后，是典型热固性硬质酚醛树脂泡沫塑料技术特征。

PF保温板是在热固性酚醛树脂、发泡剂、表面活性剂以及增韧剂和添加剂等组分存在下，通过加入硬（固）化剂，将各组分充分混合均匀后，发泡混合料在室温或在板材连续生产线上，控制在50～85℃范围的某恒定温度时，在组分间共同反应后发生交联，经过形成气泡核、气泡核膨胀，到泡体固化而成。

发泡混合料一般由A组分（固化剂）、B组分和C组分构成，分别在专用发泡设备的混合头内充分混合后，可完成浇注酚醛发泡成型，或借助一定空气压力完成喷涂酚醛泡沫成型的保温材料。

酚醛泡沫为有机质热固性保温材料，具有独特的防火、耐火焰穿透、低烟雾、低毒、高效保温（低导热系数）、耐高温、耐有机溶剂、轻质（容重低）和应用方便（生产成保温板、浇注或机械喷涂施工）等独特性能的优势。

目前，酚醛保温板在建筑保温系统应用居多，与酚醛保温板施工配套材料齐全，施工技术完全成熟，已广泛应用于各类建筑围护结构的防火保温工程。

1.1 酚醛泡沫特点与适用范围

1.1.1 酚醛泡沫特点、性能

热固性塑料和热塑性塑料通常是按加工性能来分类，常见典型的酚醛泡沫（PF）或PF板、聚氨酯硬泡（PUR或PIR）为热固性泡沫塑料，常见典型的聚苯乙烯泡沫（EPS板、XPS板）为热塑性泡沫塑料。

热固性泡沫与热塑性泡沫塑料主要区别：热固性泡沫的形状是分子链内部进行交链成网状或体形结构，再次加热也不能达到流动状态，即热固性PF泡沫为不可逆化学反应产品、形状稳定，因而遇热、遇火不收缩、不熔稳定；热塑性泡沫塑料为线形分子结构，通过加热为可逆产品，热塑性泡沫塑料与热固性泡沫的受热等性能比较完全相反，遇热收缩变形不稳定，遇火迅速熔化，继而产生熔滴。

1. PF泡沫耐高温、防火阻燃，与高温明火接触时，耐火焰穿透、低毒、低烟普通型酚醛泡沫可在 150℃ 以下长期使用，不会发生任何降解现象，短时间使用温度可达 210℃，且泡沫体积与强度无明显变化，仍具有绝热保温效果。

酚醛泡沫是目前常用几种有机类泡沫保温材料中，使用温度最高、绝热保温性能稳定性最好的一种有机类热固性硬质泡沫塑料。它在超高温接触下，形成炭化骨架和 CO、CO_2 等气态物，不仅能冲稀燃烧区可燃气体及氧气浓度，且能有效覆盖作用，成炭率高。其变化过程如下：

（1）在 250～400℃ 下酚醛泡沫进一步缩合放出水和甲醛；

（2）在 400～600℃ 逐步氧化环化放出 CO、CO_2；

（3）在 600～750℃ 逐步炭化，形成炭化层而隔热，并阻止泡沫进一步燃烧。

普通 PF 保温板自身的燃烧等级为 B1 级，且氧指数很容易达到 45％ 以上，甚至达到 50％ 以上，高于任何其他有机质保温材料。

用焊枪射出 1200℃ 的火焰，对 50mm 厚度 PF 保温板喷烧 10min 后，接触火焰的表面只产生炭化层，火焰不穿透，在其板的背面未发现有明显的热传现象，更不会散发浓烟和毒气。只在泡体表面炭化（炭化越多防火越好）、不燃烧、不延燃（不蔓延、不阴燃）、不融熔、不变形、不收缩、无熔滴、极低烟，不具有火焰传播性，如图 1-1 所示。

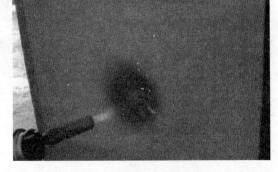

图 1-1　PF 保温板喷火试验

据有关资料介绍，日本按有关标准检测后，将 PF 保温材料定为"准不燃"产品。

PF 保温板燃烧性能超过 B1 级较多，稍低于 A 级（按 GB 8624—2012 标准检测，只是其中热值偏高），位于 B1 级和 A 级两者燃烧等级之间，PF 保温板的防火等级有望未来定为"A3"级。

酚醛泡沫与其他常用有机泡沫塑料燃烧时相对比较，所产生气体毒性小，见表 1-1。酚醛泡沫燃烧发烟速度最慢、发烟量（生成 CO 等有害气体）极低，如图 1-1 所示。

表 1-1　泡沫塑料燃烧产生气体量比较

构成元素	塑料名称	燃烧时产生气体量			
		CO_2（体积％）	CO（体积％）	HCN（mg/g）	HCl（mg/g）
C，H	聚乙烯	0.210	0.0191	—	—
	聚丙烯	0.204	0.0092	—	—
	聚苯乙烯（发泡体）	0.156	0.0277	—	—
	聚苯乙烯（难燃型）	0.064	0.0522	—	—
C，H，O	酚醛树脂（泡沫）	0.093	0.0039	—	—
	2-甲基丙烯树脂	0.145	0.0060	—	—
C，H，O，N	ABS 树脂	0.149	0.0284	14.2	—
	聚酰胺	0.157	0.0174	53.5	—
	聚氨酯泡沫	0.026	0.0013	3.0	—
	聚氨酯泡沫（难燃型）	0.026	0.0026	3.6	微量

构成元素	塑料名称	燃烧时产生气体量			
		CO_2（体积%）	CO（体积%）	HCN（mg/g）	HCl（mg/g）
C，H，Cl	氯乙烯树脂	0.027	0.0253	—	252.0
	氯乙烯树脂（难燃型）	0.018	0.0219	微量	175.0

2. PF 泡沫独立封闭结构，导热系数低，绝热保温效果优良

酚醛泡沫固化成独立的微发泡体，导热系数较低，设计厚度较薄，减轻建筑荷载。

根据热工理论计算表明，在同等环境条件下，当达到相同保温效果时，酚醛泡沫与常见保温材料厚度对比结果是：

40~45mm 厚度 PF 保温板约相当于 40mm 厚度聚氨酯硬泡（PUR）、60mm 厚度挤塑聚苯乙烯泡沫（XPS）板、80mm 厚度模塑聚苯乙烯泡沫（EPS）板、90mm 厚度矿物纤维、120mm 厚度胶粉聚苯颗粒保温层、130mm 厚度复合木材、200mm 厚度软质木材、760mm 厚度轻质混凝土、1720mm 厚度普通砖块的保温效果。

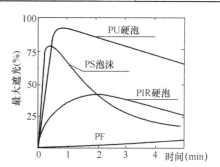

图 1-2　酚醛泡沫与其他泡沫放出烟量比较
PU 硬泡——聚氨酯硬泡；
PS 泡沫——聚苯乙烯泡沫；
PIR 硬泡——聚异氰脲酸酯硬泡；
PF——酚醛泡沫

酚醛泡沫在建筑业实际应用中，都是将酚醛泡沫表面涂有或复合非渗透性饰面材料，加之高闭孔率的泡孔内气体不易扩散，因而泡体的导热系数变化较小。

但随着酚醛泡沫密度的下降（开孔率也会增加）、环境温度增加，泡沫有效导热系数上升，泡沫的导热系数是温度的函数。

泡沫含有气体，正是这些含有发泡剂的泡孔，提供了一个物理栅栏，使空气得以通入，发泡剂可以渗出。假设在泡沫外露情况下，随着时间的延续，周围的空气向泡孔内扩散，泡孔内发泡气体也会向外渗透，最终导致泡沫有效导热系数越来越大。

酚醛泡沫导热系数极大程度上依赖泡孔里充填气体的性质、组成以及气体的渗透率。泡沫闭孔率、平均孔体积，也是影响酚醛泡沫导热系数的重要因素。闭孔率越高，泡沫导热系数就越小。垂直发泡方向的导热系数略小于平行发泡方向上的数值。

3. PF 泡沫尺寸稳定性好

发泡后细腻的酚醛泡沫孔结构，决定了低密度、硬度、闭孔，酚醛泡沫强度是各向异性的。各向异性的产生由发泡时流动物质沿着它们发泡的方向排列的泡孔直径所致。采用加压发泡的泡孔直径几乎相等，这样各向异性有所减少，高密度泡沫各向异性差异非常小。

酚醛泡沫力学强度随密度的增加而加大，相反，酚醛泡沫随密度的减小而开孔率加大、增加吸水率、压缩强度下降，目前在建筑保温系统宜采用相对高密度泡沫。

酚醛泡沫相互间力学关系近似聚氨酯硬泡试验的结论。

1）强度与密度的相互关系：

$$s = kD^n$$

式中　s——强度参数；

k——常数；

D——密度；

n——功率指数（一般接近 2）。

（2）在垂直发泡方向上的相对线胀和平均线性膨胀系数均大于平行发泡方向上的数值，但硬泡达到固化（保温板陈化 28d）时间后，酚醛泡沫整体性能稳定、不易变形。

（3）特别对有饰面板材（如夹芯板材）硬度而言，形容硬度时可把它们看作一束桁架（条）与略有变形的蜘蛛网，这样夹芯板材的弯曲性可用下面方程式表示：

$$\sigma = \frac{PL^3}{48D} + \frac{PL}{4GA}$$

$$D = \frac{E_f b}{12}(h^3 - c^3)$$

$$A = \frac{2hb(h^3 - c^3)}{3c(h^2 - c^2)}$$

式中　σ——单桁条的中心弯曲度；

P——桁条中心的负荷；

L——桁条之间的跨距；

c——芯子厚度；

E_f——面料的张力模数；

b——桁条的宽度；

h——桁条或梁的厚度；

G——芯子的剪切模数。

4. PF 泡沫不发霉、密封性好

保温隔热用酚醛泡沫为闭孔的泡体结构，无论喷涂成型还是浇注成型保温层，泡孔均呈独立状态，互不联通。酚醛泡沫经覆盖或封闭表面后，使用寿命长。

喷涂酚醛泡沫在施工中采用多遍次喷涂，每遍喷涂都形成光滑表皮，多遍构成一个无层整体，且泡体表皮也有一定防水作用，从根本上杜绝水分渗入的可能性。

酚醛泡沫发泡混合料可直接喷涂或浇注在有空隙基层上，对基层起到密封作用。如在干燥基层有微小裂缝时，采用喷涂法施工时，喷出雾料受发泡机的高压作用，进入裂缝后雾料随即自身发泡膨胀，起到密封效果。

5. PF 泡沫耐老化性能

酚醛泡沫在强烈阳光直接照射下，色泽加深，这是热固性泡沫基本特征，但不影响其基本性能，在户外长时间暴露情况下宜采取护面预处理。

6. PF 泡沫弹性模量高

酚醛泡沫有较好弹性模量，在外墙外保温系统中采用浇注、喷涂和干挂板等系统施工方式，当主体结构受振动时，可对减缓饰面层脱落有一定作用。不合格的酚醛泡沫有脆性，甚至手指磨擦后酚醛泡沫的表面有脱粉现象。

酚醛泡沫弹性模量强度依赖其密度大小，且平行发泡方向的弹性模量大于垂直发泡方向的数值。

7. PF 泡沫与多种基面材质粘结性好

（1）采用喷涂或浇注发泡施工，所用发泡混合料的化学极性较强，用于现场发泡时，只需清除基层表面灰尘、浮动砂土杂物，无油渍、无脱模剂，基面牢固、干燥的条件，对混凝土基层、水泥砂浆基层、砖石砌体基层、防水材料表面，以及木材等很多材质的基层表面都有很强的自粘结能力，都可达到很牢固的粘结强度，且大于酚醛泡沫本身强度。

PF 泡沫喷涂法施工时，除发泡混合料自身具有一定粘结性外，还可借助机械喷射压力和泡体膨胀压力的作用来增强对基层粘结性。喷涂法施工使液状发泡混合料发泡固化时，对混凝土（含砌体）结构，以及各类材质的复合板材、多种材质的基层能牢固结合，同时泡沫本身的表面无接缝、整体性好。

PF 泡沫浇注法施工或生产保温装饰复合板材时，发泡混合料具有流动性，随模具成型、无空隙。反应物料在空腔内发泡产生一定压力作用而有利于粘合。

酚醛泡沫与基层成为一体，不易发生脱层，有效防止产生热桥、雨水沿缝隙向室内渗漏。

固化后的酚醛泡沫被粘结性较差，尤其在进行外墙外保温保护层等后续施工时，必须在酚醛泡沫表面涂刷界面材料来增加被粘结性能。

（2）在生产酚醛泡沫饰面复合保温板时，酚醛泡沫可与多种材质的饰面板、增强板等制成直接安装或具有增强板材作用的复合保温板。甚至利用浇注发泡混合料发泡的粘结性能，作为复合保温板与墙体基层两者之间的弹性连接作用。

8. PF 泡沫耐化学品及溶剂性能

酚醛泡沫中存在大量芳烃化学结构，具有耐化学腐蚀和耐多种有机溶剂稳定性。

根据表 1-2 中所体现酚醛泡沫耐化学试剂的现象，假设在墙体保温工程采用溶剂性涂料为饰面时，不会因渗透、接触微量弱酸而腐蚀酚醛泡沫，即便采用有些含溶剂型涂料为饰面层，溶剂通过保护层渗透到酚醛泡沫的表面，也不会因涂料中过量的溶剂而导致酚醛泡沫出现溶解、溶蚀现象。

9. PF 泡沫施工方式灵活

在工厂预制成各类型板到现场安装施工，又可在现场选择机械喷涂法或浇注法施工。

喷涂法，能够在任何复杂的构造垂直向上、向下和各个角度进行施工作业，特别对于任何复杂形状、异型结构等喷涂施工，更具有独特优势。施工效率高，施工速度快，使保温层整体性好，无接缝，不产生热桥，且大大减轻劳动强度。

在保温板、模板（或饰面板）支护下浇注成型的酚醛泡沫平整度好，无接缝、无热桥，泡体表面不须任何找平处理，对环境没有污染、无害。

表 1-2　酚醛泡沫耐化学品及溶剂性能

化学试剂名称	性　能	化学试剂名称	性　能
稀盐酸（10%）	好	石灰水（20%）	好（变色）
稀硫酸（20%）	好	氨水（20%）	好（变色）
氢氟酸	好	甲苯、汽油类	好
浓醋酸	好	增塑剂类	好
浓硫酸	差	乙酸乙酯	好
浓硝酸	差	酮类	稍溶胀干燥后恢复
浓碱	差	醇类	稍溶胀干燥后恢复

10. PF 泡沫成品可机械加工、隔声吸声

酚醛泡沫很容易锯割、车、铣、钻、刨等机械切削加工成所需的形状，且可用多种结构粘结剂粘接。

另外，酚醛泡沫有很好的隔声效果，其隔声和吸声性能高于其他任何泡沫。

11. PF 泡沫综合兼备有机、无机保温材料各自优点，解决保温与防火兼顾问题

PF 泡沫容重、导热系数低是有机质保温材料基本特征，又因比其他有机质保温材料防火性能好，而又接近无机保温材料特征。

建筑外保温用的保温材料及其制品，按其发烟量、热值、燃烧速度、燃点等指标对燃烧性能分级，无机面层材料与酚醛泡沫（PF）板复合后为 A 级。

复合 PF 保温板具有提高热固性泡沫塑料特征，因而遇高温明火不脱落，复合层内泡体一旦遇高温也不能出现收缩形成空腔，能更有效提高在施工中或工程验收后，避免发生火灾事故的保险系数，也避免出现空腔而造成二次伤亡事故发生。

酚醛保温板与常见有机保温材料几项技术性能比较，参见表 1-3。

表 1-3　PF 板与其他有机保温材料性能比较

保温材料	燃烧等级 （最高氧指数，%）	导热系数 ［W/（m・K）］	表观密度 （kg/m³）	耐化学 溶剂	最高使用 温度（℃）	遇火特征
PF 保温板	>B1（>50）	≤0.026	≥45	好	150	炭化、极低烟、不变形
PUR（PIR）板	≤B1（30）	≤0.025	≥40	好	100	炭化、浓毒烟、不变形
XPS 板	≤B1（30）	≤0.030	32～35	极差	70	熔滴、完全变成空腔
EPS 板、 （石墨 EPS 板）	≤B1（30）	≤0.041（0.032）	18～22	极差	70	熔滴、完全变成空腔

1.1.2　酚醛泡沫适用范围

1. 建筑外围护保温

（1）用于新建工业、民用新建节能建筑的外墙外（内）防火保温、幕墙防火保温、夹芯墙体防火保温，以及既有建筑改造工程等节能建筑防火保温工程。

1）适用于混凝土结构（砌体结构、砖结构）、金属（钢）结构、木质等多种材质的结构工程。

2）夹芯墙体结构采用酚醛保温板或浇注酚醛泡沫的保温。

3）PF 保温板与饰面、增强材料等复合的保温板材或普通裸板（现场施工外加保护层），广泛应用于工业建筑、公共建筑、民用建筑的外围护节能建筑工程。

4）外墙内保温、冷库保冷和公共设施的内保温。

（2）用于工业建筑、民用建筑的新建工程和既有建筑改造的屋面节能建筑工程。

1）适用于工业建筑与民用建筑的平屋面（上人屋面、非上人平屋面）、坡屋面。

2）大跨度的金属网架结构屋面、异型屋面（如拱型、圆型等）、隔热吊顶。

3）用在建筑上出现缝隙（保温板材间缝隙、窗口、勒脚、挂板连接件等节点等部位）等热桥部位密封。

4）PF 保温板与无机材料复合预制保温板（条），可用于其他有机类保温材料用于外墙

外保温或屋面保温层中设置的防火隔离带。

2. 其他方面

（1）用于太阳能、吊顶天花板、防火要求较高的中央空调通风管道、防火门内保温隔热层，防火墙、防火板以及吸声材料。

（2）石油化工容器、设备、管道保温，以及煤矿、油井、隧道防护防火或保温。

（3）航空、舰船（远洋集装箱、客轮）和机车车辆防火、绝热、保温。

另外，据文献介绍，酚醛树脂与无机填料（如玻璃纤维）混合生产的复合酚醛泡沫，可长期用于 500℃ 以上环境的隔热保温。

1.2　外墙外保温系统优点与常用工法

1.2.1　酚醛保温板外墙外保温系统优点

1. 外墙外保温适用地区范围广

酚醛保温板外墙外保温作法适用于全国各地区。既适用于新建（民用、公共）建筑节能设计，也适用既有建筑的节能改造。

2. 有利于建筑物冬暖夏凉，节能效果显著

酚醛保温板置于建筑物外墙的外侧，符合墙体"内隔外透"热工理论，能充分发挥保温材料性能，使用较薄的材料而达到较高的节能效果。

在炎热夏季，外保温层能够极大减少太阳辐射的进入和室外高气温的综合影响，使外墙内表面温度和室内温度得以降低。

3. 有利于改善室内生活环境

外墙外保温作法不仅提高了墙体的隔热保温性能，而且增加了室内的热稳定性，它在一定程度上阻止了雨水对墙体的侵袭，提高了墙体的防潮性能，可避免墙体室内侧的结露、霉斑等不良现象的发生，创造了舒适的室内生活环境。

4. 墙体气密性、热容量得到提高

在加气混凝土、轻集料混凝土、空心砌块、木结构等结构层采用外保温后，可明显提高其气密性，进一步达到节能效果。

墙体外保温后，结构层墙体部分的温度与室内温度相接近。当室内空气温度上升或下降时，墙体能够吸收或释放能量，有利于室温保持稳定。

虽然墙体热容量高并不能降低热损失，但能充分利用从室外通过窗户投射进室内的太阳能。能够保证室内温度的恒定和均一性，从而改善了居住环境。

5. 有利保护建筑的主体结构作用

采用酚醛泡沫外保温技术后，因室外气候不断变化而引起的墙体内部较大的温度变化，发生在外保温层内，使内部的主体墙冬季温度提高，湿度降低，温度变化较为平缓，热应力减少，混凝土墙体的温度变化大为减弱，因而可降低温度在结构内部产生的应力。

主体墙身由于有了良好保温层的外围护，可提高墙身的耐久性，延长了建筑物主体结构的寿命。主体墙产生裂缝、变形或破损的危险可能性大为减轻，避免龟裂现象的产生。

另外，在建筑的水平长度方向，由于外保温层的围护作用，可大大减少结构墙身的温度

变形，在新型墙体材料的外保温或夹芯复合墙时，在设计上建筑物的温度收缩缝间距不必乘以折减系数。

6. 既有房屋节能改造方便，便于丰富的外立面处理

外墙外保温立面不仅对新建筑有多种饰面，而且对既有建筑进行节能改造时，不仅使建筑物获得更好保温隔热效果，而且饰面复合保温板有多种面层材质、色泽，外表体现完美效果。

7. 外墙外保温工程耐久性能

酚醛保温板保温装饰复合板施工，采用粘贴（或浇注酚醛泡沫）与锚栓（或连接件、托板、挂件）共同与结构基层固定，达到节能效果的同时使板材安全稳定。

涂装饰面配以高质量胶浆或粘结砂浆，同时玻纤网起到"软钢筋"的作用，采用正确施工方法，有效地解决了传统墙体由于多种原因而产生的龟裂渗水问题，最大程度上保证了系统的耐候性及耐久性能。

1.2.2 酚醛泡沫施工常用工法

PF 泡沫可分别形成各自完整的保温体系，在各个保温系统中有不同施工工艺，各工法分别适用于外墙外保温系统和屋面隔热保温系统。

PF 泡沫在节能建筑外保温系统中，典型的几种施工工法如图 1-2 所示。

PF施工工法
- 粘贴法（如酚醛泡沫板、酚醛泡沫护面板、聚合物水泥基复合酚醛泡沫板、酚醛泡沫保温装饰复合板，采用专用无机胶粘剂满粘、条粘、点框粘、或挂粘，或辅加锚栓加固等，用在混凝土、砌体结构公共建筑、幕墙与民用建筑等墙体）
- 喷涂法（如用于墙体、屋面、幕墙外保温，或冷库、厂房、以及复杂基层等保温）
- 浇注法
  - 拆模现浇（如墙体涂料或保温装饰一体化）
  - 免拆模现浇（如墙体涂料或保温装饰一体化）
  - 用于墙体阴阳角口模浇定型、夹芯墙体保温
  - 夹芯墙体浇注
- 干挂法（如酚醛泡沫保温装饰复合板，挂在有龙骨或无龙骨建筑墙体或辅加粘贴加固，构成保温装饰一体化，用于幕墙或其他高级节能建筑墙体保温）
- 模板内置板材法（如酚醛泡沫板，设置在外模板内侧，浇灌混凝土，用于承重或非承重墙体）
- 板材现场组装法（如夹芯酚醛泡沫板现场组装，主要用于公共建筑、工业、商业、体育、市场等大跨度空间的轻钢建筑和冷库）
- 铺贴法（屋面保温防水结合的倒置法或正置法）

图 1-2　典型 PF 施工工法

第 2 章 酚醛泡沫板生产技术

2.1 酚醛泡沫原料、助剂、发泡

2.1.1 酚醛树脂

酚醛树脂是由酚类和醛类经缩合反应生成的高分子材料。通过不同的生产工艺条件，可分别生产不同技术性能的粉状（如热塑性酚醛树脂）和液状酚醛树脂（如热固性酚醛树脂），它们主要用于耐火材料、铸造、砂轮、电子、胶合板和建筑防火、保温等行业。

酚醛树脂是制备酚醛泡沫的主体核心原料，包括线性酚醛树脂和可溶酚醛树脂两种类型。线性酚醛树脂生产工艺非常成熟，而且质量易于控制，但生产周期长，效率低，能耗大，不易连续化生产。

目前酚醛泡沫主要使用可溶热固性酚醛树脂。可溶热固性酚醛树脂生产，是在苯酚/甲醛摩尔比通常在1：1.5～1：2.5范围，以碱作催化剂，在一定生产工艺温度，对苯酚与甲醛摩尔比、反应时间和温度控制等因素下进行化学交联反应，当物料缩合（缩聚）反应完成后，生成酚醛树脂和水。再经酸中和、脱水后，便可得到低分子量的液体可溶热固性酚醛树脂。

碱性条件下，甲醛与苯酚首先发生加成反应，生成多种羟甲基酚，即生成一元酚和多元酚的混合物，在加成反应进行的同时，也发生不断缩聚反应，使分子量不断增加，其黏度也增加。

在固定工艺条件下，固体含量由配方决定，催化剂要通过影响单体的转化率来影响固体含量，不同催化剂对酚醛树脂黏度和固体含量有不同影响，其中氢氧化钠催化率最高，缩聚反应所得产物的分子量最大，以及产物的水合程度较高。

酚醛树脂中含有活泼的羟甲基，游离酚、醛。不同生产工艺决定不同的树脂的支链度和交联度，由此影响酚醛泡沫的物理性能指标。根据支链度和交联度的不同，酚醛树脂在水、碱、醇中有不同的溶解度。

在碱性催化条件下，可溶酚醛树脂合成的化学反应历程如图 2-1 所示。

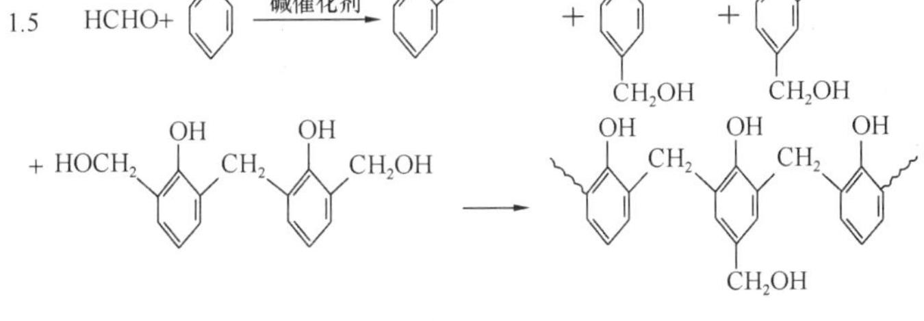

图 2-1 可溶酚醛树脂合成的化学反应

酚醛树脂合成反应，称为曼尼斯（Lederer-Manasser）反应。酚醛树脂合成后，再进一

步缩合交联，在发泡剂气化发泡，经固化，即形成酚醛泡沫。

酚醛树脂合成反应是在水溶液中进行的，甲醛水溶液在苯酚邻位、对位反应，很难在间位反应。生成的羟甲基酚进行脱水缩合形成复核体，普通酚醛泡沫用的可溶酚醛树脂苯核数大约在 10 以下。

酚类主要有苯酚，还有甲酚、二甲酚、间苯二酚、对苯二酚、邻甲酚及其粗产品。

醛类主要有多聚甲醛，还有甲醛、仲甲醛、乙醛、戊二醛、糠醛，以及三聚甲醛、聚甲醛等。

甲醛与苯酚的加成反应历程与所用催化剂有关，使用不同的催化剂所合成的树脂有不同性能，常用催化剂有 NaOH（氢氧化钠）、Ba（OH）$_2$（氢氧化钡）、NH$_4$OH（氢氧化铵）、Na$_2$CO$_3$（碳酸钠）、三乙胺和六次甲基四胺（常用于热塑性树脂）等。

选用合适催化剂对合成树脂的性能及后期制品的性能优劣具有至关重要的意义。

氢氧化钡碱性较弱，属于温和催化剂，需适当采用较高浓度（1～1.5％），或与其他的催化剂混合使用。由于氢氧化钡具有温和催化效果，所以缩聚反应易于控制，树脂中残留的碱性也易于中和，只要通入二氧化碳使之形成碳酸钡沉淀下来，最终产品最好过滤。

氢氧化铵为弱碱，易于控制树脂缩聚过程，不易发生凝胶，同时残留的易于除去。

氢氧化钠是极强的催化剂，可适当采用较低的浓度，由于它对加成反应有很强的催化效应，其中催化效率：氢氧化钠＞三乙胺＞氢氧化钡。

使用氢氧化钠能有效降低树脂中游离醛、酚含量，泡孔径小分布均匀；使用三乙胺导致 PF 的闭孔率低；使用氢氧化钡泡孔径小，但有多量大孔径。

用氢氧化钠催化时，树脂中游离碱含量很高，一般用弱的有机酸（乳酸、草酸、苯甲酸、醋酸、柠檬酸、氨基磺酸等）或磷酸进行中和。

为了减少生产酚醛树脂中和的残余酸，也可加入抗腐剂，如氧化钙、氧化铁、硅酸钙、硅酸镁、硅酸钠、四硼酸钠、无水硼砂、白云石、碱金属、碱土金属和碳酸盐及锌、铝等。

酚醛树脂中保留少量酸性，可在发泡时有利于产生闭孔泡沫，也可作为发泡时的酸性固化剂，但保留少量酸性会影响酚醛树脂贮存期，即"釜中寿命"缩短，如图 2-2 所示。酚醛树脂在低温贮存可延长使用时间，而在相对高温下贮存，酚醛树脂可用时间急剧下降，过早发生胶凝化（图 2-3）而报废。

相反，在酚醛树脂产品中，因未完全中和而残存过量的碱或碱金属（钾）离子，因酸性减小而贮存期延长，但在发泡时会增大酸性催化剂用量和其他不利因素，因此，应根据应用具体情况而控制质量标准，每个酚醛树脂生产批次应相对稳定，否则给发泡带来不稳定因素。

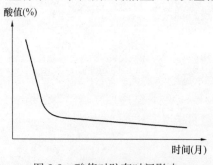
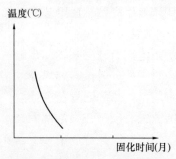

图 2-2　酸值对贮存时间影响　　　图 2-3　温度对贮存时间影响

2.1.2 发泡剂

酚醛泡沫的发泡混合料在酸性催化剂作用下，聚合反应产生热量或外加热量汽化发泡剂，发泡剂受热挥发，促使发泡混合料膨胀发泡。

发泡剂不仅有混合原料膨胀发泡主要作用，而且具有溶解、稀释发泡混合原料作用，增加发泡混合原料流动性。在生产酚醛泡沫板材或现场喷涂施工时，有利于在短时间内将发泡料充分混合均匀。在发泡中，可选用物理发泡剂、化学发泡剂或它们混合的发泡剂。

（1）物理发泡剂

物理发泡剂可分为三大类：惰性气体（如氮气、二氧化碳）、低沸点液体和固态空心球等。目前使用较多的是低沸点液体物理发泡剂，它突出优点是发气量大，发泡剂利用彻底，残留物少或没有。如环（正）戊烷体系、氢氯氟烃（HCFC）141b体系（暂时替代品），甚至有具备发泡作用又兼有阻燃功能的辅助产品等。

在氢氯氟烃类发泡剂的分子中含有氯成份，它对臭氧层有一定破坏作用。因此，1992年在哥本哈根举行的国际保护臭氧层会议中，提出对氢氯氟烃生产和使用限制要求：在2010年减少到35％，2015年减少到10％，2020年减少到0.5％，2030年完全禁用。

选用物理发泡剂应注意以下几方面要求：

1）无臭气、无毒、无腐蚀性、符合环保要求；

2）不可燃；

3）不影响聚合物本身的物理和化学性能；

4）具有对热和化学药品的稳定；

5）在室温下，蒸汽压力低，呈液态，以便贮存、输送和操作；

6）低比热容和低潜热，以利于快速气化；

7）分子量低，相对密度高；

8）通过聚合物膜壁的渗透速度应比空气小；

9）来源广，价廉。

（2）化学发泡剂

化学发泡剂包括有机化学发泡剂和无机化学发泡剂两大类。化学发泡剂在发泡过程中，本身发生化学变化，分解放出气体使聚合物发泡。

1）有机化学发泡剂

有机化学发泡剂是目前塑料化学发泡中用的主要发泡剂，根据酚醛树脂性能和发泡成型工艺，可使用偶氮甲酰胺、P-甲苯磺酰和苯磺酰肼等。

2）无机化学发泡剂

无机化学发泡剂有碳酸氢钠、碳酸铵。碳酸氢钠、碳酸铵类发泡剂价格低，碳酸氢钠和碳酸铵在聚合物中的分散性较差，不易分散均匀，产生的 CO_2 气体渗透力强，容易透过膜壁散逸。分解放出气体的温度范围比较广，不易控制，常被用作辅助发泡剂，分解时属于吸热反应。碳酸氢钠、碳酸铵发泡剂的技术参数见表2-1。

选用化学发泡剂应注意以下几方面要求：

①发气量大而迅速，分解放出气体的温度范围不宜太宽，应稳定，能调解；

②发泡剂分解放出的气体和残余物应无毒、无味、无色、无腐蚀性，符合环保要求，对

聚合物及其他添加剂无不良影响；

表 2-1 技术参数

发泡剂	分解温度（℃）	发气量（mL/g）	放出的气体	备注
碳酸铵	60~100	>500	氨气，CO2	贮存性差
碳酸氢钠	100~140	267	CO2，水蒸气	贮存性好

③在聚合物中有良好分散性，且发泡剂分解时的放热量不能太大。不影响聚合物本身的物理和化学性能；

④化学性能稳定，在贮存过程中不会分解；

⑤在发泡成型过程中能充分分解放出气体；

⑥来源广，价廉。

2.1.3 匀泡剂

匀泡剂是表面活性剂的中一种。匀泡剂主要有两个作用，首先在发泡固化反应中减少、降低物料的表面张力和增加液膜的强度，保持泡沫的稳定性，直到酚醛树脂矩阵凝胶。同时使发泡剂在酚醛树脂中分布更加均匀，达到调节泡孔的大小、均匀，可显著调节泡孔结构，有利于促进形成泡沫，防止泡孔破裂和塌陷（收缩）。

通常使用表面活性剂能溶于水、不分解，而且在酸性介质中稳定的非离子型表面活性剂，如山梨糖醇酐脂肪酸酯类、硅氧烷基环氧杂环共聚物、蓖麻油乙烯氧化物和烷基苯酚聚氧化乙烯醚，以及聚氧化乙烯甲基硅油等，还可适当使用乳化剂（如 OP-7、OP-10；吐温-20、吐温-40、吐温-60、吐温-80 等）。

国外道化公司生产表面活性剂的牌号有 DC-193、DC-190、DC-19，联碳公司生产的牌号有 L-530、L-5310、L-5430、L-5420、L-5340 等。

2.1.4 固化剂

酸类硬化剂能够加速、促使酚醛树脂发泡固化的助剂。酸类硬化剂是合成酚醛泡沫的重要助剂之一，酸类硬化剂引发酚醛树脂加快缩聚反应、调节聚合速率（促进聚合物链增长）和发气速率，能使泡沫壁具有足够的强度包住气体，保持起泡速度与扩链速度的平衡。

酸类硬化剂是控制喷涂法施工的发泡速度固化时间、模浇流动时间、连续（间歇）生产板材速度和固化时间，是保证泡沫制品质量的关键助剂，准确地选择催化剂的类型、浓度（或有效含量）和加入量是发泡工艺过程中很重要的技术条件。

在制备酚醛泡沫中选用酸类硬化剂，有机酸和无机酸匀可采用。有机酸包括：甲苯磺酸、对甲苯磺酸、苯酚磺酸、甲烷磺酸、乙烷磺酸、二甲苯磺酸、草酸、醋酸和萘磺酸；无机酸包括：磷酸、硼酸、氢溴酸、硫酸、盐酸，包括在混合物料加热时能放出酸的化合物。

盐酸作为硬化剂，可使泡沫孔很细，但它与醛生成毒性较大的双—氯乙醚，加之很强的无机酸在可熔树脂里溶解比较困难。

硫酸在可溶酚醛树脂里分散比较困难，为防止在局部出现凝胶化现象，在发泡前，需预先稀释后再使用，可用丙醇、丁醇、乙二醇、丙二醇、聚乙二醇、多元醇等为稀释剂，通过对强无机酸催化剂稀释后，以达到减蚀，缓解强无机酸作用。

按制备酚醛泡沫配方和发泡工艺要求，经常采用无机酸与有机酸按一定比例混合使用，通过复合使用酸固化体系后，一方面是调节发泡和凝胶反应速度，另一方面可以使用最少量的催化剂而达到最佳催化效果。

为提高酚醛泡沫发泡、固化速度，特别要避免过量加入酸硬化剂，防止泡沫显示酸性。随着PF合成技术的发展，现已研发出碱性固化剂，目前正在推广应用当中。

典型磺酸类固化剂技术性能见表2-2。

表 2-2　磺酸类固化剂技术性能指标

项　目	指　标		
	苯磺酸	对甲苯磺酸	苯酚磺酸
外观	灰色结晶	白色片状结晶	—
纯度（%）	≥98	≥90（以甲苯磺酸计）	65～66
凝固点（℃）	≥62	—	—
HCl 含量（%）	≤0.1	—	—
水分（%）	≤0.1	≤14（包括结晶水）	—
pH（水溶液）	≤2	—	—
游离酸（以 H_2SO_4 计）（%）	—	≤3	≤0.6
总酸度（%）	—	—	19～20
密度（g/m³）	—	—	1.315～1.320

另外，利用糠醇聚合物和4，4′-二苯基甲烷二异氰酸酯（MDI）对酚醛树脂进行技术改性时，为促进酚醛树脂缩聚，以及糠醇聚合物与4，4′-二苯基甲烷二异氰酸酯（MDI）的聚合作用、酚醛树脂与糠醇聚合物反应、MDI 与酚醛树脂中游离苯酚、羟甲基反应，可使用与聚氨酯硬泡相同的催化剂，如2，4，6-三（二甲氨基）苯酚（俗称：三聚催化剂、DMP-30）、二月桂酸二丁基锡，或其他与其相似的固（催）化剂。

2.1.5　改性剂

1. 填充型阻燃剂

珍珠岩、石墨（炭黑）、浮石、石膏、硅藻土等无机轻质材料，在液体中加入固体填料导致粘度上升、发泡困难，应综合全面适当使用。

为提高普通酚醛泡沫燃烧性能，在生产酚醛树脂过程中，或在配制发泡混合料时，还应添加阻燃剂或进行其他适当化学改性。

任何物质燃烧时，必须具备可燃物质、温度和空气中氧气的条件，减少其中任意一个条件，火就会熄灭。通过切断氧气、降低系统温度或降低燃烧浓度可防止燃烧。

（1）选用阻燃剂条件

选用阻燃剂时，应具备下列条件：

①添加量少而效果好，即应有高效作用；

②填加型阻燃剂应和酚醛树脂泡沫原料混溶性好，不应有分层；

③对泡沫的其他物理性能影响小；

④无毒或毒性甚小，以保安全使用；

⑤价格相对低廉；

⑥防火效果不随时间推移而降低；

⑦液态阻燃剂的粘度不能过大；

⑧无腐蚀性。

有些阻燃剂加入后，通过隔绝氧气作用而防火，如：当酚醛树脂中含有磷类阻燃剂时，由于燃烧使磷化合物发生分解生成较稳定的多聚磷酸，覆盖在燃烧层，隔绝空气而起到阻燃作用。

膨胀石墨微粒为近年保温材料中广泛应用的阻燃剂，它在遇热后产生数倍膨胀，形成类似蠕虫状膨胀体（片），致使占据在泡沫表面，从而覆盖燃烧区域、隔绝泡体与外部燃烧的火焰，有效阻止泡体燃烧、降解和减少烟密度。

另外，酚醛树脂等碳氢化合物，在一定热量作用下会引起化学键的断裂，受热分解后，往往会生成分子量大小不等的许多物质，其中有在氧作用下而产生活泼的自由基，而加入的阻燃剂受热分解产生离子，当活泼的自由基与受热分解产生离子反应，消耗自由基后，火焰就会熄灭。

（2）附加阻燃材料

通常选用的阻燃材料有硼酸类、磷酸、氯化铵、尿素、氢氧化铝、炭黑、三氧化二锑、聚磷酸铵和可膨胀石墨等。

硼酸类阻燃材料有很好的阻燃和低发烟效果，有时加入两种阻燃剂可起到协同效应。

如果使用有阻燃性的液体固化剂（如磷酸酯类、芳香磺酸类等），可防止酚醛树脂变质，又可避免搅拌过程中出现增粘现象。

磷酸氯化铵缩合体，在可溶酚醛树脂中稳定、阻火性也很好，特别在燃烧时起路易斯酸的作用，对改进酚醛树脂聚合物的炭化有很大作用。

氟硅酸钠加入（最佳量是3%）后，不但增加泡沫防火性能，而且不降低强度，又有利于发泡时产生放热反应，为发泡提供一定温度条件。

另外，还有苯胺、双酚A和环氧树脂等。

2. 酚醛树脂改性剂

为使酚醛泡沫保持燃烧性能为A级，提高抗压强度、增加韧性而减少脆性和酸性，保持低导热值系数长期稳定性等，或为降低材料成本等目的，均可在酚醛树脂生产工艺中或在调试发泡配方时，进行适当改性处理。

（1）尿素改性树脂

尿素改性不仅能降低原料成本，而且使泡沫制品固化快、易于成型、稳定性好、耐水性优异、富于可挠性、闭孔率高、热导值低；

尿素和间苯二酚改性型，能减少泡沫脆性、腐蚀性，提高压缩强度。邻甲酚改性型，泡沫制品韧性好，成本低；

尿素不仅有一定阻燃效果，且对降低甲醛味道有一定效果。

用尿素和甲醛缩合反应后的酚醛树脂来改性酚醛泡沫后，可使酚醛泡沫泡孔减小、均匀，并减少游离酚、甲醛量，并增加泡沫可挠性。

（2）糠醇（糠醛树脂）改性型，泡孔结构好，使用发泡设备方便。

（3）利用三聚氰酰胺或相似胺类反应物与酚醛树脂里游离醛反应，可减少泡沫燃烧形成

20

烟雾量。

（4）提高泡沫韧性，减少脆性

为提高泡沫韧性，提高交链度、降低粉化现象，可在发泡混合料中预先加入适量的增韧剂进行改性，如作为改性的增韧剂有：丙醇、丁醇、乙二醇、聚乙二醇、聚丙三醇、矿物油、聚乙烯醇、聚乙烯醋酸酯、聚丙烯酸酯、异氰酸酯、聚氨酯预聚体、糠醇聚合物、聚酯、橡胶、木质素、蔗糖改性，以及线性酚醛树脂和可熔性酚醛树脂联合使用改性等。

（5）氟硅酸钠加入（最佳量是 3%）后，不但增加泡沫防火性能，而且不降低强度，又有利于发泡时产生放热反应，为发泡提供一定温度条件。另外，还有苯胺、双酚 A 和环氧树脂等。

2.1.6 酚醛树脂发泡

酚醛树脂发泡形成过程，即热固性酚醛树脂泡沫塑料的固化定型过程。酚醛泡沫的发泡成型与缩聚反应是同时进行的，随着缩聚反应的进行，增长的分子链逐步网状化，反应液体的粘弹性逐渐增加，逐渐失去流动性，最后反应完成，达到固化定型。

泡体的固化是分子结构发生变化的结果，如要提高酚醛泡沫的固化速度，应加速缩聚反应，加速使分子结构网状化的速度。

加速酚醛泡沫的固化过程，一般采取提高发泡混合料温度和增加酸性固化剂用量的途径。气泡的膨胀和固化必须与聚合物缩聚反应的程度相适应，热固性酚醛泡沫的粘弹性和流动性是取决于分子结构的交联强度。

酚醛树脂用酸固化时反应激烈、放出热量，酚醛发泡形成过程是非常复杂的化学反应历程，组分间通过复杂的化学反应和物理变化，生成酚醛树脂主链，以及分子链增长、交链、气体膨胀产生泡沫体等反应，几种化学反应同时发生。

在反应过程中是多种化学反应在一定时间内同时平衡发生，力的平衡在整个时间内被用来维持气体在乳液中分散的稳定性。

酚醛泡沫密度是重要物理性能之一，常规酚醛泡沫形成后，其分子中网状结构多，即交联点多且稠密，泡沫密度大，所得泡体压缩强度高、尺寸稳定性及耐温性也较好。反之，当泡沫密度小时，相对压缩强度小、泡体易显示脆性。

酚醛泡沫质量涉及原料选择和各组分间合理组合配制、发泡原料质量合格与否等因素，直接影响 PF 板材、现场喷涂和浇注的外观质量和产品技术性能。

在保证酚醛泡沫各项技术性能指标时，无论在工厂的板材生产过程中，还是现场喷涂、浇注施工，在具备施工条件（如机械、环境温度等方面因素）的情况下，酚醛泡沫配方都应有很好的操作性。根据酚醛泡沫具体用途和施工法，要求酚醛泡沫合成技术通过各种技术措施，能在较宽范围内灵活调整。

2.2 酚醛保温板生产

2.2.1 酚醛保温板生产工艺

目前，酚醛泡沫板材生产法，均是制动化连续层压发泡生产法。该生产法通过微机控制不仅生产工艺条件稳定、生产效率高，而且在酚醛保温板材料配方正确条件下，根据需要可灵活调整工艺参数，产品性能指标容易达到技术要求。

另外，酚醛保温板按选用模具的规格、形状，可浇注制成任意形状、不同密度、不同厚度的酚醛泡沫板材，并能与面（背）材复合成各种类型的酚醛泡沫复合板、酚醛泡沫保温装饰复合板、增强型酚醛泡沫复合板。

1. 连续层压发泡生产主要生产设备参见表2-3。

表2-3 连续发泡主要生产设备

设备名称	容积（L）	材质结构	备注
酚醛树脂中间储罐	1000	碳钢	内有环氧涂层
酸固化剂加料罐	300	不锈钢	—
发泡剂加料罐	500	碳钢	—
表面活性剂加料罐	300	碳钢	—
改性剂加料罐	300	碳钢	—
酚醛树脂储罐	70000	碳钢	内有环氧涂层
发泡料混合器	165kg/min	不锈钢	多组分比例泵液压传动
横转机构（浇注扫描系统）	可调	不锈钢	液压操作摆动混合头
发泡混合料浇注盘	—	不锈钢	—
二辊送纸及卷绕机构	—	碳钢	—
双辊浮动平顶系统	—	碳钢	—
泡沫板运输机构（链板）	—	不锈钢或碳钢	长度约为50m
切割带锯	—	碳钢	—
修边锯	—	碳钢	—
垂直切割锯	—	碳钢	—
裁割锯	—	碳钢	—

2. 连续层压发泡生产酚醛保温板的生产线（设备），如图2-4所示。

在PF保温板生产前，对酚醛树脂粘度、水分含量等指标进行必要检测，以便调整生产工艺参数，如图2-5所示。

2.2.2 通用型酚醛保温板

通用型酚醛保温板，是指市场广泛使用的PF保温裸板。连续发泡生产酚醛泡沫板，是在专用自动生产线上，将酚醛树脂、发泡剂和助剂（可将多组分助剂预配成单个组分）分别用计量泵定量输送到具备无级变速功能浇注机。

PF发泡原料在混合头内进行高速混合后，由混合头往复扫描浇注带有无纺布自动传送滚动的模具内，且有上、下控制高低板输送带上的模腔（盘）内布料。

在设有双联输送带熟化炉（箱）内，控制在40～80℃范围内的某恒定温度，运行中逐渐发泡，在模腔内混合料从液面到发泡泡沫顶部形成一个坡度，经双滚加压固化到一定时间后，无纺布与酚醛保温板复合为一整体从模（箱）内脱出，再根据需要规格切割成所需尺寸。

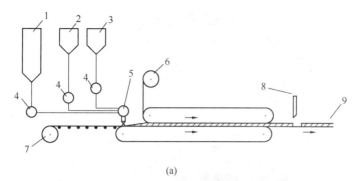

(a)

(b)

(c)

图 2-4　PF 保温板连续层压生产线

（a）PF 保温板连续层压生产线示意图；（b）实际 PF 保温板生产线；（c）PF 保温板切割

1—酚醛树脂等组分加料罐；2—酸硬化剂加料罐；3—发泡剂加料罐；4—计量泵；5—发泡混合料（混合头，扫描浇注系统）；6—上面送面材或无纺布、隔离纸（保护膜）卷绕机构；7—下面送面材或无纺布、隔离纸（保护膜）卷绕机构；8—裁断机；9—制品（酚醛泡沫板）

根据需要 PF 保温板密度及其他物理性能，通过微机匹配调整工艺条件来完成，按控制熟化炉（箱）温度，可缩短发泡、固化时间，保证发泡质量和连续生产速度。

通过酚醛树脂合成技术筛选，以及发泡助剂匹配和生产工艺条件确定，PF 保温板按 GB2406.2 标准，经实验室氧指数（OI）测试仪检测（图 2-6）（氧指数测试方法的定义：在规定的试验条件下，在氧氮混合气流中，测定刚好能维持材料燃烧的以体积百分数表示的最低氧浓度，氧指数是用来判断材料在空气中与火焰接触时燃

图 2-5　酚醛树脂检测

烧的难易程度。）结果证明，PF 保温板与密度成正比，在标准规定范围内，氧指数可达 45% 以上。经不燃防火性能检测，达到不燃标准（图 2-6）。

(a)

(b)

图 2-6　PF 保温板氧指数与防火性能检测
(a) 氧指数检测；(b) 不燃防火性能检测

外墙外保温发生火灾的火源多数来源于门窗洞口进而向上蔓延，通过 PF 的裸板按《建筑外墙外保温系统的防火性能试验方法》GB/T 29416—2012 做窗口防火试验，模拟火焰暴露方式表征外部火源或室内完全扩展（轰燃后）火焰，从窗口处溢出对包覆体形成外部火焰的影响。

火灾的发生、发展是火灾发展蔓延、能量传播的过程。热传播是影响火灾发展的决定性因素。热量传播有三种途径：热传导、热对流和热辐射。

火灾初起阶段，由于开始燃烧面积小，火焰强度小，因而其热辐射的能力小，由于附近温度没有大升高，火灾蔓延的形式主要是热传导。影响热传导的主要因素是：温差、导热系数和导热物体的厚度和截面积。导热系数越大、厚度越小、传导的热量越多。

火灾发展阶段是随着火势的逐渐增大，火焰温度升高，火灾的蔓延不仅靠热传导，而且加上热辐射和热对流，在这三种基本传热形式的共同作用下，产生大火。

另外，火场中通风孔洞面积越大、通风孔洞所处位置越高，热对流的速度越快。热对流是热传播的重要方式，是影响初期火灾发展的最主要因素，在外保温系统中保温材料内外两侧空腔构造为热对流提供了环境条件。

在 PF 保温板外保温系统中，无空腔构造可以大大减少热对流加速火灾蔓延速度。外保温系统中防火保护层在火灾发展阶段可以很好地解决热辐射对火灾蔓延的促进。

按《建筑外墙外保温系统的防火性能试验方法》GB/T 29416—2012，做窗口防火试验结果判定，当出现下列规定的任一现象时，试样的防火性能试验结果判定为不合格，否则判定为合格：

1. 试验提前终止：试验过程中出现全面燃烧，试验提前被终止；

2. 可持续火焰：在整个试验期间内，试样出现燃烧，且可见持续火焰在垂直方向上高度超过 9m，或在水平方向上至主墙与副墙夹角处沿主墙超过 2.6m 或沿副墙超过 1.5m；

3. 外部火焰蔓延：在试验开始时间后的 30min 内，水平准线 2 上的任一外部热电偶的温度超过起始温度 600℃，且持续时间不小于 30s；

4. 内部火焰蔓延：在试验开始时间后的 30min 内，水平准线 2 上的任一外部热电偶的温度超过起始温度 500℃，且持续时间不小于 30s；

5. 跨塌区域火焰蔓延：在整个试验期间内，从试样上脱落的燃烧残片火焰蔓延至跨塌区域之外；或者试样在试验过程中存在熔融滴落现象，滴落物在跨塌区域内形成持续燃烧，且持续燃烧时间大于 30min；

6. 阴燃：在整个试验期间内，试样因阴燃损坏的区域，垂直方向上超过水平准位线 2 或水平方向上在水平准位线 1 和 2 之间达到副墙的外边界；

7. 系统稳定性：在整个试验期间内，试样出现全部或部分跨塌，而且跨塌物（无论是否燃烧）落到跨塌区域之外。

PF 保温板的窗口火试验，模拟室内火灾条件下，火焰通过窗口向室外蔓延，对建筑外墙外保温系统的火燃功击状态，检验建筑外墙外保温系统的抗火焰传播能力。

窗口火试验的优点在于模型尺寸能够涵盖包括防火隔断在内的外保温系统构造，可以观测和测试火焰外保温系统的水平和垂直传播能力，试验状态能够充分反映保温体系在实际火灾中的整体火灾能力。

PF 保温系统在好为尔公司外墙火试验区进行窗口试验（图 2-7）结束后，遇火攻击表面形成蜂窝状阻燃仓体炭化层，阻止火焰蔓延和热传导，整个系统墙面完好，无脱落，无火焰蔓延现象，现场墙壁取样后，产品表面出现炭化。

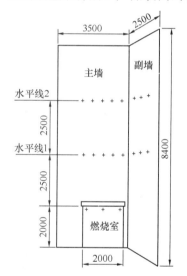

图 2-7　PF 保温板窗口防火试验

2.2.3　非酸性酚醛保温板或通用酚醛保温板

非酸性钠米改性 PF 保温板生产技术（国家发明专利申请号：201410341475.7），主要是通过纳米改性生产技术。生产过程完全利用通用生产设备，工艺条件基本不变。

特别通过 PF 保温板纳米改性配方调整后，各技术性能与通用型酚醛保温板相比均有很大提高，避免酚醛泡沫板的脆性、掉粉、弹性低、压缩强度低等不足。

将非酸性 PF 保温板用 NO：360（约 0.07mm）砂纸粉磨成细粉末，称取 0.1g 放入 400ml 烧杯中，用量筒准确量取 300ml 蒸馏水（pH＝7）倒入烧杯中，用搅拌棒搅拌至粉末充分浸到蒸馏水中后，再量取 100ml 过滤，用 pH 计测量液体酸度值（图 2-8）。经实验室检测结果：PF 保温板的 pH 值≥6。

非酸性酚醛保温板的生产，有效防止在工程应用中 PF 保温板与显示碱性的水泥基粘结胶、水泥基抹面抗裂砂浆发生酸、碱化学反应而导致降低结合强度。

经实验室检测，氧指数达到 40% 以上。导热系数［W/（m·K）］与材料的组成、结构、密度等因素有关，非酸性酚醛保温导热系数经实验室检测（图 2-9）达到 0.028［W/（m·K）］，且其他综合性能完全超过规定产品标准，有利于保证建筑保温使用效果。

图 2-8　检测 PF 保温板酸度值　　　　图 2-9　非酸性 PF 保温板导热系数检测

2.2.4　护面酚醛保温板

护面（PF 保温板护面剂（国家发明专利申请号：201410342822.8）酚醛保温板生产，主要是针对通用型带有酸性的酚醛保温板应用技术的完善，护面层（膜）有封闭 PF 保温板固有低酸性、增墙 PF 保温板、增加与水泥基粘结与抹面辅助增强作用，同时预防在粘贴 PF 保温板间歇，防止雨水渗透和阳光暴晒的功能，俗称隔酸增强护面酚醛保温板。

通过在 PF 保温（裸）板六面连续喷（刷）涂可有多种选择色泽的护（界）面剂，在自然温度的条件干燥后，复合在 PF 保温板表面。

护面酚醛保温板的生产质量控制，关键技术是护面剂材料选用，以及各组分间的配合比。护面剂质量不但要求 pH 值≥6，而且形成的护面层时，不得有脆性、弹性，与 PF 保温板达到紧密复合，微渗 PF 保温板表面。并兼有耐酸、碱性能，同时护面膜用高温明火接触防火不燃。

经反复试验证明：护面剂成膜（层）过厚或不合格的护面剂，影响与 PF 保温板与护面层的结合强度，喷涂不合格的护面层使用后，通用型聚合物粘结砂浆中拌合水分渗入护面层与 PF 保温板之间滞留而不释放，即在施工用聚合物粘结砂浆粘结时，因护面层隔水，造成聚合物粘结砂浆中水泥不能完全水化。

通过对不合格的护面 PF 保温板与聚合物粘结砂浆粘结到规定时间进行拉拔后，在护面膜（层）与 PF 保温板间仍潮湿、PF 保温板色泽加深（证明水分浸出 PF 保温板中酸）。拉拔在护面膜（层）与 PF 保温板间轻易断开，只留下粘结聚合物粘结砂浆的痕迹，聚合物粘结砂浆表现酥、脆（缺少水分水化），最后导致粘结强度大大降低，护面剂成膜（层）反而形成脱模（膜）层，使 PF 保温板过早脱落。

合格护面剂在 PF 保温板表面成膜（层）后，在平放护面酚醛保温板表面滴水后，观察水分不渗入 PF 保温板与膜之间，但在护膜（层）的外表面应有水珠不扩散、有亲水、透气现象。

固化后护面膜（层）的厚度不超过 $15\mu m$，微渗、膜厚均匀、无漏喷（刷）。保证护面层与 PF 保温板覆合强度，即与水泥砂浆粘结强度达到≥0.6MPa，与 PF 板粘结强度必须在 PF 保温层内断裂（≥0.1MPa）。

通过采用工业化连续喷、刷生产后，不仅产品质量稳定，而且大大提高生产效率。防护剂在 PF 保温板表面固化后形成紧密粘结的防护膜（层），能够彻底封闭 PF 保温板的酸性，具有隔酸增强作用，封闭 PF 板化学活性同时，又进一步提高保温板力学性能和防水功能。

护面 PF 酚醛保温板在工厂完成连续化生产，避免在现场涂刷容易出现质量不稳定、干燥时间长等不确定因素。

护面酚醛保温板生产工艺流程：陈化到期的 PF 保温板吊挂、机械进行六面喷涂、传动、干燥、下板、按规格装入对应纸箱，如图 2-10～图 2-13 所示。

图 2-10　PF 保温板陈化

图 2-11　检查吊挂后质量要求

护面酚醛保温板，可采用通用型硅酸盐水泥基粘结胶浆粘贴、水泥基聚合物抗裂抹面砂浆做抹面层，彻底隔断 PF 保温板的酸与水泥水化的碱发生化学反应，增加 PF 保温板与基层粘结强度。

通过按 JGJ 144 标准检测（图 2-14）护面膜与 PF 保温板覆合后，通过实验室检测拉伸粘结强度达到 DB21/T 2171—2013 规定标准的要求。

图 2-12　自动、连续化喷涂、传动、干燥

图 2-13　装入纸箱

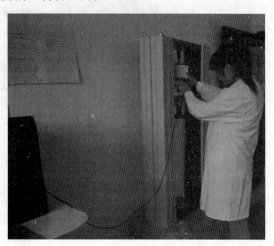

图 2-14　拉伸粘结强度检测

2.2.5　复合酚醛保温板

　　为达到建筑保温系统的装饰性、稳定性、施工方便性等目的，根据保温构造的具体施工方式，PF 保温板可以与多种面层复合，如饰面层与 PF 保温板采用粘结剂进行粘结复合、PF 保温板与非水泥基无机胶浆（国家发明专利申请号：201410349041.1）薄抹面复合、聚合物水泥砂浆与 PF 保温板复合等。

　　聚合物水泥砂浆与 PF 保温板复合后，构成无装饰饰面的复合 PF 保温板，简称复合 PF 保温板。复合 PF 保温板在工程应用中，不但能提高防火性能，而且在施工时能够增加聚合物水泥基粘结砂浆和抹面胶浆结和强度。同时，具有一定预防 PF 保温板的低酸性与聚合物水泥基粘结砂浆中碱性中和反应作用。

　　聚合物水泥基浆料复合 PF 保温板生产和应用比较普遍，通常有刮涂、喷涂和甩涂等方式分别与 PF 保温板复合，复合 PF 保温板生产时，将聚合物水泥干粉砂浆（国家发明专利申请号：201410343011.X）与一定比例的水分在机械内充分混合均匀到一定稠度，采用机械喷涂或刮涂生产方式。

　　聚合物水泥基浆料与 PF 保温板复合生产中有一定外力作用，加之聚合物水泥基浆料自身又有一定粘度，复合后两者间粘结牢固、无空腔。

喷涂法，是在 PF 保温板单面、双面或六面，将水泥基聚合物浆料通过压力喷涂完成，在喷涂中按规定涂层厚度，控制喷涂压力，保证涂层厚度必须均匀。

机械喷涂生产是采用双轴自动翻板两面喷涂的生产工艺，喷涂中必须保持浆料喷涂压力与转动速度匹配，控制复合层厚度、均匀、复合牢固，不得与 PF 保温板分层。复合 PF 保温板的复合层喷涂机如图 2-15 所示。

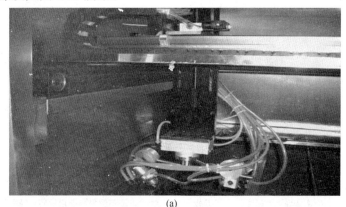

(a)

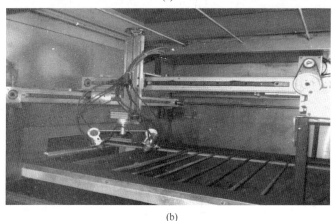

(b)

图 2-15　双轴翻板面层喷涂机
（a）喷涂；（b）两面喷涂自动转面

刮板刮涂生产是通过控制水泥基聚合物浆料粘度，严格调整好刮板与 PF 保温板的间距（即相当于涂层厚度），在连续刮板或间歇刮板的生产线上，刮涂法厚度易控制，表面平整，按设计厚度均匀刮涂完成。

有装饰功能的面材料，也可在 PF 保温板单面与固化的 PF 保温板一次成型为整体的 PF 保温装饰（增强）复合保温板等。

所选用的复合面层材料，应注意与有酸性的 PF 保温板存在酸碱反应性，必要时应使用护面 PF 保温板进行复合。

复合 PF 保温板可由多种的面板、侧板（边板、边框加强材料）和背板（背面复合材料）之间利用特殊技术复合、切割等工序而成，经复合后的 PF 泡沫板，不仅增强保温板强度，有利于安装与运输，而且大大提高保温材料防火等级。

复合 PF 保温板的背面板与短纤维混合聚合物胶浆层、或高强界面板、或水泥板、或聚合物水泥纤维增强卷材复合等构成，而饰面面材类型更多。

PF 保温板还可采用"分仓"安装构造、复合构造，在板材内或板材边缘（框）设置预埋防酸性的件、合金增强板，以及安装用的附件锚固措施等。

无饰面的 PF 保温板在工程安装后，另作涂装饰面或面砖饰面。当 PF 保温板与双面界面剂、聚合物水泥砂浆复合 PF 保温板后，其防火等级达到《建筑材料及制品燃烧性能分级》GB 8624—2012 的 A 级制品，可作为 PF 防火保温板、防火隔离带。

1. 复合 PF 保温板类型，如图 2-16 所示。

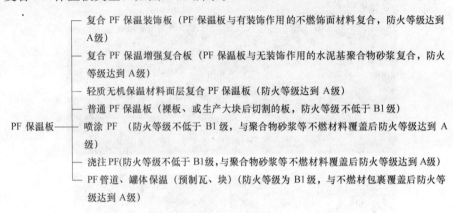

图 2-16　复合 PF 保温板类型

2. 复合 PF 保温板用面材（层）

在粘锚或干挂施工中，为施工（或运输）方便，增加酚醛泡沫板材强度、板材装饰性、提高使用功能，或为使酚醛泡沫达到 A 级燃烧性能等要求，将酚醛泡沫板与无机面材（层）复合。

复合 PF 保温板是以酚醛泡沫为保温隔热层，在泡沫表面采用单面或双面的面材（软质或硬质）复合，按施工的规格、面材材质、泡沫厚度等技术要求，通过机械浇注酚醛泡沫发泡原料，在层压机（或模具）的（必要时可适当加温，且保持温度恒定）作用下，一次生产成型，或先生产出毛面酚醛泡沫板材后，再与面材粘合为一整体。

复合 PF 保温板用各类面材，如图 2-17 所示。

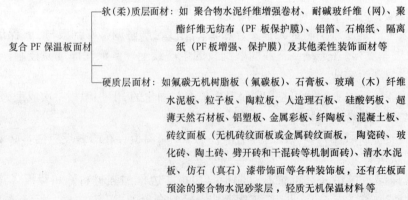

图 2-17　复合 PF 板用各类面材

第3章 保温系统材料与保温工程设计

3.1 PF保温系统材料性能

3.1.1 PF保温板技术性能与尺寸允许偏差

1.PF保温板技术性能（辽宁省地方标准：DB21/T 2171—2013）和复合PF保温板物理力学性能，见表3-1和表3-2。

表3-1 PF保温板技术性能

项目		指标	试验方法
表观密度（kg/m³）		45～65	GB/T 6343
导热系数［W/（m·K）］		≤0.030	GB/T 10294、GB/T 10295
压缩强度（MPa）		≥0.12	GB/T 8813
尺寸稳定性（70℃±2℃，7d）（%）		≤1.5	GB/T 8811
垂直于板面方向的抗拉强度（MPa）		≥0.08	JG 149
回弹率（%）		≥10	GB/T 8812
pH		≥4	HG/T 2501
水蒸气渗透系数［ng/（m·s·Pa）］		2.0～8.0	GB/T 16928
吸水率（%）（V/V）		≤6.5	GB/T 8810
甲醛释放量（mg/L）☆		≤1.0	GB 18580
燃烧性能	燃烧性能分级	不低于B1级	GB 8624
	氧指数（%）	≥38	GB/T 2406.2

注：1.PF保温板应在常温陈化不小于21d。

2.表中甲醛释放量指标对于PF保温板外墙内保温系统有要求，外保温系统无此要求。

3.PF保温板氧指数低于30%时，遇火有阴燃现象。

表3-2 复合PF保温板物理力学性能

项　　目	单　　位	指　　标	
		面层复合	发泡复合
表观密度	kg/m³	≥45	≤180
导热系数	W/（m·K）	≤0.026	≤0.05
压缩强度	MPa	≥0.12	≥0.18
尺寸稳定性（70℃±2℃，7d）	%	≤1.5	≤1.0
垂直板面方向的抗拉强度	MPa	≥0.1	≥0.1
pH值		≥4.0	≥6.5

项　目		单　位	指　标	
			面层复合	发泡复合
水蒸气透湿系数		ng/（m・s・Pa）	2.0～8.0	—
吸水率		％（V/V）	≤6.5	≤8
甲醛释放量		mg/L	≤1.0	—
面层厚度		mm	≤2	—
燃烧性能	燃烧性能分级	级	不低于 B1（A*）	A
	氧指数	％	≥40	—

注：1. 面层复合包括水泥基聚合物面层复合 PF 保温板和护面剂复合 PF 保温板；发泡复合是指 PF 泡沫粉料与其他无机材料混合后，箱式发泡的 PF 保温板（Q/HWE 03－2014）。

　　2. 表中 A* 燃烧性能分级为带水泥基聚合物面层复合后的检测值。

　　3. 表中甲醛释放量对外保温系统无此要求。

2. PF 保温板尺寸允许偏差

PF 保温板的厚度不应小于 30mm，通常是 900mm×600mm×设计厚度，或 600mm×600mm×设计厚度。PF 保温板的尺寸允许偏差，见表 3-3。

表 3-3　PF 保温板尺寸允许偏差

项　目	尺　寸	允许偏差	检验方法
厚度（t），mm	t≤50	＋1.5	
	t＞50	＋2.0	
宽度（W），mm	W≤600	±2.0	
长度（L），mm	L≤900	±2.0	GB/T 6342
对角线偏差，mm	≤3.0		
板面平整度，mm/m	≤1.0		
板面平直度，mm/m	±2.0		

注：PF 板应在常温陈化 21d。

3. 建筑材料及制品的燃烧性能等级

按现行国家标准《建筑材料及制品燃烧性能分级》GB 8624—2012 标准规定，建筑材料及制品的燃烧性能等级，见表 3-4。

表 3-4　建筑材料及制品的燃烧性能等级

燃烧性能等级		名　称
A	A1	不燃材料（制品）
	A2	
B1	B	难燃材料（制品）
	C	
B2	D	可燃材料（制品）
	E	
B3	F	易燃材料（制品）

根据《建筑材料及制品燃烧性能分级》GB 8624—2012 标准规定：平板状建筑材料及制品的燃烧等级分级判据见 GB 8624—2012 中表 2 规定要求。

按有关标准规定：墙面保温材料，除符合 GB 8624—2012 中表 2 规定外，应同时满足氧指数值要求：B1 级氧指数值 OI≥30％；B2 级氧指数值 OI≥26％（试验依据标准 GB/T

2406.2）。

PF 保温板的裸板，按现行国家标准《建筑材料及制品燃烧性能分级》GB 8624—2012标准检测，燃烧性能等级高于 B1 级，最低氧指数为 38％；无机面层与裸板复合 PF 保温板后，复合 PF 保温板的燃烧性能等级达到 A 级。

3.1.2　PF 保温板隔酸增强护面剂

专用隔酸增强《PF 保温板护面（界）剂》（Q/HWE 02－2014）物理力学性能，见表3-5。

表 3-5　物理力学性能

项　目		指标	检验方法
含固量，％		≥30	
酸值，pH		≥6	
拉伸粘结强度，MPa（与水泥砂浆）	原强度	≥0.2	JC/T 907
拉伸粘结强度，MPa（与酚醛泡沫板）	原强度	≥0.08（破坏界面在酚醛泡沫板内）	
防火等级		A	GB 8624

3.1.3　酚醛保温板胶粘剂

PF 保温板采用护面处理或未做护面处理的裸板，都可通过应用材料技术彻底解决因 PF保温板的低酸与碱性胶粘剂间的酸、碱化学反应，保证达到系统施工的稳定。

PF 保温板在工厂已做隔酸增强护面或水泥基聚合物复合处理，可采用通用型胶粘剂，如《墙体保温用膨胀聚苯乙烯板胶粘剂》（JC/T 992—2006）。

PF 保温板未做隔酸增强护面或水泥基聚合物复合处理的裸板，按辽宁省地方标准《酚醛泡沫板外墙外保温技术规程》DB21/T 2171—2013 中 4.4.1 条规定：用于酚醛泡沫板的胶粘剂，应采用低碱硅酸盐水泥或硫铝酸盐水泥与胶粉、砂、纤维素等配制，技术性能见表3-6。采用低碱、非碱性无机类胶粘剂时，与酚醛泡沫板的相容性好，技术性能除达到表 3-6要求外，且无剥蚀厚度层。

酚醛保温板胶粘剂物理性能，见表 3-6。

表 3-6　胶粘剂物理性能指标

项　目		指标	检验方法
可操作时间（h）		≥1.5	
与酚醛泡沫板的相容性，mm		剥蚀厚度≤1.0	
拉伸粘结强度（与水泥砂浆）（MPa）	原强度	≥0.60	JC/T 992
	耐水性	≥0.50	
拉伸粘结强度（与 PF 保温板）（MPa）	原强度	≥0.08，（破坏界面在 PF 保温板内）	
	耐水性	≥0.08，（破坏界面在 PF 保温板内）	

注：检验报告应注明 PF 保温板的表观密度和垂直于板面方向的抗拉强度等技术参数。

3.1.4 锚栓

1. 锚栓类型

外保温用锚栓（锚固件），由膨胀件和膨胀套管组成，或仅由膨胀套管组成，依靠膨胀产生的摩擦力或机械锁定作用连接保温系统与基层墙体的机械固定件。

在外墙外保温板材安装中，为使系统更安全，根据保温板材质或饰面类型等，常采用多种类型锚栓（锚固件）、金属托架（或角钢金属托架）或连接件等措施来辅助加强。

锚栓是用于将热镀锌电焊网、耐碱玻纤网或保温板，以及防火隔离带等固定于基层墙体的专用机械连接固定件。

（1）锚栓有下列类型：

1）圆盘锚栓：用于固定保温材料，是膨胀套管带有圆盘的锚栓；

2）凸缘锚栓：用于固定外保温系统用托架，膨胀套管不带有圆盘而带有凸缘的锚栓；

3）敲击式锚栓：敲击膨胀件或膨胀使其挤压钻孔，产生膨胀力的锚栓；

4）旋入式锚栓：将膨胀件旋入膨胀套管，使套管挤压钻孔孔壁，产生膨胀力或机械锁定作用的锚栓。

（2）锚栓按代号划分为：

1）圆盘锚栓按构造方式代号为 Y；

2）凸缘锚栓按构造代号为 T；

3）按锚栓安装方式分为旋入式锚栓（代号 X）；

4）敲击式锚栓（代号 Q）；

5）按承载机理分为仅通过摩擦承载的锚栓（代号为 C）和通过摩擦和机械锁定承载的锚栓（代号 J）；

6）按照锚栓的膨胀件和套管材料分为碳钢（代号为 G）、塑料（代号为 S）、不锈钢（代号为 B）。

2. 锚栓技术性能

（1）钢制膨胀件和膨胀管应采用不锈钢或经过表面处理的碳钢制造，金属膨胀件应采用不锈钢或电镀锌钢材，不锈钢应采用国际标准《不锈钢紧固件的力学性能》ISO 3506 中 A2、A4 或相当等级；当采用电镀锌钢材处理时，应符合现行国家标准《紧固件电镀层》GB/T 5267.1—2002 规定，且电镀层的厚度不应小于 $5\mu m$。零件的机械性能、尺寸、公差及粗糙度应符合设计图纸并符合现行相关国家标准规定。

（2）塑料钉和带圆盘的塑料膨胀套管，以及附垫片应采用聚酰胺（polyamide 6，PA6 或 polyamide6.6，PA6.6）、聚乙烯（polyethylene，PE）或聚丙烯（polypropylene，PP）制成，在工程上不得采用回收再生材料生产的塑料钉和塑料膨胀套管。

圆盘锚栓的圆盘公称直径不应小于 50mm（公差±1.0mm），膨胀套管的公称直径不应小于 8mm（公差±0.5mm）。

（3）单个锚栓抗拉承载力、抗拔力标准值

锚栓类型、长度和有效锚固长度应根据基层墙体材料和设计要求。锚栓的抗拉承载力标准值最小值不应小于 0.3kN。

锚栓技术性能除应符合表 3-7 外，尚应符合现行国家行业标准 JG/T 366—2012 中有关规定。

表 3-7 锚栓性能

项　目	性能指标				
	A 类墙体	B 类墙体	C 类墙体	D 类墙体	E 类墙体
锚栓抗拉承载力（kN）	≥0.60	≥0.50	≥0.40	≥0.30	≥0.30
锚栓圆盘抗拔力（kN）	≥0.50				

3. 选用锚栓基本要求

在使用锚栓（锚固件）时，应根据墙体类型（如混凝土和实心砖墙体、加气块或空心砖墙体、钢结构、龙骨）、所需锚栓长度、锚栓直径和钻孔机具的类型、锚入墙体基层有效深度要求等，选择不同规格和类型的锚栓，不能一律照搬使用。

（1）可用锚栓的基层墙体

A 类：普通基层混凝土墙体；

B 类：实心砌体基层墙体，包括烧结普通砖、蒸压灰砂砖、蒸压粉煤灰砖砌体以及轻集料混凝土墙体；

C 类：多孔砖砌体基层墙体，包括烧结多孔砖、蒸压灰砂多孔砖砌体墙体；

D 类：空心砌块墙，包括普通混凝土小型空心砌块、轻集料混凝土小型空心砌块墙体；

E 类：蒸压加气混凝土基层墙体。

（2）选用锚栓

1）C 类基层墙体宜选用通过摩擦和机械锁定承载的锚栓；

2）D 类基层墙体应选用通过摩擦和机械锁定承载的锚栓。

3.1.5　酚醛保温板抹面胶浆

外墙外保温体系常见问题是表面开裂、空鼓和渗水，且一旦发生很难修复。抗裂聚合物砂浆作抹面层是决定整个外墙外保温体系性能的关键。抹面层未做好，再好质量的饰面涂层也很难发挥抗裂的作用。

抹面胶浆（抗裂聚合物砂浆）具有极强的粘结强度，涂抹在粘结好的酚醛泡沫板外表面，形成干膜后具有良好的弹性，可防止开裂、渗水，保持一定的耐久性。

酚醛泡沫板用抹面胶浆应采用低碱硅酸盐水泥或硫铝酸盐水泥与胶粉、砂、纤维素等配制，或采用非碱性无机类胶粘剂酚醛泡沫板专用单组分抹面砂浆。

抹面胶浆技术性能除应符合国家现行行业标准《外墙外保温用膨胀聚苯乙烯板抹面胶浆》JC/T 993—2006 要求外，尚应符合表表 3-8 要求。

表 3-8　抹面胶浆技术性能指标

项　目		指　标	检验方法
可操作时间（h）		≥1.5	JC/T 992
与酚醛泡沫板的相容性，mm		剥蚀厚度≤1.0	
吸水量 1h，g/m²		＜1000	
压折比		≤3.0	
拉伸粘结强度（与水泥砂浆）（MPa）	原强度	≥0.50	
	耐水性	≥0.50	
	耐冻融	≥0.50	JC/T 993

项　目		指　标	检验方法
拉伸粘结强度（与酚醛泡沫板）（MPa）	原强度	≥0.08，（破坏界面在 PF 板内）	JC/T 992
	耐水性	≥0.08，（破坏界面在 PF 板内）	
	耐冻融	≥0.08，（破坏界面在 PF 板内）	JC/T 993

3.1.6　耐碱玻纤网格布

耐碱玻纤网格布是采用插编式并必须经特殊耐碱涂敷的玻璃纤维网格布，插编网能缓冲由于墙体位移、开裂等原因引起的保温板的轻微位移。

网格布完全埋入抹面胶浆内，能提高保温系统的机械强度和抗裂性。

耐碱是玻纤网格布中关键一项指标，因网格布处在抹灰砂浆层内，而砂浆层的 pH 值约为 13，故所采用的玻纤网格布必须有耐碱性能，经耐碱涂敷后，网格布必须能抵抗水泥的碱性腐蚀。

合格的耐碱玻纤网格布具有手感柔软、涂胶胶层饱满且光泽、定位牢固并富有弹性、表面不起毛，幅宽、定长及标重准确、经纬线粗细均匀等特征。耐碱玻纤网格布性能要求，见表 3-9。

表 3-9　耐碱玻纤网格布性能指标

项　目	性能指标	
	标准（普通）型	加强型
单位面积质量（g/m²）	≥160	≥290
耐碱拉伸断裂强力（经、纬向）（N/50mm）	≥900	≥1500
耐碱拉伸断裂强力保留率（经、纬向）（%）	≥75	
断裂应变（经、纬向）（%）	≤5.0	
涂塑量（g/㎡）	≥20	
氧化锆、氧化钛含量（%）	ZrO_2 14.5±0.8、TiO_2 6.0±0.5 或 ZrO_2≥16.0	

3.1.7　外墙外保温柔性耐水腻子

外墙柔性耐水腻子与涂料层应有很好的相容性，柔性腻子与涂料层的相容性，其技术性能除应符合表 3-10～表 3-12 的要求外，尚应符合现行国家行业标准《建筑外墙用腻子》JG/T 157—2009 中 R 型、《外墙外保温柔性耐水腻子》JG/T 299 的规定。

表 3-10　柔性耐水腻子与涂料层的相容性

项　目	技 术 指 标
柔性腻子复合上涂料层后的耐水性（96h）	无起泡、无褶皱、无开裂、无掉粉、无脱落、无明显变色
柔性腻子复合上涂料层后的耐冻融性（5 次）	无起泡、无褶皱、无开裂、无掉粉、无脱落、无明显变色

表 3-11 柔性耐水腻子技术性能

项　目		指　标	检验方法
施工性		刮涂无障碍	
干燥时间（表干），h		≤5	
初期抗裂性，6h		无裂纹	
打磨性		手工可打磨	
吸水量，g/10min		≤2.0	JG/T 299
耐碱性（48h）		无异常	
耐水性（96h）		无异常	
粘结强度，MPa	标准状态	≥0.60	
	冻融循环（5次）	≥0.40	
柔韧性		直径50mm，无裂纹	

表 3-12 外墙用腻子技术性能

项　目		指　标		
		普通型（P）	柔性（R）	弹性（T）
容器中状态		无结块、均匀		
施工性		刮涂无障碍		
干燥时间（表干）/（h）		≤5		
初期抗裂性	单道施工厚度≤1.5mm的产品	1mm无裂纹		
	单道施工厚度>1.5mm的产品	2mm无裂纹		
打磨性		手工可打磨	—	
吸水量，g/10min		≤2.0		
耐碱性，48h		无异常		
耐水性，96h		无异常		
粘结强度，MPa	标准状态	≥0.6		
	冻融循环（5次）	≥0.4		
腻子膜柔韧性		直径100mm，无裂纹	直径50mm，无裂纹	—
动态抗开裂性/mm	基层裂缝	≥0.04，<0.08	≥0.08，<0.3	≥0.3
贮存稳定性		三次循环不变质		

3.1.8 涂装材料技术性能

涂装材料用于墙体饰面时，不但外观色泽多样、施工方便，而且材质为柔性，用于外保温面层相对安全。涂装材包括饰面涂料、饰面砂浆（含仿饰面砖）和柔性饰面砖等。

1. 饰面涂料不应选用溶剂型涂料，常用涂料有水性防火弹性涂料、砂壁状涂料和隔热涂料等。

使用涂料应与系统相容，饰面涂料技术性能除应符合表3-13要求外，尚应符合现行国家行业标准《外墙无机建筑涂料》JG/T 26—2002、《复层建筑涂料》GB/T 9779—2005中有关规定。

表 3-13　饰面涂料抗裂性能

项　目		指　标	检验方法
抗裂性	平涂用涂料	断裂伸长率,%	≥150	GB/T 6777
	连续性复层建筑涂料	主涂层的断裂伸长率,%	≥100	
	浮雕类非连续性复层建筑涂料	—	主涂层初期干燥抗裂性满足要求	GB/T 9779

2. 合成树脂乳液外墙涂料技术性能除应符合表 3-14 要求外，尚应符合 GB/T 9755、JG 158的规定。

表 3-14　合成树脂乳液外墙涂料技术性能

项　目	指　标		
	优等品	一等品	合格品
容器中状态	无硬块，搅拌后呈均匀状态		
施工性	刷涂二道无障碍		
低温稳定性	不变质		
干燥时间（表干）/h≤	2		
涂膜外观	0.93	0.90	0.87
对比率（白色和浅色）	96h 无异常		
耐水性	48h 无异常		
耐碱性	2000	1000	500
耐沾污性（白色和浅色）/%≤	15	15	20
涂层耐温变性（5 次循环）≤	无异常		

3. 饰面砂浆物理力学性能

墙体饰面砂浆是以无机胶凝材料或有机聚合物胶粘剂、填料、添加剂和精细集料所组成的用于建筑表面装饰的一种功能性涂饰材料。

墙体饰面砂浆物理力学性能除应符合表 3-15 要求外，尚应符合现行国家行业标准《墙体饰面砂浆》JC/T 1024—2007 中有关规定。

表 3-15　墙体饰面砂浆物理力学性能

项　目		指　标	检验方法
可操作性	30min	刮涂无困难	JC/T 1024
初期干燥抗裂性		无裂纹	
吸水量/g	30min	≤ 2.0	
	240min	≤ 5.0	
强度/MPa	抗折强度	≥ 2.50	
	抗压强度	≥ 4.50	
	拉伸粘结原强度	≥ 0.50	
	老化循环拉伸粘结原强度	≥0.50	
抗泛碱性		无可见泛碱	
耐沾污性（白色或浅色）	立体状/级	≤ 2.0	
耐候性（750h）/级		≤1	

4. 合成树脂乳液砂壁状建筑涂料技术性能

该产品以合成树脂乳液为主要黏结剂，以砂粒、石材微粒和石粉为集料，在建筑物表面上形成具有石材质感饰面涂层的合成树脂乳液砂壁状建筑涂料。

合成树脂乳液砂壁状建筑涂料由底涂料（用于基材面的封闭涂料）、主涂料（用于底涂层形成石材质感所使用的薄质或厚质涂料）和面涂料（为提高主涂层耐候性、耐沾污性所使用的透明涂料）构成。

合成树脂乳液砂壁状建筑涂料技术性能除应符合表 3-16 要求外，尚应符合现行国家行业标准《合成树脂乳液砂壁状建筑涂料》JG/T 24—2000 中有关规定。

表 3-16　建筑涂料技术性能

项　目		技术指标	
		N 型（内用）	W 型（外用）
容器中状态		搅拌后无结块，呈均匀状态	
涂料低温贮存稳定性		喷涂无困难	
涂料低温贮存稳定性		3 次试验后，无结块、凝聚及组成物的变化	
涂料热贮存稳定性		1 个月试验后，无结块、霉变、凝聚及组成物的变化	
初期干燥抗裂性		无裂纹	
干燥时间（表干），h		≤4	
耐水性		96h 涂层无起鼓、开裂、剥落，与未浸泡部分相比，允许颜色轻微变化	
耐碱性		48h 涂层无起鼓、开裂、剥落，与未浸泡部分相比，允许颜色轻微变化	96h 涂层无起鼓、开裂、剥落，与未浸泡部分相比，允许颜色轻微变化
耐冲击性		涂层无裂纹、剥落及明显变形	
涂层耐温变性[a]		—	10 次涂层无粉化、开裂、剥落，起鼓，与标准板相比，允许颜色轻微变化
耐沾污性		—	5 次循环试验后≤2 级
粘结强度 MPa	标准状态	≥0.70	
	浸水后	—	≥0.50
耐人工老化性		—	500h 涂层无起鼓、开裂、剥落，粉化 0 级，变色≤1 级

[a] 涂层耐温变性即为涂层耐冻融循环性。

5. 柔性饰面砖技术性能

柔性饰面砖是以彩色改性无机矿物粉骨料为主要原料，填加少量水溶性高分子聚合物，通过特定工艺制成的具有一定柔韧性的轻质装饰薄板、块材，又名锦埴。

柔性饰面砖外观有砖饰面（陶土、条形、洞石、劈岩、板岩）、石材饰面（洞石、劈岩、板岩）和木纹饰面等。

柔性饰面砖技术性能指标应符合表 3-17 要求外，尚应符合现行国家行业标准《柔性饰面砖》JG/T 311—2011 的规定。

表 3-17 柔性饰面砖技术性能指标

项目		单位	指标	检验方法
外观		—	无破损、起泡、裂纹	—
单位面积质量		kg/m²	≤8	GB/T 4100
吸水率		%	≤8	JGT 311
耐碱性		—	48h，表面无开裂、剥落，与未浸泡部分相比，允许颜色轻微变化	GB/T 5265
耐温变性		—	5 次循环试样无开裂、剥落，无明显变化	JG/T 25
柔韧性		—	无裂纹	直径 200mm 圆柱弯曲
耐沾污性		级	≤1	GB/T 9780
耐人工气候老化	外观	—	无开裂、剥落	GB/T 1865
	粉化	级	≤1	
	变色	级	≤2	
水蒸气湿流密度		g/(m²·h)	>0.85	GB/T 17146
燃烧性能		—	不低于 C 级	GB 8624

3.1.9 面砖、胶粘剂和填缝剂技术性能

1. 面砖

面砖应采用粘结面带有凹槽或燕尾槽的产品，且不得残留脱模剂，其技术性能除应符合现行国家标准《陶瓷砖》GB/T 4100—2006 的要求外，尚应符合表 3-18 的要求。

表 3-18 面砖的技术性能指标

项目	指标	检验方法
吸水率，%	0.5~4.0	
表面积，mm²	≤12000	
厚度，mm	≤8	GB 3810
单位面积质量，kg/m²	≤20	
抗冻性	经 100 次冻融循环试验后无裂缝或破坏	

注：面砖吸水率对严寒地区宜采用下限。

2. 面砖胶粘剂技术性能

面砖胶粘剂的技术性能除应符合表 3-19 要求外，尚应符合现行国家行业标准《陶瓷墙地砖胶粘剂》JC/T 547—2005 的规定。

表 3-19 陶瓷墙地砖胶粘剂的技术性能指标

项目		指标	检验方法
与面砖拉伸粘结强度，MPa	原强度	≥0.5	JC/T 547
	浸水后	≥0.5	
	热老化后	≥0.5	
	冻融循环后	≥0.5	
	晾置 20min	≥0.5	
横向变形，mm		≥1.5	

3. 面砖填缝剂和其他嵌缝密封材料技术性能

（1）面砖填缝剂技术性能除应符合表 3-20 要求外。尚应符合现行国家行业标准《陶瓷墙地砖填缝剂》JC/T 1004—2006 的规定。

表 3-20　面砖填缝剂技术性能指标

项　　　目		指　　　标	检验方法
28d 的线性收缩值（mm/m）		≤2.0	JC/T 1004
抗折强度 （MPa）	标准试验条件	≥3.5	
	冻融循环后	≥3.5	
拉伸粘结强度（MPa）	标准试验条件	≥0.2	
横向变形，mm		≥2.0	
吸水量（g）	30min	≤2.0	
	240min	≤5.0	
抗泛碱性		无可见泛碱	

（2）嵌缝密封材料技术性能

1）耐候密封胶应采用硅酮或聚氨酯建筑密封胶，其技术性能除应符合表 3-21 外，尚应分别符合现行国家标准《硅酮建筑密封胶》GB/T 14683—2003、《聚氨酯建筑密封胶》JC/T 482—2003 的规定。

表 3-21　耐候密封胶技术性能

项目		单位	指　　标		检验方法
			聚氨酯建筑密封胶	硅酮建筑密封胶	
可操作时间		h	≥1	—	GB/T 13477
表干时间		h	≤24	≤3	
流变性	下垂度	mm	≤3	≤3	
	流平性	—	5℃自流平	无变形	
挤出性		Ml/min	≥80	≥80	
弹性恢复率		％	≥70	≥80	
拉伸模量	23℃	MPa	≤0.4	≤0.4	
	－20℃	MPa	≤0.6	≤0.6	
定伸粘结性		—	无破坏	无破坏	
冷拉-热压后的粘结性		—	无破坏	无破坏	
浸水后定伸粘结性		—	无破坏	无破坏	
质量损失率		％	≤7	≤10	

2）变形缝的背衬材料应采用聚乙烯泡沫塑料圆棒，其直径按缝宽的 1.3 倍选用。

3.1.10　配件技术性能

1. 金属托架技术性能

金属托架可根据所在地区建筑高度、气象条件、PF 保温板密度（厚度）等影响因素，主要考虑应用保温系统的安全稳定性。

金属托架除用于 PF 保温板相互间、保温板起步层承托外，也用于安装 PF 保温板复合防火隔离带及其他，尤其在高层建筑、有连续大面积保温层、风力较大地区，间隔设置必要托架有益无害。

金属托架采用铝合金或热镀锌钢材（或经处理后具有防腐功能的角钢）制作，其规格可根据具体情况要求。其中铝合金托架性能：

（1）铝合金应进行氧化处理，氧化膜厚度不应小于 $10\mu m$；采用热镀锌钢材时，除应复合现行国家标准《连续热镀锌钢板及钢带》GB/T 2518—2008 的要求外，双面镀锌层的厚度不应小于 $14\mu m$，双面镀锌量不应少于 $100g/m^2$；

（2）托架表面应清洁，不应有裂纹、起皮、腐蚀、气泡、涂膜层脱落现象，在冲孔处及托架边缘处不得有毛刺；

（3）托架直线度允许偏差应为 3mm/m，托架直角度允许偏差应为 $+0.5°$；

（4）托架长度不宜小于 210mm，断面尺寸、构造如图 3-1 所示：

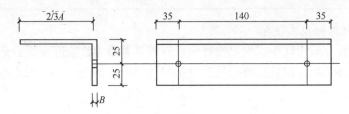

图 3-1　托架构造图

注：图中 a 为外保温层的厚度；b 为托架厚度，不应小于 1.3mm。

（5）固定托架选用与之配套专用用锚栓。

2. 外墙用 PVC 护角条（网）、分隔条（网）和滴水条（网）技术性能

护角条（网）、分隔条（网）和滴水条（网）宜采用 PVC 树脂制成，也可采用铝合金或热镀锌钢材（角钢）制成。PVC 材质制做有带网和不带网的区别，带网的护角条、分隔条和滴水条，网的宽度每边不宜小于 100mm。

PVC 护角条（网）、分隔条（网）和滴水条（网）技术性能，见表 3-22。

表 3-22　PVC 护角条（网）、分隔条（网）和滴水条（网）性能指标

项　　目	指　　标
尺寸变化率，%	$\leqslant 0.06$
耐冻融	10 次冻融循环后，表面无裂纹、气泡、麻点的现象
燃烧性能分级	不低于 B2 级
防老化性	500h，老化后测量，$\Delta E^* \leqslant 5$，$\Delta b^* \leqslant 3$

3. 挂件材料、龙骨、连接件和尼龙胀栓的技术要求

（1）挂件材料性能指标，参考《金属与石材幕墙工程技术规范》JGJ 133—2001 中的相关规定。

（2）龙骨：龙骨分为复合材料龙骨和木龙骨。复合材料龙骨具备防火、防蛀、防腐等物理性能。断面为矩形，尺寸为 25mm×50mm；木龙骨采用松木类木材，表面经过防火、防

腐处理及防虫处理，断面尺寸为 25mm×50mm。

（3）连接件：阴角板、阳角板、窗口板、2.85mm×25mm 专用钢钉为专用配套件。

（4）尼龙胀栓：砌体结构墙采用 M10×100mm 尼龙胀栓，混凝土结构墙采用 M8×100mm 的尼龙胀栓。

4. 其他配套使用材料

（1）发泡聚乙烯圆棒，填伸缩缝，作密封胶背衬，直径为缝宽的 1.3 倍。

（2）聚氨酯建筑密封胶（质量达到 JC/T 482 要求）或建筑用聚硅氧烷结构密封胶（质量达到 GB 16776 要求）。

3.2 外墙外保温工程设计

3.2.1 外墙外保温系统的外界破坏力

对外墙保温层的外界破坏力主要有热应力、地震力、水或水蒸气及火灾的影响。外保温系统在当地最不利的温度与湿度条件下，在承受风力、自重以及正常碰撞等各种内外力相结合的负载，应有很好稳定性、耐撞击性，保温层不与基层分离、脱落。

1. 热应力影响。由温差变化导致热胀冷缩，会引起非结构构造的变化，使之处于一种不稳定状态。热应力是高层建筑外墙外保温层的主要破坏力之一。

高层建筑由于比多层建筑的外层接受阳光照射至更强，热应力更大，变形也更大，在保温抗裂构造设计时，首先要考虑保温层能使建筑结构完全处于同一温度场内，选用保温材料应满足柔韧变形量逐层渐变的原则，以逐层消纳变形应力。

2. 风压影响。正风压产生推力，负风压产生吸力，要求外保温层应具备相当的抗风压能力。保温层采取无空腔构造，杜绝空气层，可有效避免风压特别是负风压导致保温层内空气层的体积膨胀层而造成对保温层的破坏。

3. 地震力影响。地震力会导致高层建筑结构和保温面层的挤压、剪切或扭曲变形，而保温面层刚性越大承受的地震力就越大，引起破坏就可能越严重，要求高层建筑外墙外保温材料在有相当附着力的前提下，满足能分散和消纳地震应力。柔性变形量逐层渐多，尽量减轻保温层表面的荷载，防止在地震力的影响下保温层出现大面积开裂、剥离甚至脱落。

4. 水或水蒸气影响。避免水或水蒸气对高层建筑的破坏，应选用憎水性好、水蒸气渗透性好的外保温材料系统，避免水或水蒸气在迁移过程中出现墙体结露或保温层内部含水率增加的现象，提高高层建筑外保温层的耐雨水侵入以及抗冻融能力。

5. 火灾影响。高层建筑的保温层应具备更好的抗火灾功能，应具有在火灾情况下防止火灾蔓延和防止释放烟尘或有毒气体的特性，面层无燥裂、无塌落。

3.2.2 酚醛保温板外保温系统性能

酚醛保温板外保温系统整体性能，是采用酚醛保温板、配套材料（构件）、设计，以及通过相应施工技术所必须达到的性能。

1. 酚醛保温板外墙外保温系统性能要求

PF 保温板外墙外保温系统应能适应基层墙体正常变形，经耐候试验后，不得出现饰面层起泡、空鼓和开裂，应长期承受自重、风荷和室外气候的长期反复作用而不产生有害的变形和破坏。

PF 保温板外墙外保温工程与基层墙体有可靠连接，避免在地震时脱落，具有防水渗透能力。

PF 保温板外墙外保温工程各组成组分应具有物理-化学稳定性。所组成材料应彼此相容并应具有防腐性。

PF 保温装饰复合板（如粘贴锚固、干挂、喷涂酚醛泡沫和外挂石材等）构成外墙外保温系统等，由于饰面层与酚醛泡沫保温层相对彼此独立，故系统的抗冲击性能试验仅针对饰面层进行，耐冻融性能、吸水量、水蒸气渗透阻、燃烧性能等试验分别针对酚醛泡沫保温层和饰面层单独进行。

PF 保温装饰复合板、饰面板（面材）与酚醛泡沫现场施工，构成复合外墙外保温系统，因不做抹面层，故对该系统不进行抹面层的不透水性试验。抗风荷载性能、系统热阻及系统耐候性等试验均针对整个外保温系统进行。

饰面层粘结于保温层表面的酚醛泡沫外墙外保温系统即薄抹灰系统料，应对系统的抗风荷载性防、抗冲击性能、吸水量、耐冻融性能、系统热阻、抹面层不透水性、水蒸气渗透阻及系统耐候性等进行试验。

保温装饰复合板构成外墙外保温系统等，由于饰面层与保温层相对彼此独立，故系统的抗冲击性能试验仅针对饰面层进行，耐冻融性能、吸水量、水蒸气渗透阻、燃烧性能等试验，分别针对保温层和饰面层单独进行。

保温装饰复合板、饰面板（面材）与泡沫现场施工，构成复合外墙外保温系统，因不做抹面层，故对该系统不进行抹面层的不透水性试验。抗风荷载性能、系统热阻及系统耐候性等试验均针对整个外保温系统进行。

涂装饰面层粘结于保温层表面的外墙外保温系统即薄抹灰系统料，应对系统的抗风荷载性防、抗冲击性能、吸水量、耐冻融性能、系统热阻、抹面层不透水性、水蒸气渗透阻及系统耐候性等进行试验。

PF 保温板外墙外保温系统经耐候试验后，不得出现饰面层起泡或剥落、保护层空鼓或脱落等破坏，不得产生渗水裂缝。具有薄抹面的外保温系统，抹面层与 PF 保温层的拉伸粘结强度不得小于 0.08 MPa，并且破坏部位应位于保温层内。

PF 保温板外墙外保温系统性能，见表 3-23。

表 3-23 PF 保温板外墙外保温系统性能

检测项目		性能要求	检验方法
耐候能	外观	耐候性试验后，系统不得出现可渗水裂缝，无粉化、空鼓、剥落等现象	JGJ 144 附录 A.2
	防护层与保温层拉伸粘结强度，MPa	≥0.08（破坏界面在酚醛保温板内）	
抗冲击性	标准型，J	≥3	JGJ 144 附录 A.5 节
	加强型，J	≥10	

44

检测项目		性能要求	检验方法
耐冻融	外观	30 次冻融循环后，系统无可渗水裂缝，无粉化、空鼓、剥落等现象	JGJ 144 附录 A.4
	防护层与保温层拉伸粘结强度，MPa	≥0.08（破坏界面在酚醛保温板内）	
吸水量，kg/m²		系统在水中浸泡 1h 后的吸水量不得大于或等与 1000	JGJ 144 附录 A.6
防护层不透水性		2h 不透水	JGJ 144 附录 A.10
热阻		系统热阻应符合设计要求	JGJ 144 附录 A.9
水蒸气湿流密度，g/(m²·h)		≥0.85	JG 149
抗风荷载性能		系统抗风压值不小于风荷载设计值，系统安全系数 K 应不小于 1.5	JGJ 144 附录 A.3

注：1. 水中浸泡 24h，系统吸水量<0.5kg/m² 时，不检验耐冻融性能。

2. 抗冲击性的普通型为 2 层及以上楼层；抗冲击性的加强型为首层。

3. 表 3-23 摘自辽宁省地方标准《酚醛泡沫板外墙外保温技术规程》（DB21/T 2171—2013）。

2. 酚醛泡沫屋面保温系统性能

酚醛泡沫屋面保温与防水材料共同构成酚醛泡沫屋面保温系统，屋面防水系统工程质量应符合《屋面工程质量验收规范》GB 50207—2012 规定。

屋面防水工程应根据建筑的性质、重要程度、使用功能要求以及防水层合理使用年限，按不同防水等级进行设防。

3.2.3 酚醛保温板外墙外保温设计基本原则

1. 外保温（外墙外保温、屋面保温及外墙内保温）工程设计是根据建筑节能率具体要求、材料性能、防火等级要求、地区自然条件、风载、荷载、施工工法、细部节点构造及使用年限等，综合各方面因素并经计算而设计。

2. 在设计时应充分考虑到使用要求的同时，还应考虑先进与否。除考虑技术上可行、可靠，还要必须做好经济成本的分析工作，能够控制工程造价，综合各方面因素后确定优化设计方案。对工程的品质要求、建筑档次和使用寿命等均应明确。

3. 外保温工程的设计，应结合建筑物所处地域的气候（建筑热工设计分区），按照国家规定现行节能率（民用建筑执行节能率为 65% 的标准、公共建筑执行节能率为 50%，有的地区民用建筑节能率已执行 75% 的标准），即不低于国家规定现行节能率的标准进行设计，必须符合国家现行建筑节能工程系列设计标准。

根据建筑结构类型及特点，经过技术经济比较后，设计保温层最经济厚度（保温层净厚度）。

严寒和寒冷地区外墙热桥部位，应按设计要求采取节能保温等隔断热桥措施。

4. 主体结构和外墙均应符合国家现行标准、规范的要求。不论是砌体结构、轻钢结构、框架填充墙结构、短肢剪力填充墙结构、全剪力墙结构等，建筑物主体结构和外墙均应符合国家现行标准、规范的要求。

外墙外保温系统的构造荷载列入主体结构荷载计算之内。

5. 建筑外墙外保温和屋面保温系统防火性能，必须符合现行国家相关标准、规范和有关规定的要求。

6. 外墙外保温层、饰面层必须牢固、安全、可靠。

外墙外保温系统的各组成部分应具有物理-化学稳定性，构造层材料之间应彼此相容并应具有防腐和防生物侵害性能。

外墙外保温工程应能适应基层的正常变形而不产生裂缝或空鼓，能长期承受自重而不产生有害变形；应能承受室外气候的长期反复作用、承受风荷载而不产生破坏；地震发生时，基层结构墙体不发生坍塌破坏，外墙外保温体系任何构造层均不应从基层上脱落。

在正确使用和正常维护的条件下，必须达到规定使用年限。

3.2.4 外保温设计基本要求

1. 湿热性能控制。外墙外保温的热工设计主要包括保温和防结露性能的设计。对易产生结露的部位应加强局部的保温性能。

在外保温墙体的表面，如面层、出屋面管口、接缝、孔洞周边、在保温板材间、窗框与墙体间、穿透外墙和阳台的孔洞等细部节点处，应达到节点保温密封避免产生热桥，同时做好密封防水处理。

为防止保温材料与外墙外表面粘结间隙处的水汽凝结与流窜现象对保温层的破坏作用，宜在保温构造中设置排除湿气的孔槽或其他类型的排湿构造。

在新建墙体干燥过程中，或者在冬季条件下，室内温度较高的水蒸气向室外迁移时墙内可能结露。当外保温系统用于长期保持高湿度房间的外墙时，特别做好墙体的构造和 PF 保温板保温层、防水层施工设计，避免墙内结露的形成。

2. 建筑外墙可采用外墙外保温、外墙内保温、内外墙组合保温或夹芯保温复合墙时，就采用保温板的保温效果比较而言，宜优先选用外墙外保温系统。外墙外保温系统宜选涂装（涂料、饰面砂浆和柔性面砖）饰面，慎用面砖饰面。

必须采用外墙内保温时，宜用在加气混凝土墙体（该制品蒸汽渗透阻较小）或非寒冷或非严寒地区。

3. 外保温饰面层应选用不燃、柔性、防水及透气性材料。抹面层厚度必须符合国家现行相关规定标准的要求。

（1）薄抹灰涂装饰面保温系统（涂装饰面），抹面层内应增设耐碱玻纤网格布增强，在首层、门窗洞口应用标准型和增强型耐碱玻纤网格布复合增强。

（2）厚抹灰面砖饰面保温系统（面砖饰面），应用应经过可靠试验验证，高层建筑和地震频发区、沿海台风区、严寒地区，更加慎用面砖饰面，面砖的蒸汽渗透阻过大，墙体内的湿迁移水分无法排出，从而在负温环境下面砖产生冻胀剥落。

一般面砖应用建筑总高度不宜大于 20m。在厚抹灰（抹面层）内增设热镀锌焊接钢丝网（也可采用两层增强型耐碱玻纤网格布）并采用锚栓或其他增强措施与基层墙体固定，用专用胶浆贴面砖及专用勾缝胶浆勾缝，必须达到足够的安全措施，防止面砖脱落。

4. 分格缝、变形缝设置和网格布翻包。

（1）外墙外保温除以块材幕墙为饰面外，应设分格缝。分格缝的位置应结合建筑物外立面的设计及门窗洞口进行设置。

1）分格缝设置：

①竖向分格缝最大间距不应大于 7m，水平分格缝最大间距不宜大于层高。

②竖向分格缝宜设在与横墙、柱对应的部位，水平分格缝宜设在楼板部位。

③分格缝宽不宜小于 20mm，并宜采用分格条（网）抗裂防渗。

（2）变形缝（或称分隔缝）的设置：

①基层结构设有伸缩缝、沉降缝和防震缝处；

②预制墙板相接处；

③外保温系统与不同材料相接处；

④基层材料改变处；

⑤结构可能产生较大变形、位移的部位，如建筑体形突变或结构体系变化处；经计算需设置变形缝处等。

3）伸缩缝、沉降缝和防震缝，应沿缝的开口周边紧密填塞弹性高效保温材料，其填深度不应小于 400mm，并应在保温层外做有效的防水处理。

（2）保温系统的起端和终端应进行网格布翻包：门窗洞口边；管道或其他设备穿墙处；檐口、女儿墙、勒脚、阳台、雨篷等尽端；变形缝及基层不同构造、不同材料结合处；保温板等装饰造型部位等。

5. 其他设计

地下室外墙外保温的保温层应设在标准冻结深度下 300mm 以上外墙的外侧，并应做好防水、防潮处理；PF 保温板应复合无机面层板。

6. 外墙外保温设计对工程的品质要求、防火等级、建筑档次和使用寿命等均应明确，节点细部构造、防火隔离带等设计应有足够深度，具体包括：

（1）对外保温节能指标、热工参数、保温材料燃烧性能、系统构造层、保温层厚度、主要性能指标及执行依据应采用列表方法明确标注；

（2）对所引用的规范、图集要逐一写明名称、代号、页次、图号；

（3）对各类墙体材料、节能保温系统，一律按相关规程和图集，明确配套使用材料；

（4）明确门窗洞口、阳台、空调搁板、檐口等各部位节点做法等。

7. 外保温工程应符合设计要求和合同约定，未经原设计单位允许不得任意更改原设计墙体保温系统的构造和材料组成。当设计结构变更时，不得降低建筑节能效果，应经原施工图设计审查机构审查，在实施前应办理设计变更手续，并获得监理或建筑单位的确认，且必须具有设计变更备案文件。

8. 保温材料及配套用材料质量必须合格

PF 保温层及其他配套材料应符合建筑构造设计的规定，均应达到国家现行相关标准的技术要求，使用前应提供检验报告和出厂合格证、抽样复试。材料应符合建筑构造设计的规定，并应符合国家现行的相关产品技术标准。

外保温工程中所使用的保温材料及配套使用的各材料界面间的粘结性能（相容性）、装配（所使用配件应具有耐腐蚀性能）及安装质量必须牢固、安全、可靠。

9. 热工计算

建筑热工应根据城市的建筑气候分区区属，计算保温板外保温节能建筑外墙传热系数和板的厚度。

外墙平均传热系数应为包括主体部位和周边热桥（构造柱、芯柱、圈梁以及楼板伸入外墙部分等）部位在内的传热系数平均值。应按外墙各部位（不含门窗）的传热系数对其面积加权平均计算。不得以墙体主断面传热系数代替平均传热系数进行节能计算。

外墙传热系数应小于或等于国家现行《居住建筑节能设计标准》、《公共建筑节能设计标准》和《公共建筑节能（65％）设计标准》规定的限值。

外保温墙体应根据当地气候条件和室内热环境设计指标，按国家现行《民用建筑热工设计规范》GB 50176 的有关规定进行内部冷凝受潮验算。PF 保温板修正系数按 1.10 选用。

10. 屋面保温层厚度设计依据和设计基本原则

（1）屋面保温层厚度设计依据

计算屋面 PF 保温层厚度时，必须确定两个基本数据，即屋盖系统最小热阻及屋盖系统使用保温材料的导热系数。根据国家现行《民用建筑热工设计规范》GB 50176、《严寒及寒冷地区居住建筑节能设计标准》JGJ 26 和《夏热冬冷地区居住建筑节能设计标准》JGJ 134 确定。

（2）屋面防水保温系统设计基本原则

屋面工程设计应遵照"保证功能、构造合理、防排结合、优选用材、美观耐用"的原则。

1）屋面保温（防火等级）工程设计和施工，应符合建筑节能的有关规定。建筑屋面的传热系数和热惰性指标均应符合现行《民用建筑热工设计规范》GB 50176、《公共建筑节能设计标准》GB 50189、《严寒及寒冷地区居住建筑节能设计标准》JGJ 26、《夏热冬暖地区居住建筑节能设计标准》JGJ 75 和《夏热冬冷地区居住建筑节能设计标准》JGJ 134 等有关规定。

屋面防水工程设计和施工，应符合现行《坡屋面工程技术规范》GB 50693、《屋面工程技术规范》GB 50345 等有关规定。

2）屋面保温层应与保护层（含防水层）共同构成复合保温防水系统，用不燃材料将保温层完全覆盖严密，其不燃材料厚度不应小于 30mm。

3）上人屋面用细石混凝土或块体材料做保护层，细石混凝土保护层最终强度等级不低于 C20 的细石混凝土，细石混凝土保护层应留设分隔缝，其纵、横间距宜为 6m。

在上人屋面以细石防水混凝土或块体材料为保护层，虽然泡沫保温层与细石防水混凝土的膨胀、收缩应力不同，但在细石防水混凝土与泡沫保温材料间可不设隔离材料。

4）非上人屋面可用无机防水材料、抗裂聚合物砂浆复合构成保温防水屋面。

5）平屋面、天沟和檐沟做好找坡，使排水达到顺畅，要充分考虑屋面排水系统。

6）保温防水工程设计应根据工程特点、地区自然条件和使用功能等要求设计，屋面设计图纸应系统、完整，细部节点部位应具有一定设计深度。

7）按屋面工程的保温防水构造绘制细部构造详图，伸出屋面管、屋面女儿墙等凸出屋面和落水处，是屋面最容易出现渗漏的薄弱部位，必须做好保温、密封防水的节点处理。

3.2.5 外保温防火设计基本要求

1. 根据不同建筑高度，选择对应防火性能的保温材料和设置必要的防火隔离带，外保温层施工完成后，应及时用不燃材料做保护层覆盖。

建筑外墙和屋面保温系统防火设计，除参见表 3-24、表 3-25 要求外，在采用建筑外墙内保温、建筑外墙外保温、建筑屋面保温、建筑结构保温一体化和防火隔离带设置等，尚应符合现行国家标准《建筑设计防火规范》GB 50016、《高层民用建筑设计防火规范》GB 50045 及其他有关防火设计的规定。

表 3-24 建筑外墙和屋面保温系统防火设计

墙 体		
建筑外墙保温系统	建筑高度 H (m)	保温材料燃烧性能（级）
1 建筑外墙采用保温材料与两侧墙体构成无空腔复合保温结构时，结构体耐火极限应符合相关规范的规定要求；当保温材料的燃烧性能为 B1、B2 级时，保温材料两侧的墙体采用不燃材料，且厚度不应小于 50mm。		
2 设置人员密集场所的建筑	—	应采用 A 级
3 外墙外保温材料与基层墙体、装饰层之间无空腔外保温系统： 1) 住宅建筑	$27 \leqslant H$	不应低于 B2 级
	$54 \geqslant H > 27$	保温材料性能不低于 B1 级
	$100 \geqslant H > 54$	B1 级（应采用热固性保温材料）
	$H > 100$	A 级
2）除住宅建筑和设置人员密集场所建筑外，其他建筑	$H \leqslant 24$	B2 级
	$50 \geqslant H > 24$	B1 级（应采用热固性保温材料）
	$H > 50$	A 级
3）除设置人员密集场所的建筑外，与基层墙体、装饰层间有空腔的建筑外墙外保温系统	$H \leqslant 24$	B1 级（应采用热固性保温材料）
	$H > 24$	
4 除 1 条规定的情况外，当建筑的外墙外墙外保温系统采用 B1、B2 级保温材料	1）除采用 B1 级保温材料且建筑高度不大于 24m 的公共建筑或采用 B1 级保温材料且建筑高度不大于 27m 的住宅建筑外，建筑外墙上门、窗的耐火完整性不应低于 0.50h； 2）在保温系统中，每层水平且沿楼板位置设置燃烧性能为 A 级防火隔离带。防火隔离带与基层墙面进行全面积粘贴，且与保温层同步施工。	
5 外墙外保温系统表面防护层	1）防护层用不燃材料应将保温材料完全包覆； 2）除 1 条规定情况外，采用 B1、B2 级保温材料时，防护层首层厚度不应小于 15mm，其他层不应小于 5mm。	
6 外保温系统与基层墙体、装饰层之间空腔	应在每层楼板处采用防火材料封堵	
7 建筑外墙装饰层	采用燃烧性能为 A 级材料，建筑高度不大于 50m 时，可采用 B1 级材料	

墙 体		
建筑外墙保温系统	建筑高度 H (m)	保温材料燃烧性能（级）
屋面和其他		
建筑屋面保温系统	1）当屋面板耐火极限不低于 1.00h 时，保温材料燃烧性能不应低于 B2 级； 2）当屋面板耐火极限低于 1.00h 时，保温材料燃烧性能不应低于 B1 级	B1 级、B2 级保温材料的外保温系统采用不燃材料作防护层，且防护层厚度不应小于 10mm； 建筑屋面和外墙外保温系统均采用 B1 级、B2 级保温材料时，屋面与外墙之间采用宽度不小于 500mm 的不燃材料设置防火隔离带进行分离。
金属夹芯复合板材	临时性居住建筑金属夹芯复合板材	芯材采用不燃或难燃保温材料
燃烧性能 A、B1、B2、B3 等级和分级判定	按《建筑材料及制品燃烧性能分级》GB 8624—2012 规定	
热固性保温材料	主要包括硬泡聚氨酯、酚醛泡沫板等	

注：该表摘录《辽宁省民用建筑外墙保温系统防火暂行规定》（辽宁省公安厅、辽宁省住房和城乡建设厅文件，辽公通 2014，234 号）

表 3-25　保温材料、防火隔离带设置与保护层要求

建筑保温系统		建筑高度 H (m)	保温材料燃烧性能（级）	防火隔离带或防护层设置
内、外保温系统		—	宜采用 A 级	—
外墙内保温	人员密集场所及各类建筑内的疏散楼梯间、避难走道、避难间、避难层、	—	应采用 A 级	—
	其他建筑、场所或部位	—	应采用低烟、低毒，且燃烧性能不低于 B1 级	不燃材料做防护层，且防护层厚度不小于 10mm
外墙保温材料与两侧墙体构成无空腔复合保温结构体		—	B1、B2 级	保温材料两侧的墙体采用不燃材料，且厚度不应小于 50mm
住宅建筑外墙外保温材料与基层墙体、装饰层之间无空腔外保温系统		$27 \leqslant H$	不应低于 B2 级	B1、B2 级用不燃材料做防护层，且首层厚度不小于 10mm，其他楼层不小于 10mm。外墙上门、窗、洞口设乙级防火门、耐火极限不低于 0.50h 的 C 类防火窗（防护层不小于 30mm 厚度可不设）。用 B2 级保温材料应在每层水平设置高度不小于 300mm 防火隔离带

建筑保温系统		建筑高度 H （m）	保温材料燃烧性能 （级）	防火隔离带或防护层设置
住宅建筑外墙外保温材料与基层墙体、装饰层之间无空腔外保温系统		54≥H>27	B1 级，不应低于 B2 级	不燃防护层厚度不应小于 30mm。采用 B2 级保温材料应在每层水平设置高度不小于 300mm 防火隔离带
		100≥H>54	B1 级	不燃防护层厚度不应小于 50mm。外墙上门、窗、洞口设乙级防火门、耐火极限不低于 0.50h 的 C 类防火窗时，防护层不小于 30mm
		H>100	A 级	—
外墙外保温系统与基层墙体、装饰层之间无空腔	人员密集场所	—	A 级	—
	其他建筑或场所	H≤24	B2 级	不燃防护层厚度不小于 30mm
		50≥H>24	B1 级	
		H>50	A 级	—
外墙外保温系统与基层墙体、装饰层间有空腔		H≤24	B1 级	不燃防护层厚度不小于 30mm
		H>24	A 级	—
		24>H≤24		每层楼板处采用防火封堵材料封堵
外墙装饰层		24>H>9	难燃材料	—
		H>24	不燃材料	
幕墙式建筑的外墙外保温系统		H≥24	A 级	—
		24<H	A 级或 B1 级热固性保温材料	—
		外保温系统与基层墙体、装饰层之间的空腔，应在每层楼板处采用防火封堵材料封堵。		
		外保温系统应采用不燃材料做防护层，防护层厚度不小于 5mm。		
建筑屋面保温系统		当屋面板耐火极限不低于 1.00h 时，保温材料燃烧性能不应低于 B2 级； 当屋面板耐火极限低于 1.00h 时，保温材料燃烧性能不应低于 B1 级		B1 级、B2 级保温材料用 10mm 厚度不燃材料做保护层，且 B1 级、B2 级保温材料应采用宽度不小于 500mm 的不燃材料设置水平防火隔离带将屋面与外墙分隔。
电气线路		电气线路不应穿越或敷设 B1 级或 B2 级保温材料中		确需穿越或敷设，应采取防火保护措施。 设置开关、插座等电气配件的周围应采取防火措施

注：该表摘录《建筑防火设计规范》GB 50016—2014。

2. 建筑外保温工程防火隔离带设置

根据辽宁省地方标准《酚醛泡沫板外墙外保温技术规程》（DB21/T 2171—2013）第5.1.9条设计中一般规定：当 PF 保温板外墙外保温系统的防火措施应符合现行国家标准《建筑设计防火规范》GB 50016 的有关规定，当酚醛泡沫板外墙外保温系统按《建筑外墙外保温系统的防火性能试验方法》GB/T 29416 进行防火性能试验并达到标准要求时，酚醛泡沫板外墙外保温系统则可不设置防火隔离带。

3.2.6 外保温工程设计要点

1. 酚醛泡沫（板）外保温设计基本要求、一般规定

酚醛泡沫外保温（包括外墙外保温、屋面保温）工程的设计，对工程的品质要求、防火等级、建筑档次和使用寿命等均应明确，节点细部构造等设计应有足够深度。

酚醛泡沫外保温工程的设计，应结合建筑物所处地域的气候（建筑热工设计分区），按照国家规定现行节能率（民用建筑执行节能率为 65% 的标准、公共建筑执行节能率为 50%）或不低于国家规定现行节能率的标准进行设计。

（1）酚醛泡沫（板）外墙外保温系统设计基本原则

1）主体结构和外墙均应符合国家现行标准、规范的要求

不论是砌体结构、轻钢结构、框架填充墙结构、短肢剪力填充墙结构、全剪力墙结构等，建筑物主体结构和外墙均应符合国家现行标准、规范的要求。

2）民用建筑外保温工程的外墙平均传热系数应为包括周边结构性热桥（构造柱、芯柱、圈梁以及楼板伸入外墙部分等）、主断面及防火隔离带部位在内的平均传热系数。不得以墙体主断面传热系数代替平均传热系数进行节能计算。

3）按国家规定建筑节能标准，确定酚醛泡沫保温层最经济的厚度

酚醛泡沫屋面和外墙外保温复合墙体的热工性能、节能率必须符合国家现行建筑节能工程系列设计标准。

根据建筑结构类型及特点，设计酚醛泡沫保温层最经济厚度（酚醛泡沫净厚度）。酚醛泡沫外保温系统的保温性能是关键性指标，在经过热工计算得出足够厚度后，在安装固定时应避免产生热桥。

4）酚醛泡沫及其他配套材料质量必须合格

酚醛泡沫及其他配套材料应符合建筑构造设计的规定，均应达到国家现行相关标准的技术要求，使用前应提供检验报告和出厂合格证、抽样复试。

酚醛泡沫配套使用的各种材料，应具有物理化学的稳定性、彼此的相容性和优良的抗生物侵害性能。

外保温饰面层应选用柔性、防水及透气性涂装饰面材料。

5）酚醛泡沫外墙外保温层、饰面层必须牢固、安全、可靠

在酚醛泡沫外墙外保温工程中，高层建筑和地震频发区、沿海台风区、严寒地区、慎用面（瓷）砖饰面。宜选涂料饰面、饰面砂浆（彩砂）或柔性面砖饰面。

面（瓷）砖的蒸汽渗透阻过大，在墙体内的湿迁移水分无法排出，易导致在负温环境下的面砖产生冻胀剥落。

选面（瓷）砖饰面建筑总高度不宜大于 20m，且必须在抹面层内增设热镀锌焊接钢丝网

或采用增强型耐碱玻纤网格布，并采用锚栓或其他增强措施与基层墙体固定，用专用胶浆贴面砖及专用勾缝胶浆勾缝，必须达到足够的安全措施，并经过可靠试验验证，严格按设计要求进行施工，必须达到国家现行有关标准要求，防止面（瓷）砖脱落。

涂装饰面的保护层（抹面层）内应增设耐碱玻纤网格布增强，在首层、洞口应用普通型和增强型耐碱玻纤网格布复合增强。

在保护层施工完成后，在其基层做砂浆饰面时，应先涂抗碱弹性底层，再做饰面砂浆层。

外保温系统在当地最不利的温度与湿度条件下，在承受风力、自重以及正常碰撞等各种内外力相结合的负载，应有很好稳定性、耐撞击性，保温层不与基层分离、脱落。

外保温工程中所使用的酚醛泡沫及配套使用的各材料界面间的粘结性能、装配（所使用配件应具有耐普通 PF 保温板酸腐蚀性能）及安装质量必须牢固、安全、可靠。

酚醛泡沫外保温系统应能适应基层的正常变形而不产生裂缝、空鼓，应能长期承受自重而不产生有害变形；应能承受室外气候的长期反复作用、承受风荷载而不产生破坏。在正确使用和正常维护的条件下，必须达到规定使用年限。

6）酚醛泡沫外保温饰面层，除外墙采用涂料饰面外，其他应采用不燃材料。

7）湿热性能控制

外墙外保温的热工设计主要包括保温和防结露性能的设计。对易产生结露的部位应加强局部的保温性能。

在外保温墙体的表面，如面层、出屋面管口、接缝、孔洞周边、在保温板材间、窗框与墙体间、穿透外墙和阳台的孔洞等细部节点处，应达到节点保温密封避免产生热桥，同时做好密封防水处理。

为防止保温材料与外墙外表面粘结间隙处的水汽凝结与流窜现象对保温层的破坏作用，宜在保温构造中设置排除湿气的孔槽或其他类型的排湿构造。

在新建墙体干燥过程中，或者在冬季条件下，室内温度较高的水蒸气向室外迁移时墙内可能结露。当外保温系统用于长期保持高湿度房间的外墙时，特别做好墙体的构造和保温层施工工艺设计，避免墙内结露的形成。

8）酚醛泡沫外墙外保温系统的构造荷载列入主体结构荷载计算之内。

9）酚醛泡沫外墙外保温工程应符合设计要求和合同约定，未经原设计单位允许不得任意更改原设计墙体保温系统的构造和材料组成。当设计结构变更时，必须具有设计变更备案文件。

10）建筑外墙可采用外保温、内保温或夹芯保温复合墙时，宜优先选用外保温及夹芯保温复合墙系统。当必须采用外墙内保温时，宜用在加气混凝土墙体（该制品蒸汽渗透阻较小）或非严寒地区。

（2）酚醛泡沫（板）屋面保温系统设计基本原则

1）酚醛泡沫保温层不得裸露，作为一道防水设防，酚醛泡沫应与保护层（含防水层）共同构成复合保温防水系统，用不燃材料将酚醛泡沫完全覆盖严密，其不燃材料厚度不应小于 30mm。

2）上人屋面用细石混凝土或块体材料做保护层，细石混凝土保护层最终强度等级不低于 C20 的细石混凝土，细石混凝土保护层应留设分隔缝，其纵、横间距宜为 6m。

在上人屋面以细石混凝土或块体材料为保护层，由于酚醛泡沫与细石混凝土的膨胀、收缩应力不同，应在细石混凝土与酚醛泡沫间铺设一层隔离材料。

3）非上人屋面可用无机防水材料、抗裂聚合物砂浆复合构成保温防水屋面。

4）平屋面、天沟和檐沟做好找坡，使排水达到顺畅，要充分考虑屋面排水系统。

5）酚醛泡沫保温防水工程设计应根据工程特点、地区自然条件和使用功能等要求设计，屋面设计图纸应系统、完整，并具有一定设计深度。

6）按屋面工程的保温防水构造绘制细部构造详图，伸出屋面管、屋面女儿墙等凸出屋面和落水处，是屋面最容易出现渗漏的薄弱部位，必须做好保温、密封防水的节点处理。

2. 酚醛泡沫（板）外保温设计程序及内容

外保温工程设计是根据建筑节能率具体要求、材料性能、防火要求、地区自然条件、风载、荷载、施工工法、细部节点构造及使用年限等，综合各方面因素并经计算而设计，它是完成优质工程施工的重要依据。

（1）酚醛泡沫（板）外墙外保温工程设计程序

酚醛泡沫外墙外保温工程设计程序如图 3-2 所示。

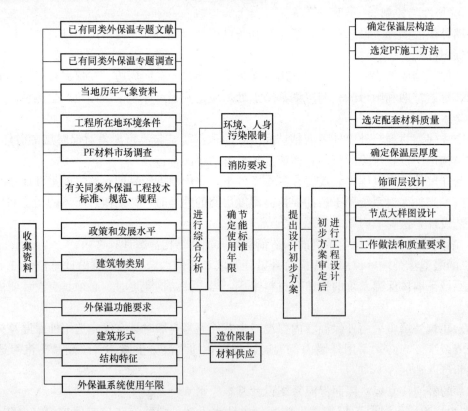

图 3-2　PF 外墙外保温工程设计程序

（2）酚醛泡沫（板）屋面防水保温工程设计程序

酚醛泡沫屋面防水保温工程设计程序如图 3-3 所示。

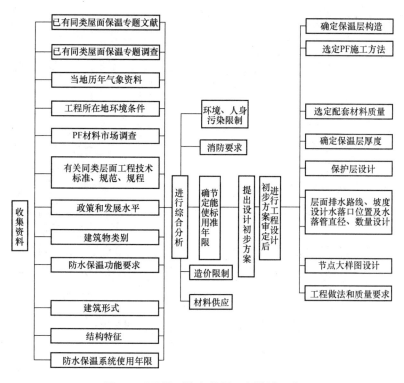

图 3-3　PF 屋面防水保温工程设计程序

3.2.7　酚醛保温板外墙外保温墙体构造

1. 酚醛保温板排列、锚栓、门窗洞口及窗洞口网格布加强图、框架柱保温构造：

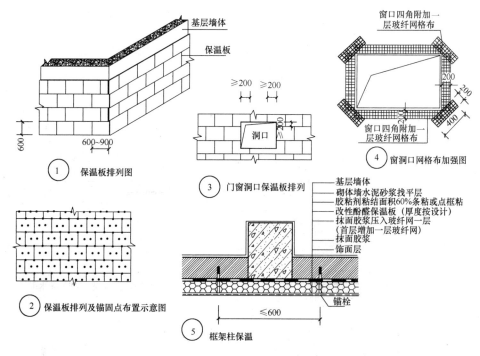

图 3-4　酚醛保温板排列、锚栓、门窗洞口及窗洞口网格布加强图、框架柱保温构造图

2. 酚醛保温板外墙转角保温构造：

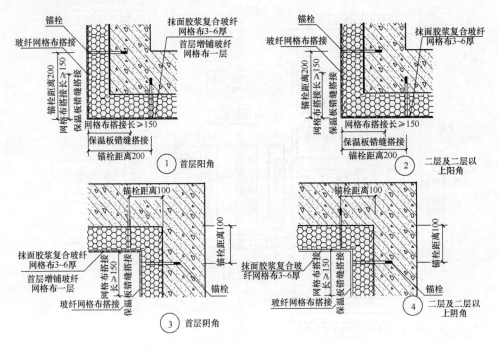

图 3-5　酚醛保温板外墙转角保温构造图

3. 酚醛保温板窗口节点保温构造（一）：

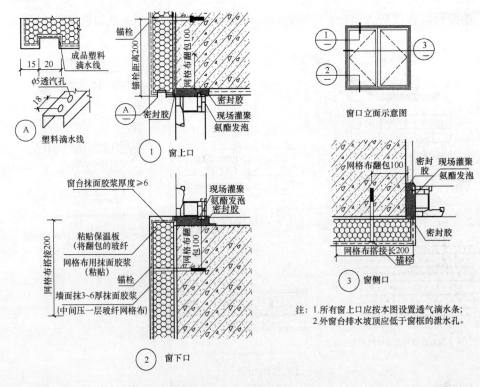

注：1.所有窗上口应按本图设置透气滴水条；
　　2.外窗台排水坡顶应低于窗框的泄水孔。

图 3-6　酚醛保温板窗口节点保温构造图（一）

4. 酚醛保温板窗口节点保温构造（二）：

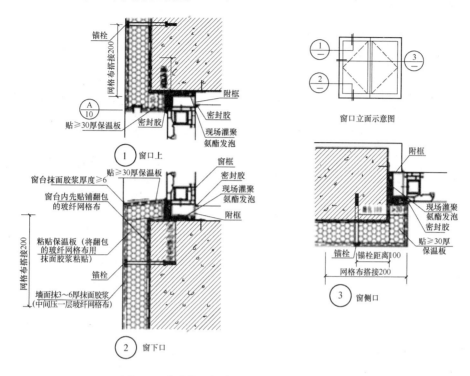

图 3-7　酚醛保温板窗口节点保温构造图（二）

5. 酚醛保温板凸窗、女儿墙保温构造：

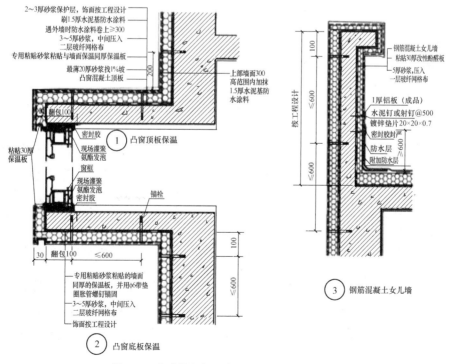

图 3-8　酚醛保温板凸窗、女儿墙保温构造图

6. 酚醛保温板阳台保温构造：

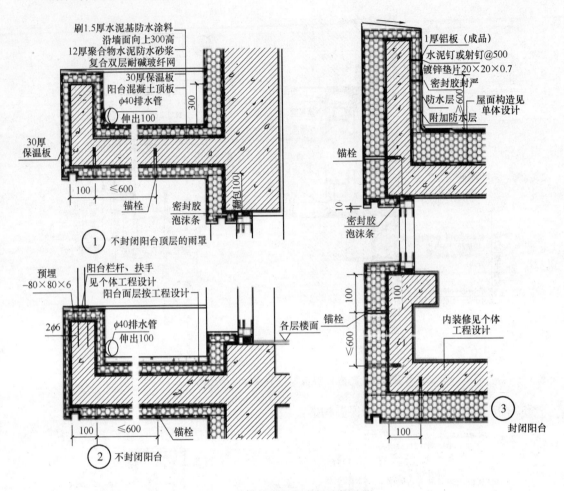

图 3-9　酚醛保温板阳台保温构造图

7. 酚醛保温板勒脚保温构造：

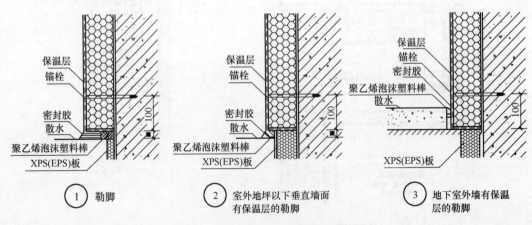

图 3-10　酚醛保温板勒脚保温构造图

8. 变形缝保温构造（一）：

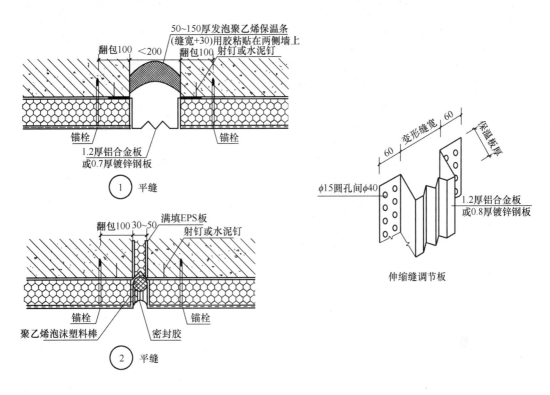

图 3-11 变形缝保温构造图（一）

9. 变形缝保温构造（二）：

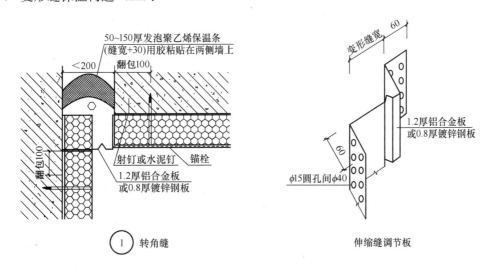

图 3-12 变形缝保温构造图（二）

10. 系统变形缝保温构造：

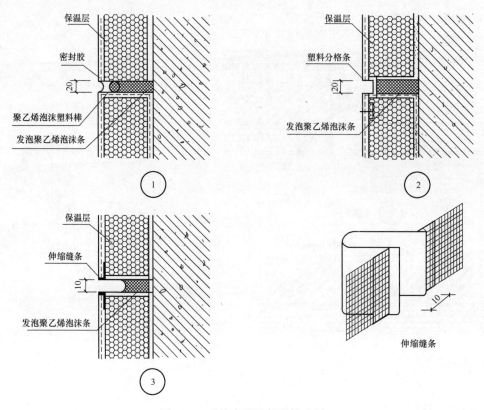

图 3-13　系统变形缝保温构造图

11. 穿墙管、雨水管和空调机搁板保温构造：

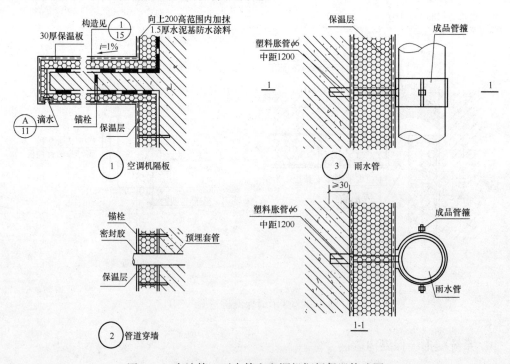

图 3-14　穿墙管、雨水管和空调机搁板保温构造图

3.2.8 酚醛板保温墙体主断面传热系数对应表

PF 保温板外保温墙体构造的主断面传热系数对应表《辽宁省建筑标准设计建筑构造图集》（辽 2013J135），热工计算时，导热系数的修正系数为 1.1。酚醛板保温墙体主断面传热系数对应表分别见表 3-26～表 3-31。

表 3-26 钢筋混凝土墙 200 厚

类别	层次	材料	厚度 d（m）	计算导热系数 λ_c W/(m·K)	热阻 R（m²·K）/W	$\sum R$（m²·K）/W	总热阻 R_0（m²·K）/W	传热系数 K W/(m·K)
钢筋混凝土墙200厚	1	抹面胶浆	0.003	0.93	0.003			
	2	PF 板	0.03	0.04	0.750	0.916	1.066	0.938
			0.04		1.00	1.166	1.316	0.760
			0.05		1.250	1.416	1.566	0.639
			0.06		1.500	1.666	1.816	0.551
			0.07		1.750	1.916	2.066	0.484
			0.08		2.000	2.166	2.316	0.432
	3	胶粘剂	0.005	0.93	0.005			
	4	胶浆找平层	0.02	0.93	0.02			
	5	钢筋混凝土墙	0.20	1.74	0.115			
	6	混合砂浆	0.02	0.87	0.023			

表 3-27 蒸压加气混凝土砌块 200 厚

类别	层次	材料	厚度 d（m）	计算导热系数 λ_c W/(m·K)	热阻 R（m²·K）/W	$\sum R$（m²·K）/W	总热阻 R_0（m²·K）/W	传热系数 K W/(m·K)
蒸压加气混凝土砌块200厚	1	抹面胶浆	0.003	0.93	0.003			
	2	PF 板	0.03	0.04	0.750	1.601	1.751	0.571
			0.04		1.000	1.851	2.001	0.500
			0.05		1.250	2.101	2.251	0.444
			0.06		1.500	2.351	2.501	0.400
			0.07		1.750	2.601	2.751	0.364
			0.08		2.000	2.851	3.001	0.333
	3	胶粘剂	0.005	0.93	0.005			
	4	砂浆找平层	0.02	0.93	0.02			
	5	加气混凝土砌块	0.20	0.25	0.80			
	6	混合砂浆	0.02	0.87	0.023			

表 3-28　混凝土承重空心砌块 190 厚

类别	层次	材料	厚度 d（m）	计算导热系数 λ_c W/(m·K)	热阻 R (m²·K)/W	ΣR (m²·K)/W	总热阻 R_0 (m²·K)/W	传热系数 K W/(m·K)
混凝土承重空心砌块190厚	1	抹面胶浆	0.003	0.93	0.003			
	2	PF 板	0.03	0.004	0.750	0.991	1.141	0.876
			0.04		1.000	1.241	1.391	0.719
			0.05		1.250	1.491	1.641	0.609
			0.06		1.500	1.741	1.891	0.529
			0.07		1.750	1.991	2.141	0.467
			0.08		2.000	2.241	2.391	0.418
	3	胶粘剂	0.005	0.93	0.005			
	4	砂浆找平层	0.02	0.93	0.02			
	5	混凝土承重空心砌块	0.19	1.00	0.19			
	6	混合砂浆	0.02	0.87	0.023			

表 3-29　煤矸石多孔砖 240 厚

类别	层次	材料	厚度 d（m）	计算导热系数 λ_c W/(m·K)	热阻 R (m²·K)/W	ΣR (m²·K)/W	总热阻 R_0 (m²·K)/W	传热系数 K W/(m·K)
煤矸石多孔砖240厚	1	抹面胶浆	0.003	0.93	0.003			
	2	PF 板	0.03	0.004	0.750	1.281	1.431	0.699
			0.04		1.000	1.531	1.681	0.595
			0.05		1.250	1.781	1.931	0.518
			0.06		1.500	2.031	2.181	0.459
			0.07		1.750	2.281	2.531	0.395
			0.08		2.000	2.531	2.681	0.373
	3	胶粘剂	0.005	0.93	0.005			
	4	砂浆找平层	0.02	0.93	0.02			
	5	煤矸石多孔砖	0.024	0.50	0.480			
	6	混合砂浆	0.02	0.87	0.023			

表 3-30　承重实心砖墙 370 厚(老旧房节能构造)

类别	层次	材料	厚度 d (m)	计算导热系数 λ_c W/(m·K)	热阻 R (m²·K)/W	$\sum R$ (m²·K)/W	总热阻 R_0 (m²·K)/W	传热系数 K W/(m·K)
承重实心砖墙 370 厚	1	抹面胶浆	0.003	0.93	0.003			
	2	PF 板	0.03	0.004	0.750	1.258	1.408	0.710
			0.04		1.000	1.508	1.658	0.603
			0.05		1.250	1.758	1.908	0.524
			0.06		1.500	2.008	2.158	0.463
			0.07		1.750	2.258	2.408	0.415
			0.08		2.000	2.508	2.658	0.376
	3	胶粘剂	0.005	0.93	0.005			
	4	砂浆找平层	0.02	0.93	0.02			
	5	承重实心砖	0.037	0.81	0.457			
	6	混合砂浆	0.02	0.87	0.023			

表 3-31　承重实心砖墙 240 厚(老旧房节能构造)

类别	层次	材料	厚度 d (m)	计算导热系数 λ_c W/(m·K)	热阻 R (m²·K)/W	$\sum R$ (m²·K)/W	总热阻 R_0 (m²·K)/W	传热系数 K W/(m·K)
承重实心砖墙 240 厚	1	抹面胶浆	0.003	0.93	0.003			
	2	PF 板	0.03	0.004	0.750	1.907	1.247	0.802
			0.04		1.000	1.347	1.497	0.668
			0.05		1.250	1.597	1.747	0.572
			0.06		1.500	1.847	1.997	0.501
			0.07		1.750	2.097	2.247	0.445
			0.08		2.000	2.347	2.497	0.400
	3	胶粘剂	0.005	0.93	0.005			
	4	砂浆找平层	0.02	0.93	0.02			
	5	承重实心砖	0.24	0.81	0.296			
	6	混合砂浆	0.02	0.87	0.023			

第4章 施 工 技 术

4.1 施工准备与施工方案的制定

4.1.1 施工准备

1. 技术准备

保温工程中标单位，根据招标工程的要求，应在施工前做好技术准备。

在施工前应进行全面系统熟悉和会审设计图纸，特别注意保温系统施工图中的细部（节点）构造及有关技术要求，如在檐口、勒脚处、装饰缝、门窗洞口四角及侧边和阴阳角等处的节点处理。

施工单位应掌握和了解设计意图，当在图纸中有错误、不详或疑问必须及时向招标及监理单位提出。

根据建筑结构特点掌握节点细部构造的具体技术要求，确定质量目标和检验要求，提出施工记录的内容要求。

施工单位技术负责人对作业人员进行技术交底（交工程内容，交材料做法，交操作方法，交检验标准等）和岗前培训，经考核合格后或持有国家人力资源部下发相关的职业技能证方可上岗作业。

2. 材料准备

施工前做好材料准备，计算出工程保温系统需要材料（含防火隔离带）总用量。进场的材料及配件应符合相应产品性能要求，且应有检验报告和出厂合格证，并经进场验收、抽样复检，合格后方可使用。

3. 工具、设备准备

根据工法要求选用相应设备和工具。

（1）设备、模板

1）设备：设备有现场喷涂或浇注用 PF 发泡机、砂浆搅拌机，运输设备、吊装设备等，应准备齐全。

2）模板：施工配套用模板（如外模内置 PF 保温板、现浇混凝土保温系统用模板）和异形模板三种。

（2）常用工具

工具包括施工用工具和检测用工具。

1）施工工具

①铁抹子：保温浆料施工宜使用抹子面积较大的矩形抹子；

②阳角抹子，阴角抹子：保温浆料施工宜用塑料材质，抗裂砂浆宜用钢材质；

③小型料桶、手电搅拌器、托灰板；

④杠尺（刮杠）：铝合金杠尺长度2～2.5m和长度1.5m两种；

⑤刮杠、靠尺：木靠尺2～3m单面为八字尺；

⑥猪鬃刷：2寸；铁刷；

⑦方头铁锹；

⑧筛子：孔径2.5～3.0mm；

⑨木方尺：边长不小于150mm；

⑩手电钻、运料用小推车、浇筑用模板和配套用工具。

以及电源线，三项电配电箱、动力线及照明线；铲刀、批刀、刮刀、螺丝刀、美术刀、剪刀；吊垂直用线、挂基准用线和涂料施工工具等。

2）检测工具

高层采用经纬仪及放线工具、2m拖线板/杠尺、2m靠尺、方尺、水平尺，直尺、楔形尺、探针、钢尺等。

4.1.2　基层和气象条件要求

1. 基层要求

（1）基层墙体应符合《混凝土结构工程施工质量验收规范》（GB 50204）和《砌体工程施工质量验收规范》（GB 50203）及相应基层墙体质量验收规范的要求，保温施工前应会同相关部门做好结构验收的确认。

（2）保温工程或防水工程施工，应在基层施工质量验收合格后进行，质量允许偏差应符合《抹灰砂浆技术规程》（JGJ/T 220）的规定。

除PF保温板现浇混凝土复合外墙外保温工程外，其他保温墙体的保温施工基层，应经墙体施工质量验收合格。

基层墙体应干燥、平整、坚实（砌筑墙体应将灰缝刮平），墙面应清洁，突出基层10mm高度应剔除，低于基层的凹面用水泥抹灰砂浆找平，基层不得有妨碍粘接的污染物。

既有建筑的保温施工，应对基面进行处理，清除基层表面脱模剂、灰尘、残渣、杂物、油污等，剔除空鼓、脱层、疏松、凸物、胀膜物。

如基层墙体偏差过大，则应抹水泥砂浆找平、修补，使基面达到规范规定的平整、阴阳角方正要求。

（3）外门窗框或附框等应安装完毕，通过验收，预留出外保温层的厚度空隙。

（4）屋面的金属梯、雨水管（托架）、设置在屋面结构上排气管道、设备和预埋件等设施，已安装完毕并做好防水密封处理。

（5）外墙的空调支架的预埋件、连接件、支架、管卡、基座、管道、进出户管线和空调器预埋件、连接件、外挂消防梯、设备的穿墙管道等应安装牢固，经验收完毕，且应预留出外保温层的厚度空隙。

（6）外墙内保温墙体的基层遇到电器盒、插座、穿墙管线和水暖及装饰工程需要的管卡、挂钩和窗帘杆卡子等埋件等应预留出位置或埋设完毕；电气工程的暗管线、接线盒等必须埋设完毕，并应完成暗管线的穿线工程。

（7）墙面脚手架孔，穿墙孔及墙面缺损处用相应材料修整好。

（8）混凝土梁或墙面的钢筋头和凸起物清除完毕。

（9）主体结构的变形缝应提前做好处理。

（10）保温层应包覆门窗洞口四周的外侧墙面，以及女儿墙、封闭阳台、混凝土梁和柱及室外挑板等热桥部位。

（11）房屋各大角落的控制钢垂线安装完毕。高层建筑及超高层建筑时，钢垂线应用经纬仪检测合格。

（12）作业架（脚手架、吊篮）安全可靠，作业架里侧与基层墙面距离合适、安全。

2. 气象条件要求

（1）环境风力要求

1）墙面有水不能直接施工，板材施工不得在五级以上大风（主要考虑作业人员安全保证）或雨天不能施工，夏季抹面层施工应避免阳光曝晒。

2）施工不宜在五级以上风天施工。

（2）环境温度要求

1）外墙外保温施工期间及完工 24h 内，基层及环境温度不应低于 0℃，平均气温不低于 5℃（主要考虑低温对保温板材胶粘剂、抹面层和现浇水泥的养护水化的不利影响）。

另外，在 5℃ 以下的温度可减缓或停止干粉砂浆中聚合物成膜而妨碍涂膜的适当养护。由寒冷气候造成的伤害短期内往往不易被发现，但长久以后会出现涂抹抗裂、破碎或分离。

2）PF 保温的喷涂法、浇注法施工，环境温度不宜低于 15℃（主要考虑低温对发泡和固化温度的不利影响）。

（3）干、湿度要求

基层应干燥，环境湿度应符合施工作业要求。

4.1.3 编制施工方案的要求

在施工前，施工单位根据工程设计文件、施工组织设计等具体情况，针对具体工程编制相应系统、完整可行的施工方案（工作指导书）和有关安全交底文件。根据其责任范围和施工内容，下发到有关工段和个人，进行严格技术交底。

施工方案是工程具体实施全部过程和工程质量验收重要依据，也是工程质量监控和安全施工的保障。

1. 编制外（墙面、屋面）保温施工方案的依据

（1）有关现行国家、行业标准，各地方标准、地区标准图集等。《建筑节能工程施工质量验收规范》GB 50411、《屋面工程技术规范》GB 50345、《建筑外墙外保温防火隔离带技术规程》JGJ 289、《建筑外墙防水工程技术规范》JGJ/T 235，以及有关屋面、外墙保温和防火规定方面的国家现行行业标准，各地区地方标准、标准图集和有关规定等。

（2）工程设计图纸、设计要求，所用保温（防水）材料的技术经济指标和特点。

（3）建筑物节能率的要求、建筑物的重要程度、特殊部位的处理要求等。

（4）了解外围护保温基层的构造、结构，能否影响保温工程施工。

（5）现场的环境条件和保温工程预计施工的时间，当地气象条件等对施工的影响。

（6）进厂的 PF（防水）材料及配套材料质量情况，出厂合格证和技术性能指标，检验

部门的认证材料，进场材料抽样复验测试报告。

（7）有关 PF 保温（防水）工程设计和工程施工方案及施工技术的参考性文献资料。

2. 编制外墙外保温、外墙内保温施工方案的内容

（1）工程概况

1）整个工程简况：工程名称、所在地、施工单位、设计单位、建筑面积（楼层总高度）、保温工程面积、工期要求。

2）PF 外保温构造层次、防火等级要求、节能率要求、建筑类型和结构特点，材料选用、使用年限等。

3）PF 保温材料及配套用材料技术指标要求。

4）需要规定或说明的其他问题。

（2）PF 保温质量工作目标

1）保温工程施工的质量保证体系。

2）保温工程施工的具体质量目标。

3）保温工程各道工序施工的质量预控标准。

4）保温工程质量的检验方法与验收评定。

5）有关保温工程的施工记录和归档资料内容与要求。

（3）施工组织与管理

1）明确该项保温工程施工的组织者和负责人。

2）负责具体施工操作的班组及其资质。

3）保温系统工程分工序检查（"三检"）的规定和要求。

4）保温工程施工技术交底要求，施工技术人员应认真会审设计图纸，掌握施工验收标准及节点构造等技术要点，应对施工人员进行技术交底。

5）现场平面布置图：如材料堆放、运输道路等。

6）保温工程分工序、分阶段的施工进度计划。

（4）PF 保温材料及其配套材料、附件使用

1）所用 PF 保温材料及其配套材料的规格、类型、技术性能指标，质量，抽样复试结果。

2）按保温工程进度、材料用量和设计技术要求，应将配套用附件数量、类型、规格准备齐全。

3）所用 PF 保温材料运输、贮存的有关规定，使用注意事项。

（5）PF 保温材料施工操作技术

1）PF 保温材料施工准备工作，如技术准备、材料准备、设备与配套工具准备等。

2）确定 PF 保温材料施工工艺和作法。施工工艺应有明确施工程序，施工作法、关键部位等细部节点构造作法等。

3）保温施工基层外理和基层要求。

4）保温施工施工环境条件和气候条件。

5）PF 保温材料施工用量。

6）各道施工工序及施工间隔时间，各道工序施工质量要求。

7）施工中与相关各工序之间的交叉衔接要求。

8）成品保护规定。

（6）安全注意事项

1）操作时的人身安全、劳动保护和防护设施。

2）作业架（吊篮）安装、设备操作、用电安全措施。

3）现场用火制度、火患和高温隔离措施，消防设备的设置和消防道路等。

4）对现场施工者，应进行安全等方面必要的培训、考核合格后，方可上岗作业。

5）其他有关施工操作安全的规定。

3. 编制屋面防水（保温）工程施工方案的依据

（1）参照现行国家标准《屋面工程技术规范》GB 50345、《屋面工程质量验收规范》GB 50207、《坡屋面工程技术规范》GB 50693，以及有关屋面防水工程、防火方面的国家现行行业标准，本地区地方标准、标准图集和有关规定等。

（2）防水保温工程工程设计图纸、设计要求，以及所用保温材料和防水材料、技术经济指标和特点。

（3）屋面防水保温等级、防火等级要求、防水层使用年限、建筑物的重要程度、特殊部位的处理要求等。

（4）了解屋面防水保温层的构造，能否影响工程施工。

（5）现场的环境条件和保温工程预计施工的时间，应考虑当地气象和雨季等对施工的影响。

（6）进厂保温材料、防水材料（保温材料）质量情况，如出厂合格证和技术性能指标、检验部门的认证材料、进场材料抽样复验的测试报告。

4. 编制屋面防水工程施工方案的内容

（1）工程概况

1）整个工程简况：工程名称、所在地、施工单位、设计单位、建筑面积（楼层总高度）保温工程面积、工期要求。

2）PF 外保温构造层次、节能率要求、防火等级、设防要求、建筑类型和结构特点，材料选用。

3）PF 及配套用材料技术指标要求。

4）需要规定或说明的其他问题。

5）防水工程等级、防水层构造层次（上人屋面或非上人屋面，正置屋面或倒置屋面防水）、防火等级要求、防水设防要求、防水材料选用、建筑类型和结构特点、防水工程使用年限等。

6）防水材料种类、覆盖防水层所采用不燃材料和技术指标要求。

7）需要规定或说明的其他问题。

（2）质量工作目标

1）防水工程施工的质量保证体系。

2）防水工程施工的具体质量目标。

3）防水工程各道工序施工的质量预控标准。

4）防水工程质量的检验（"三检"）方法与验收评定。

5）防水工程的施工记录和归档资料内容与要求。

6）有关防水工程的施工记录和归档资料内容与要求。

（3）施工组织与管理

1）明确该项保温工程施工的组织者和负责人。

2）负责具体施工操作的班组及其资质。

3）PF 外保温系统工程分工序检查的规定和要求。

4）PF 外保温工程施工技术交底要求，施工技术人员应认真会审设计图纸，掌握施工验收标准及节点构造等技术要点，应对施工人员进行技术交底。

5）现场平面布置图：如材料堆放、运输道路等。

6）PF 保温工程分工序、分阶段的施工进度计划。

（4）施工准备

1）技术准备

会审图纸（技术交底），了解细部节点处理技术要求，对操作进行技术培训，考核，包括前道隐蔽工程验收情况；预埋管件和预留孔洞的检查；可施工条件等。

2）材料准备

按屋面防水等级和设计要求选材确定后，应写明所用材料的名称、类型、品种；写明材料特性和近期主要技术性能检测报告、进场复检报告；辅助材料技术文件等。

3）工具、设备准备

按施工要求配备相应机械设备、工具。

4）施工条件

天气状况、环境温度、作业基层情况等。

（5）施工工艺

1）施工方法总则

指专项工程所采用的防水保温施工方法或特殊节点部位的防水施工方法。

2）工艺流程

指施工工艺流程图，即施工操作顺序。

3）操作要点

写清基层处理和具体要求，工艺流程中各项操作要求、施工程序和针对性的技术措施。

（6）节点细部构造处理

按图纸设计要求，对屋面管口、变形缝、女儿墙等具体做法，以节点大样图方式表示。

（7）质量标准与质量保证

写明对材料的质量要求、操作要点、工程质量标准。同时提出本项目防水保温工程的具体质量保证措施。

（8）成品保护

明确施工过程中及施工完毕经验收后的成品保护要求与措施。

（9）安全注意事项

施工安全、防火安全等。

4.2 施工基本要求

4.2.1 基层测量、吊垂直线、套方和挂弹控线

根据建筑立面的设计和外墙外保温的技术要求，在墙面弹出外门窗水平、垂直控制线及伸缩缝线、装饰缝线。多层建筑时，在建筑外墙大角挂垂直基准钢线，用大线或经纬仪复测钢垂线的垂直度，每个楼层适当位置挂水平线，以控制墙面的垂直度和平整度。

1. 用 2m 靠尺、挂线，测量基层（墙面）平整度

（1）基层用 2m 靠尺测量平整度方法

手拿靠尺尽量保持力的平衡，查看靠尺两端与墙面的偏差值；将靠尺设一个中心点，转一圈，查看 2m 范围内墙面的偏差值；均力移动靠尺，以不同角度测量墙面偏差值，通过以上方法测量出墙面偏差值大于 10mm，应标出具体位置，进行处理。

（2）挂线测量平整度方法

挂线前先目测挂线部位的大约偏差值，然后在固定顶端线的时候适量调整顶端线离墙面的距离。

大山墙面至少挂两道垂直和平行通线，然后查看其偏差值，偏差最大值大于 15mm；阴角和阳角处挂垂线，看其阴阳角是否线直、成方、偏差值大于 10mm；在上下窗口和平行窗口挂通线，看其是否在一条线上，偏差值大于 10mm；对于整个建筑物的特殊造型挂通线，查看偏差值，偏差值大于在 15mm，均应进行处理。

基层墙体找平层抹灰应分层进行，一次抹灰厚度不宜超过 10mm。用 2m 靠尺检查，最大偏差应小于 4mm。

2. 根据建筑物高度确定吊线的方法，高层建筑及超高建筑可利用墙大角、门窗口两边，用经纬仪打直线找垂直。

3. 多层建筑或中高层建筑，可从顶层（最高点）用大线坠吊垂直（排通线），做到垂直。绷铁丝找规矩，横向水平线可依据楼层标高或施工±0.000 向上 500mm 线为水平基准线进行交圈控制。

根据建筑立面设计和外墙外保温技术的相关要求，在建筑外墙各大角（阳角、阴角）及其他必要处挂垂直线，作为控制阳角上下竖直的依据基准线。

在每个楼层的适当位置挂水平线，以控制保温层的垂直度和平整度，根据调垂直的线及保温厚度，每步架大角两侧弹上控制线，再拉水平通线做标志块。以控制保温层铺贴的水平度。

4. 弹控制线，根据建筑立面设计和外墙外保温技术的相关要求，在外墙面上弹出外门窗水平、垂直及伸缩缝、装饰线及防火隔离带。弹控制线定位方法：

（1）测量方法：所有外墙作业均以定位点为准，用钢尺、经纬仪、水准仪、线坠按要求测量出基准点，引出至外墙外保温操作线；

（2）水平点：以工程结构高程定位线为基准点，引出至结构外墙，用水准仪校验；

（3）垂直点：以工程结构定位线为基准垂直定位线，引出至结构外墙。用经纬仪或线坠校验；

（4）以定位线为基准点，悬挂≥5kg 钢丝线坠，线坠的垂直线为外墙保温层。

4.2.2 墙面基层排设保温板

1. 按顺砌方式粘结，排设保温板时按自下而上，水平顺序排列。保温板上下错缝长度为 1/2 板长。

2. 保温板在墙体阴、阳角处做错茬处理，即应交错互锁。

3. 竖缝距外墙外侧或门窗洞口边的距离不应小于 200mm。

4. 变形缝处，PF 保温板之间的间距不应小于 20mm。

5. PF 保温板在洞口四角（突出管线、埋件）处不得拼接，应用整板裁成 L 形（套割吻合，俗称刀把形）（图 4-1）。

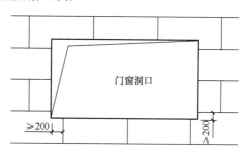

图 4-1 整板套割

4.2.3 细部节点部位保温层最小厚度

1. 门窗外侧洞口四周墙体，保温层厚度不应小于 20mm。

2. 在檐口、女儿墙部位应采用保温层全包覆做法，以防止产生热桥。檐口、女儿墙和檐沟部位保温层厚度应不小于 20mm。

3. 酚醛保温板外墙外保温系统各层厚度见表 4-1。

表 4-1 各层厚度限值（mm）

项目	基层找平层水泥砂浆	粘结层	PF 保温板	防护面层（抹面层）
厚度	≤25	5～8	计算确定	3～7

4.2.4 酚醛保温板与基层墙体粘结胶

1. PF 保温板与基层墙体采用粘锚方式固定时，宜采用条式粘结法，可采用点框式粘结法，严禁采用无框的点粘法，建筑高度超过 60m 时，宜采用满粘式粘结法。

2. 涂装饰面保温系统，PF 保温板与基层墙体的粘结面积率不应小于 60%；面砖饰面外墙外保温系统，粘结面积率不应小于 70%。

4.2.5 锚栓锚固

1. 辅助锚栓的有效深度不应小于 30mm，钻孔深度应比锚固深度大 10mm。

2. 固定锚栓的基层墙体最小厚度不小于 100mm（基层墙体的厚度不应包括找平层或饰面层厚度）见表 4-2。

表 4-2 基层墙体最小厚度（mm）

基层墙体类别	混凝土墙体	砌块墙体	砖砌墙体
最小厚度	100	190	240

3. 锚栓之间的间距及锚栓与基层墙体边缘之间的距离，见表4-3。

表4-3 锚栓之间的间距及锚栓与基层墙体边缘之间的距离（mm）

基层墙体类别	混凝土墙体	砌块墙体墙	砖砌墙体
锚栓之间的最小间距	100	150	200
锚栓与基层墙体边缘之间的最小间距	50	120	250

4. 基层墙体为混凝土、烧结空心砖、混凝土小型空心砌块时，安装锚固件的有效锚固深度应不小于30mm；基层为加气混凝土砌块时，安装锚固件的有效锚固深度应不小于50mm。

5. 锚栓设置数量，根据建筑物所处地区（风力大小因素）、建筑物高度、保温系统构造、选用保温材料类型等各方面因素，通过计算确定。

建筑物高度在20m以上时，外保温受负风压影响较大，使用锚栓作辅助固定保温材料，锚栓随着建筑高度增加而增加。

在外墙阳角、门窗洞口四角及檐口下锚栓应加密设置，双排交错布置；锚栓间距不应大于600mm。

锚栓应根据PF保温板外墙外保温系统距室外地面高度及工程所在地的基本风压值设置，锚栓设置见表4-4。

表4-4 锚栓设置要求

系统距外地面高度 H（m）	基本风压 W_0（kN/m²）	设置部位
20＜H≤28	≤0.65	外墙阳角处，门窗洞口边
20＜H≤40	≤0.65	外墙阳角处，门窗洞口边，相邻板交接处
28＜H≤60	≤0.50	
28＜H≤100	≤0.40	
40＜H≤100	≤0.65	外墙阳角处，门窗洞口边，相邻板交接处，每块标准板的中部
60＜H≤100	≤0.55	

6. 锚栓必须锚固在保温板有粘结胶的点或胶粘剂条的部位；面积大于0.1m²的PF保温板至少设置一个锚栓。

7. 锚栓安装最低温度不应低于0℃。

4.2.6 耐碱玻纤网设置、搭（对）接与翻包原则

1. 涂装饰面系统可采用标准玻纤网，面砖饰面系统应采用加强玻纤网。

2. 玻纤网应设在PF保温层的外侧，并应位于抹面胶浆层的中间部位。

3. 在建筑物首层、门窗洞口、装饰缝、阴阳角等部位，应加铺一层加强型玻纤网，从加强型玻璃纤维网到标准型玻璃纤维网应尽量平稳过渡。

4. 高抗击部位增设的加强玻纤网应设在紧靠PF保温层外侧的底层。

5. 抹面层中玻纤网设置、搭（对）接：

（1）标准型玻纤网应搭接，搭接长度不小于 100mm；采用双层玻纤网时，第一层的加强型网，其相邻的部位只对接不得搭接；

（2）玻纤网不允许在墙角处搭接，玻纤网的搭接处距墙角应大于 200mm；

（3）阴角处玻纤网应单面压茬搭接，其搭接宽度不小于 150mm；

（4）复合 PF 保温板、PF 保温板阳角处玻纤网应双向包角压茬搭接，其搭接宽度不应小于 200mm，如图 4-2 所示；

（5）复合 PF 保温板在墙体阴、阳角宜设两道网格布进行增强，粘贴一道网格布每边翻包宽度均不小于 300mm，粘贴第二道网格布，每边翻包宽度均不小于 200mm，网格布翻包加强处理做法，如图 4-3 所示；

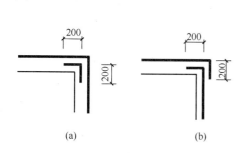

图 4-2　复合保温板阳角网格布
翻包加强做法

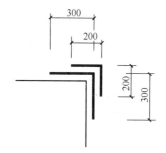

图 4-3　复合保温板阳角网格布翻
包加强做法

（6）玻纤网间上下搭接宽度不小于 80mm；

（7）门窗洞口周边玻纤网应翻出墙面不小于 100mm，且应在四角沿 45°方向加铺一层 300mm×400mm、或 200mm×300mm、或 200mm×400mm 加强型玻纤网。

为避免面层洞口加强玻纤网布处形成三层，翻包玻纤网布翻贴时将其与加强型玻纤网布重叠的部分沿 45°方向。

在门窗洞口四角部位铺贴玻纤网、墙体边角锚栓（锚固件）布置，PF 保温板或复合 PF 保温板洞口做法参见图 4-4。

6. 玻纤网应在保温系统的起端和终端等收头部位，即在门窗洞口、勒脚、阳台等系统的终端部位，保温板边缘应做网格布翻包覆盖，必要时，可附加一层标准型加强网，提高体系的抗冲击荷载能力，并做好密封和防水处理，具体有：

（1）门窗洞口边；

（2）管道或其他设备穿墙处；

（3）檐口、女儿墙、勒脚、阳台、空调板、雨篷等尽端；

（4）变形缝及基层不同构造、不同材料结合处。

7. 保温墙面与非保温面交界处标准型网格布翻包（搭接）：

（1）保温板的网格布应延伸搭接到非保温系统部分，翻包（搭接）宽度不小于 100mm；

（2）保温板布应延伸搭接到非保温系统部分，翻包（搭接）宽度不小于 200mm。

8. 严禁玻璃纤维网格布干搭。干搭不能有效粘合，不能形成抗变形性能良好的抗裂防护层，影响变形应力传递以及抗裂、抗冲击性能。

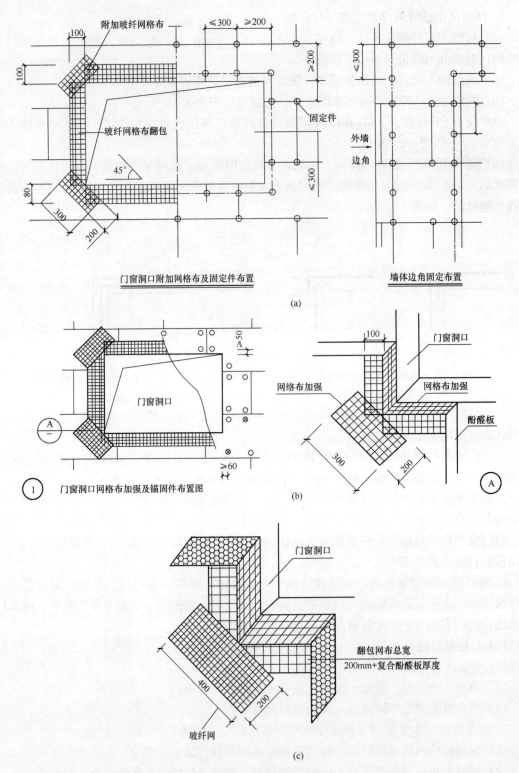

图 4-4　洞口增强做法

（a）门窗洞口玻纤网布增强与墙边锚固件布设；（b）门窗洞口四角铺贴网格布增强细部处理；

（c）复合 PF 保温板洞口增强

4.2.7 保温层护角、非同质材料间密封和承托架设置

1. 保温层护角设置

内外墙的墙角、门窗洞口、腰线、窗台、雨篷、阳台、女儿墙等上檐部位。应使用护角条，下檐部位应使用滴水条。

PVC护角条可提高墙角的抗冲击性，控制抹灰层的厚度，防止墙角开裂、渗漏；PVC分格条用于分格缝内，可水平、竖向使用，避免分隔缝开裂、渗漏水；PVC滴水条可阻止雨水从外伸构件下檐渗漏到墙体。

在涂装饰面首层墙面保温层阳角处设2m高的金属护角（0.5mm厚镀锌薄钢板）或PVC护角（包角条），必须在铺贴标准网格布之前埋设，护角（包角）条玻纤网格布与墙面翻包的玻纤网格布之间应搭接，且搭接宽度不小于80mm。

安装护角时应将其夹在抹面砂浆的两层耐碱玻纤网格布之间。

2. 不同饰面保温间、保温起端和终端防水密封处理

在保温层与其他材料的材质变换处、两种饰面材变换间（如首层外墙外保温外饰面粘贴蘑菇石或面砖，二层以上采用涂料饰面），因变换材质的密度相差过大，决定了材质间的弹性模量和线性膨胀系数也不尽相同，在温度应力作用下的变形也不同，极容易在这些部位产生抹面层裂缝。

所以应考虑这些部位的防水处理，防止水分侵入到保温系统内，避免因冻胀作用导致系统遭受破坏，影响系统的正常使用寿命和系统的耐久性。

（1）保温体系的起端和终端（包括门窗洞口边；管道或其他设备穿墙处；勒脚、阳台、雨篷、女儿墙等尽端；变形缝及基层不同构造、不同材料结合处）除应进行耐碱玻纤网翻包外，还应做好密封和防水处理。

（2）在低层为面砖饰面，面砖上部分为涂料（装）饰面的做法时，在面砖饰面内设置的热镀锌钢丝网（或加强型玻纤网格布）向上延伸300mm与涂料饰面中网格布搭接，使热镀锌钢丝网与涂料饰面内的耐碱玻纤网格布连续铺设，形成逐渐过渡。

在PF保温板面砖饰面与涂装饰面交接部位，必须防水密封，宜采用抗裂聚合物砂浆、填缝剂或其他防水密封胶等进行严实、密封处理，交接密封部位应为45°角，并达到密实、粘结牢固、无空隙、不滞水。防止在两种饰面的交接处出现开裂、渗水。

面砖饰面与涂料饰面交接部位防水密封处理，如图4-5所示。

（3）外门窗框与墙体间缝隙，应采用泡沫（如单组分聚氨酯发泡剂）填充。

（4）PF保温板外墙外保温系统自身构造缝

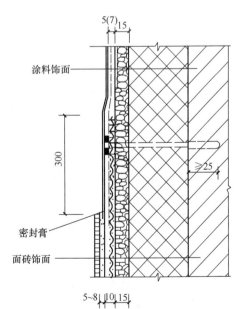

图4-5 面砖饰面与涂料饰面
交接部位密封处理

隙，以及建筑其他构件、配件的连接构造缝隙，都应做好密封和防水处理。

还包括在 PF 保温板外墙外保温系统上安装的设备、管道，在固定于基层墙体后，也要做好密封和防水处理。

3. 在保温板或防火隔离带部位设置承托架

（1）在 PF 保温板（或防火隔离）施工设置承托架，主要考虑保温板容重大，承托架能够起到承重作用，预防保温板或防火隔离出现下移。

（2）在 PF 保温板底层的起始部位、大面积（如山墙）保温层和面砖饰面适当部位、适当间距宜安装一道承托架，承托架不但起到承重、预防保温板下移作用，而且达到美观、防鼠破坏同时，而且使保温板达到水平，更有利于后续排板准确。

PF 保温板外墙外保温系统面砖饰面，设置托架垂直间距不大于 6000mm，水平间距不大于 900mm，托架设置在两块 PF 保温板接缝处。

4. 空调机支架安装

（1）空调机支架应在保温工程施工前用胀锚螺栓固定于基层墙体。穿过搁板的螺栓应用密封胶封严。

（2）支架和锚栓应进行防锈处理，其承载能力不应小于空调机重量的 300%，锚栓的规格和锚固深度必要时做拉拔试验确定。

4.2.8 干粉砂浆拌制与抹面层厚度控制

1. 干粉砂浆拌制

干粉砂浆（或称干拌砂浆、干混砂浆）包括 PF 保温板聚合物粘结砂浆、聚合物抹面砂浆（胶浆）、面砖粘结砂浆、填缝剂等。

干粉砂浆拌料时，按说明书规定水、灰比，确定用水量，严禁另外混入水泥、砂、外加剂等其他材料。

通过电动搅拌器搅拌，使液体转动带动粉料拌和，有利于浆料混合更加均匀，提高工作效率并能防止粉料飞散。每次配制量不得过多，视不同环境温度条件控制在 2h 内或按产品说明书中规定的时间内用完。

干粉砂浆宜使用单组分砂浆，干粉砂浆包括粘结砂浆、抗裂砂浆（抹面胶浆）等，是在生产厂出厂时的袋装干粉料，在现场使用时只加适量水拌和即成，施工不得添加除水以外的其他材料。

（1）单组分砂浆配制：先将水（洁净水）倒入搅拌机（容器）内，再倒入单组分砂浆料，使用低速电动搅拌器，使物料搅拌达到均匀一致为止，即无干粉颗粒的膏糊状，静置 3～5min 后，再次搅拌均匀后达到工程所需的粘稠度即可使用。

（2）慎用双组分砂浆，当使用双组分砂浆时，树脂乳液开封后，应在掺加粉料前，用专用电动搅拌器将其充分搅拌至均匀，然后加入一定比例的粉料继续搅拌至充分均匀，达到工程所需的粘稠度。

2. 抹面（抗裂砂浆）层厚度控制

抹面（抗裂砂浆）层包括薄抹面层和厚抹面层。抹面层主要起防裂、防水、抗冲击和防火等保护作用，同时应具有较小的水蒸气渗透阻。

抹面层厚度过薄不能达到应有作用，但抹面层过厚会有以下不足：

（1）抹面层过厚会因横向拉应力超过玻纤网抗拉强度而导致抹面层开裂；

（2）抹面层过厚会使水蒸气渗透阻超过设计要求；

（3）抹面层过厚会增加裂缝可能性；

（4）抹面层过厚会使重量超过抗震荷载限值；

（5）抹面层厚度要求：

1）涂装饰面首层应采用双层玻纤网，抹面胶浆（抗裂砂浆）复合玻纤网层的厚度应在5～7mm；首层以上高度的墙体采用单层玻纤网，抹面胶浆（抗裂砂浆）复合玻纤网层的厚度应在3mm；玻纤网间搭接区抹面层的厚度宜为0.5mm。

2）面砖饰面复合双层加强型玻纤网（或单层热镀锌钢丝网）的抹面层厚度宜为5～7mm。

4.2.9 基层槽、孔处理

1. 滴水槽安装

（1）在保温层施工完成后，根据设计要求弹出滴水槽控制线。

（2）在保温层上用壁纸刀沿线划开设定的凹槽，开分格槽及门、窗滴水槽，槽深15mm左右。

（3）用抗裂砂浆填满凹槽，将滴水槽嵌入凹槽与抗裂砂浆粘结牢固，收去两侧沿口浮浆，滴水槽应镶嵌牢固后，达到整体面层平整并与保温层结合牢固。

（4）要求滴水槽在一个水平面上，且到窗口外边缘的距离相等。

2. 预留的线槽、线盒

在抹外墙内保温或外保温的阳台时，对一些未安装好的线槽、线盒，抹灰时宜采用下列处理方法：

（1）将废聚苯板切割成一方块，其长度比线槽盒约大3mm，厚度同保温层厚度齐平，将其固定在槽盒上，盖住盒口；

（2）待保温浆料干燥后，取出聚苯板块；

（3）抹抗裂防护层时，耐碱玻纤网格布沿线槽盒对角线裁开，在接长线盒时将其压入内壁。

3. 脚手眼等孔洞修补

（1）在大面施工抗裂防护层时，在孔洞的周边应留出约30mm的位置，不抹水泥抗裂砂浆，耐碱网格布沿对角线裁开，形成四个三角片。

（2）在修补孔洞时，用保温砂浆填平孔洞，使孔洞周围200mm见方的保温略低于其他保温3～5mm。

（3）保温层干燥后，抹抗裂砂浆，并将原预留耐碱玻纤网格布压入水泥砂浆中，在孔洞周围另加贴一块200mm见方的耐碱玻纤网格布压平。

4.2.10 装饰线条、分格缝、勒脚和伸缩缝部位处理

1. 涂料饰面墙面装饰线条、缝

（1）装饰缝应根据建筑设计立面效果处理成凸型或凹型。凸型称为装饰线。PF板的保温层处网格布与抹面层不断开。

在粘贴 PF 保温板时，先弹线标明装饰线条位置，将加工的聚苯板线条粘贴于相应部位。线条突出墙面超过 100mm 时，需加设锚固件，线条按普通外保温抹灰做法处理。

外墙凹型装饰缝施工时，按设计要求的位置或在板缝连接处用云石机刨开所要求宽度的凹槽，一般宽为 20～25mm，深 5mm。在槽内先抹填聚合物水泥嵌缝剂约 2mm，铺设嵌缝窄带，将嵌缝带压入砂浆内，上面用建筑密封胶刮平。

（2）装饰缝在抹灰工序时放入分格条，在砂浆初凝起出修整缝边后，填塞直径为缝宽 1.3 倍聚乙烯泡沫圆棒，并分两次勾填建筑密封胶厚度宜为缝宽的 50%～70%，缝两侧的保温层应用玻纤网做翻包处理。

2. 分格缝处理

分格条应在抹灰工序时放入，等砂浆初凝后起出，修整缝边。分格缝应按设计要求做好防水；设计没有要求的用建筑防水密封胶嵌缝。

（1）按设计要求位置在保温层上弹出分格线，开出缝宽为 10～20mm，缝深宜为 10mm 左右缝槽，玻纤网应在分格缝处搭接，且应上沿玻纤网压下沿玻纤网，搭接宽度应为分格缝宽度，沿凹槽将玻纤网埋入抗裂砂浆内，缝内应采用发泡聚乙烯圆棒（条）填塞作背衬，外侧用密封胶嵌缝处理；

（2）当采用 PVC 分隔条时，可不用嵌缝膏勾填，但应在 PVC 分隔条安装前，在凹口内侧刮涂 2mm 厚抹面胶浆，并压入玻纤网。

3. 勒脚部位处理

（1）保温层的下端应做玻纤网翻包。

（2）保温层下端与散水上表面间宜设宽度为 20mm 的水平缝，缝内应采用发泡聚乙烯圆棒（条）填塞，外侧用耐候密封胶做防水嵌缝处理。

4. 伸缩缝处理

以复合 PF 保温板保温为例，伸缩缝处理见图 4-6。

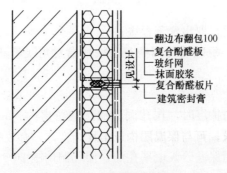

图 4-6　伸缩缝做法

第5章　粘贴酚醛保温板保温系统

PF 保温板外墙外保温系统粘贴法施工，包括常规无面层的 PF 保温板裸板、护面 PF 保温板、水泥基聚合物砂浆薄面复合防火 PF 板等，构成涂装饰面外墙外保温，以及装饰面复合 PF 保温板粘贴等，粘贴法施工是建筑保温系统技术成熟、最普遍采用的一种工法。

PF 保温板粘贴技术，适用于新建、扩建、改建和既有建筑的民用建筑节能工程，适用基层为钢筋混凝土、混凝土空心砌块、页岩陶粒砌块、混凝土多孔砖、烧结普通砖、烧结多孔砖、灰砂砖和炉渣砖，其他轻质墙体进行现场固定件与基层墙体拉拔力测试后，达到相应性能指标时也可使用。适用于外墙保温工程和抗震设防烈度≤8 度的地区。

根据不同的墙面和 PF 保温板与饰面板类型、特点，可构成几种粘贴方法，如采用锚粘、湿粘（如满粘法、条粘、点框粘）、挂贴粘、点扣粘（主连接）等，并采用尼龙胀钉锚固或钉扣式、穿透式、搭接式、角片式、挂勾式等辅助连接措施，共同构成粘贴－锚固安全双保险的施工方式。

5.1　酚醛保温板涂装饰面保温系统

酚醛保温板涂装饰面保温系统，包括 PF 保温裸板、经特定护面剂处理后有护面膜（层）的护面 PF 保温板，酚醛保温板与墙体基层的连接采用粘锚（钉）结合，以粘结为主、锚固为辅的方式。

通过粘贴在基层，辅以锚栓固在墙体后，在其表面以耐碱玻纤网复合聚合物抹面胶浆为抹面层，以涂装饰面为饰面组合而成的外墙外保温系统。

在该保温系统中，除采用涂料饰面外，其中采用柔性面砖饰面时，不但适用于各种新老建筑物的室内外装饰装修，如写字楼、医院、商店、饭店、酒吧等公共场所的室内装饰装修，特别适合于建筑物外墙外保温的饰面装饰，而且具有以下特点：

① 装饰效果优、色彩丰富，具有瓷砖、大理石等高档外墙装饰材料的装饰效果；

② 厚度薄、质量轻、柔性好，质量仅为瓷砖、大理石 1/6～1/5，可弯曲，满足弧型、圆型等异型建筑的装饰要求，可与保温层构成柔性渐变体，有效解决外墙常规开裂、瓷砖脱落等质量通病；

③ 粘结牢固、强度高，产品基面为水泥片材，与水泥砂浆相容性好、粘结强度高、抗风压、安全，满足多层、高层建筑要求；防水、抗渗、耐污，柔性装饰砖加涂罩面漆后，具有防水、抗渗和自洁功能；

④ 施工方便、快捷、经济和适用范围广，阴阳角不需磨成 45°对接，减少污染，降低施工成本等特点。

酚醛泡沫板涂装饰面外墙外保温系统，各构造层材料相容，柔性逐层渐变，充分释放热应力，性能稳定，有效避免产生裂缝等优异性能。在连续大面积保温层结合专用托架安装后，使保温系统更加安全、稳定，达到现行国家标准规定不少于 25 年的使用寿命。

该保温系统施工符合现行辽宁省地方标准：《酚醛泡沫板外墙外保温技术规程》（DB21/T 2171—2013）；辽宁省建筑标准设计（建筑构造图集）《改性酚醛泡沫保温板外保温墙体构造》（统一编号：DBJT 05—258；图集号：辽 2013J135）。

另外，在辽宁省地方标准《酚醛泡沫板外墙外保温技术规程》（DB21/T 2171—2013）中，规定胶粘剂与 PF 保温板的相容性要求，即剥蚀厚度≤1.0mm。该项技术性能指标决定 PF 保温板粘结强度和粘结后的耐久性能。

通过实践证明，PF 保温裸板粘结后，如在 PF 保温裸板表面只要出现红色、紫红色或其他变色，是干粉砂浆中的碱性水渗入 PF 保温裸板表层，与 PF 保温裸板接触结果，导致 PF 保温板粘结强度降低，检测结果降低，久之必然发生质量事故。

通过使用好为尔保温材料有限公司生产的胶粘剂粘结 PF 保温裸板后，剖开胶粘剂与 PF 保温裸板粘结部位，在 PF 保温板表面无任何变色痕迹、无剥蚀，相互间粘结牢固，经按相关标准检测达到标准规定的要求。

粘贴酚醛泡沫板涂装饰面外墙外保温系统基本结构示意，见表 5-1。

表 5-1 基 本 结 构

保 温 结 构							
基层墙体（1）	胶粘剂层（2）	PF 保温层（3）	玻纤网布（4）	抹面层（薄抹面层）（5）	涂装饰面层（6）	锚栓（7）	
混凝土墙或砌体墙；必要时，在基层用 1：2 水泥砂浆找平	专用无机胶粘剂	PF 保温板或护面 PF 保温板	耐碱玻纤网格布	聚合物抗裂砂浆或抹面胶浆复合耐碱玻纤网格布	涂料、或饰面砂浆、或柔性饰面砖	塑料锚栓	1 2 3 4 5 6 7

5.1.1 施工准备

施工前，必须做好进入现场施工的一切准备工作，施工准备是保证达到工程质量的基本条件。基本准备工作不仔细、不严密，不仅影响工程进度，还会在施工中容易出现不可预见问题，甚至出现工程质量事故。

工程施工准备，通常指技术准备、材料准备、机具准备、基本条件、施工方案及其他。

技术准备是证明是否会干，目标是什么；材料准备是证明是否会用材料；机具准备证明用何方式干；怎样干；基本条件证明能否干；施工方案是具体组织实施，要求一切目标到位，才能做到"不打无准备之仗"。

1. 技术准备

在施工前应进行全面系统熟悉和会审施工设计图纸，特别注意保温系统施工图中在檐口、勒脚处、装饰缝、门窗洞口四角及侧边和阴阳角等处细部节点处理及有关其他技术要求。

施工单位技术负责人对作业人员进行技术交底（交工程内容，交材料做法，交操作方法，交检验标准等）和岗前培训，对作业人员经考核后方可上岗作业。

2. 材料准备

按设计要求规格（型号）、质量和工程用量备料。PF 保温板保温系统应用材料、配件均应分别符合 3.1 节中有关材料要求和辽宁省地方标准《酚醛泡沫板外墙外保温技术规程》DB21/T 2171—2013 中有关技术要求。

（1）PF 保温板和耐碱玻纤网布，垫平堆放不超高，远离火源、热源。进入现场玻纤网格布不得过长时间多层叠压。

（2）PF 保温板应有足够场地堆放，PF 保温板运到指定施工现场，并防止划伤、损坏和堆放变形。

PF 保温板不应受暴晒和雨淋、平整堆放，应贮存于阴凉处，大风天防止板材被风吹散，应用适当重物压好。

（3）进场袋装干粉料放置防雨、防潮，贮存于干燥处；桶装产品应注意防冻。

（4）按设计涂装饰面（涂料、饰面砂浆和柔性面砖）的技术要求和用量配套备料。

同时，备齐锚栓、托架、建筑密封胶、填缝聚苯乙烯泡沫塑料条、金属盖缝板等配套材料。

3. 机具准备

机械、施工工具和检测工具，应能达到施工使用的要求。

外接电源设备、电动搅拌器（转速宜为 450r/min）、切割酚醛泡沫板或玻璃纤维网格布的手锯、剪刀（或壁纸刀）、开槽器、角磨机、称量衡器、螺丝刀。

盛装粘结胶的胶皮桶、抹子、阴阳角抿子、拖线板、2m 靠尺、卷尺、铁抹子、墨斗、水平尺和吊线坠等瓦工工具，以及冲击钻、手锤、棕刷、扫帚和钢丝刷，还包括做涂装饰面使用机具等。

4. 基层和气象条件要求

（1）基层要求

1）外门窗框或附框等安装完毕，通过验收，预留出外保温层的厚度空隙。

2）新建建筑的外墙通过隐蔽工程验收后，可不做找平层，宜对砌体进行勾缝处理。对混凝土墙和砌体墙均应将基面清洁干净并符合《混凝土结构工程施工质量验收规范》GB 50204 中现浇结构或《砌体工程施工质量验收规范》GB 50203 中对清水墙的规定要求。墙体内的水分应达到充分干燥。

外墙外保温墙体基面的尺寸偏差应符合表 5-2 要求。

表 5-2 墙体基面的允许尺寸偏差

项　目			允许尺寸偏差，≤，mm	检　查　方　法
砌体工程	墙面垂直度	每层	5	2m 托线板检查
		全高 ≤10m	10	经纬仪或吊线、钢尺检查
		全高 >10m	20	
	表面平整度		8	2m 靠尺和塞尺检查
混凝土工程	墙面垂直度	层高 ≤5m	5	经纬仪或吊线、钢尺检查
		层高 >5m	10	
	全高		$H/1000$ 且 ≤30	经纬仪、钢尺检查
	表面平整度		8	2m 靠尺和塞尺检查

（2）气象条件要求

1）不得在五级以上大风或雨天不能施工，夏季抹面层施工应避免阳光暴晒。

2）外墙外保温施工期间及完工 24h 内，平均气温不低于 5℃。

此外，施工准备还应参考 4.1 节中，有关施工准备具体要求。

5.1.2 施工工艺流程

酚醛保温板涂装饰面保温系统，施工工艺流程如图 5-1 所示。

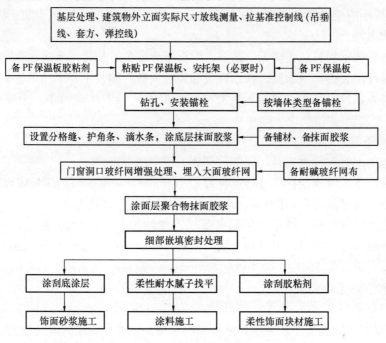

图 5-1 施工工艺流程

5.1.3 操作工艺要点

1. 基层处理

（1）基层测量，基层墙体应干燥、平整、坚实（砌筑墙体应将灰缝刮平）、清洁。

（2）凸出基层 10mm 高度应剔除，低于基层的凹面应找平，且必须达到与原基层墙体同等强度。凹面常用 1：2 水泥砂浆进行找平处理，找平处理后的找平层不得有脱粉、分层等影响粘结 PF 保温板的质量问题。

2. 按 4.2.1 条要求进行吊垂直线、拉基准线、套方和挂弹控线

在墙面弹出外门窗水平、垂直控制线及伸缩缝线、装饰线条、装饰缝线等。

在建筑外墙大角（阳角、阴角）及其他必要处，按平整度和垂直度要求挂垂直钢线，每个楼层适当位置挂水平线，以便严格控制保温板的垂直度和平整度。

3. 拌 PF 保温板聚合物粘结砂浆或聚合物抹面砂浆

现场配制干粉砂浆搅拌是否均匀，决定其应用强度的大小和能否发挥其最大作用。拌聚合物砂浆料时，根据气温确定每次搅拌量。

按说明书规定水、灰质量比，先将适量水放入胶桶内或其他容器，然后再倒入干粉料，

使用低速手持式电动机械搅拌器，上、下移动搅拌，使物料搅拌几分钟达到均匀一致，静置3～5min后，再搅15～20s即可，使胶粉及各种添加剂充分溶解，再进行二次稍加搅拌均匀方可使用。

现场配制粘结酚醛泡沫板的胶应随拌随用，一次配制用量以4h内用完为宜（夏季施工时间宜控制在2h内），使用超时严禁使用。

如胶粘剂在使用期间出现增稠现象，只能用频繁搅动，不得另外再加水或加胶粉等再使用，如再另外加水调稀，相当降低胶粘剂的有效含量，从而导致粘结强度下降。搅拌不均或超时胶粘剂不得继续使用或掺混使用。

4. 安装承托架

安装承托架是从建筑保温高度和地区风力大小，以及荷载等方面考虑的，托架设置有间断也有连续设置。

当设计规定安装起步承托架或大面积墙体保温层适当位置安装承托架时，必须按水平线安装，使托架必须处于绝对水平的位置。

托架钉孔有圆孔和上下方向可调的长孔、多孔。在固定托架时，应尽可能地在托架端部的第一个孔下钉，以避免因热胀冷缩等原因造成的过大的长度方向的变形。第二只钉下在垂直方向的长孔中，以便调节水平位置。

尤其在基层墙体的最底层，平整度不符合要求时，应对墙面作抹灰找平处理，一旦在墙面平整度较差时，必须用垫片找平。

在固定墙角托架之前，应首先准确标定托架的高度，然后在起步或按标定高度将托架紧密地锚固在基层墙体上。连续设置安装托架应在两根托架横向之间应留有不小于10mm的间隙。在墙体转角处，可将普通托架剪裁并弯曲成转角托架。

连续大于或等于36m²（如山墙）保温面积的层结构部位或间断托架及保温起始部位，托架都应均匀固定在两块PF板接缝处。常用托架长度、断面尺寸、构造，如图5-2所示。

每个托架用均距不少于2枚膨胀螺钉紧密地固定在基层，膨胀螺钉深入墙体有效深度不得少于25mm。

在起步托架处，玻璃纤维网格布应延伸至托架的底边边缘，多余部分用刀切除。

托架在外墙外保温系统中构造如图5-2所示。

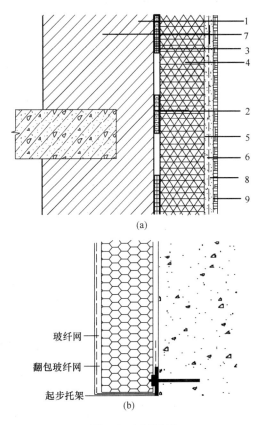

图 5-2 托架设置

（a）保温层中托架弯角向下设置；

（b）保温板起步托架设置

1—基层；2—托架；3—PF保温层粘结层；4—PF板；
5—底层抹面胶浆；6—玻纤网布；7—锚栓；
8—面层抹面胶浆；9—饰面层

5. 粘贴 PF 保温板

墙体粘贴 PF 保温板的强度，主要由聚合物粘结砂浆决定，锚栓只起辅助作用。为提高粘结强度，粘贴法施工前，为增加保温板与基层的粘结力，对于特殊光滑基层，常选用混凝土界面砂浆，采用辊涂和刷涂等方式进行基层界面处理。

根据基层平整度，又分别选用保温板点框粘法和条粘法达到粘结目的。简单的说，点框粘法适用于基层平整度相对差的墙体，条粘法适用于基层平整度相对好些的墙体。但对平整度偏差较大的基层必须预先找平处理后，再采用适当方法涂胶粘贴。

通常墙面平整度在 10mm/2m 范围内，常采用点框粘法，严禁采用无框的点粘。通过点粘对墙体偏差不大的基层有一定找平作用，粘结胶厚度视墙面的平整度确定，墙体表面平整度越差，涂抹胶越厚。当基层墙面平整度在 5mm/2m 范围内，优先采用条粘法。

（1）点框粘贴保温板布胶

采用点框粘贴方法时，既考虑增加粘结强度，又考虑基层产生潮气可逐渐排出，同时考虑避免形成防火空腔。

保温板点框法布胶时，用抹子在保温板四边涂敷一条 50mm 宽、10mm 厚的带状聚合物胶粘胶浆，并在周边留出 50mm 的排气通道，同时在保温板中间涂厚 10mm，直径约为 100mm 圆形点状胶浆，但在每块保温板之间的接缝处（板侧面）均不得抹胶粘剂。

保证粘贴面积应大于整个 PF 保温板面面积的 60%，随建筑高度增加粘结面积相应增加，建筑高度大于 54m 或首层 PF 保温板的粘结面积不应小于 65%。

粘结到墙体后，粘胶层的厚度应控制在 5~8mm，以保证保温板与基层粘牢，同时应控制粘贴后保温板面层的平整度。

点框粘布设胶粘剂和操作，以 PF 保温板 900mm×600mm 规格布胶为示意，如图 5-3 所示。

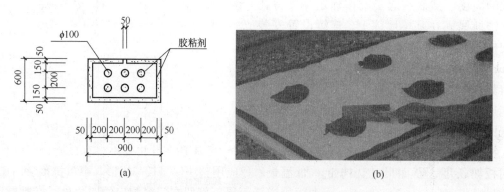

(a)　　　　　　　　　　　(b)

图 5-3　点框粘布设胶粘剂

（a）PF 保温板布胶示意要求；（b）PF 保温板布胶具体操作要求

（2）条粘保温板布胶

保温板用条粘法时，在保温板的背面用齿口镘刀将粘接胶浆按水平方向均匀不断地抹在保温板上，然后将专用的锯齿抹子紧压保温板板面并保持呈 45°，要注意方尺边抹灰刀拖刮的角度不得过平，以避免粘胶的涂抹厚度过薄。

刮出锯齿间多余的粘结砂浆，使保温板面留有若干条宽约为 15mm、厚度约为 15mm、中间距约为 40mm 且平行于保温板长边的浆带，条粘保温板布设胶粘剂布胶，如图 5-4 所示。

（3）粘贴 PF 保温板操作要点

PF 保温板因包装或运输等原因造成一面有微小的缺陷时，应将该面作为抹胶面。PF 保温板的排板按水平顺序进行，板向上、下错缝粘贴，板端距上、下排 PF 保温板接缝的距离应大于 100mm。PF 保温板在阴阳角处交错互锁。

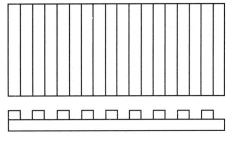

图 5-4　条粘法布设胶粘剂

1）粘贴保温板时，酚醛泡沫板粘贴应自下而上进行，水平方向应由墙角及门窗处向两侧粘贴。遇有门窗或墙角向两侧粘贴。将涂抹好胶粘剂的保温板紧密地粘贴在墙面上，在粘贴下一块保温板时，应将这块板从侧面推压向前一块板，并保证板与板之间的接缝被压紧。

涂胶后应立即粘贴，粘贴时应轻揉均匀挤压滑动就位，使胶粘剂与墙面紧密结合，不得局部用力按压。

用吊线、拉线的方法严格保证板材平行、垂直（随时用 2m 靠尺和托线板检查平整度和垂直度）。保温板对接缝处应挤紧并与相邻板齐平，每粘好一块板后，应立即清除板缝挤出的胶粘剂，拼缝紧密。

板间缝隙应不大于 2mm，板间缝高差应≤1.5mm，超过 1.5mm 应用 24 目粗砂纸或打磨机具打磨。打磨时不要沿板缝平行方向，而是做轻柔圆周运动，随磨随用 2m 靠尺检查平整度。板材粘贴后，表面应平整、阴阳角垂直、立面垂直和阴阳角方正。

另外脚手架眼处理时，如在穿墙管等处有预留孔洞，铺设网格布时拆除架管，从外或从内先将墙体洞眼堵好，再用一块比预留洞眼略大（削成楔形）的保温板将原先在保温板上预留的洞孔塞上，将周围外表面打磨平整。局部不规则处粘贴板可现场切割，但应注意切口与板面垂直。

2）粘贴板缝应轻揉，均匀挤压、挤紧，相邻板应齐平，粘结砂浆挤出时用铲刀必须立即刮掉，在板与板之间无"碰头灰"。

PF 保温板间缝隙不得大于 2mm，板缝隙大于 2mm 时，应用保温板条将缝塞满，板条不得粘结，更不得用胶粘剂直接填缝。

3）保温板间高差不得大于 1.5mm（或 4mm/2m），当保温板间高差有大于 1.5mm 的部位，应在粘胶硬化后，应沿板缝做轻柔圆周运动打磨平整，不得平行于板缝直线打磨。

4）在门窗四角与墙面平行方向粘贴保温板时，需注意在开角处不得有板缝，应以整块保温板在该处粘贴。粘贴门窗口四周保温板时，应用整块保温板割成形，不得拼接，门窗洞口边粘贴保温板应满涂胶粘剂。保温板的拼缝不得正好留在门窗洞口的四角处。在粘贴前，先将保温板裁切出门窗开角（即"刀把"形）后再粘贴（图 4-1），以及凸出管线、埋件的保温板应采用整块板割成形（套割吻合），不得拼接。

在门窗沿作保温板处理时，与墙面平行的保温板粘贴应超出门窗沿一定距离，即为门窗沿处保温板及其胶粘剂厚度之和。

墙面边角辅贴 PF 保温板最小尺寸应超过 200mm（即接缝距四角的距离应大于 200mm），门窗洞口酚醛泡沫板排列，需设置膨胀缝、变形缝处则应在墙面弹出膨胀缝、变形缝及其宽度线。

阳台、雨篷、女儿墙、屋挑檐下等个别部位及散水处粘贴酚醛泡沫板时，应预留 5mm 缝隙，以利于耐碱玻纤网格布嵌入。

5）外保温体系与其建筑构件或材料（如门窗框、窗台板、阳台、楼顶板等）的接缝处用膨胀密封条做防水处理。

（4）锚固 PF 保温板

保温板与墙体粘贴施工完毕，一般需静停 24h 左右，即刻进行锚固 PF 保温板，若环境温度偏低可适当延长静停时间，使保温板与基层粘贴达到确实牢固。锚栓必须锚在 PF 保温板涂有胶粘剂部位。

1）锚栓布设

锚栓（锚固件）设置数量是设计部门按照建筑高度和本地区最大风压计算确定，锚固保温板的锚栓用量由低层到高层相应增加锚栓用量。

锚固间距应均匀，一般 7 层以下每平方米约 5 个；8 至 18 层（含 18 层）每平方米约 6 个；19 至 28（含 28 层）层每平方米约 9 个；29 层以上每平方米约 11 个；任何面积大于 0.1m² 的单块保温板应加 1 个锚栓。

锚栓在阳角、檐口下、门窗洞口四周应加密，控制距基层边缘和锚栓与锚栓的合理间距（图 5-6）。锚栓设置数量布置，见图 5-5 示意和 3.2.7 条要求。

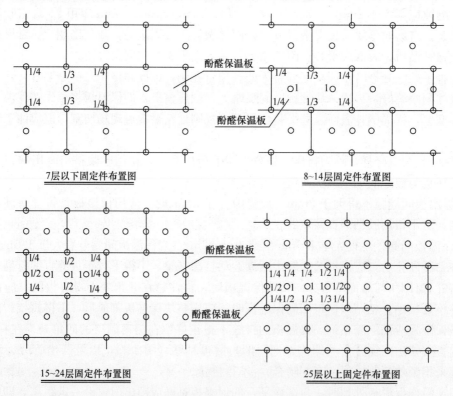

图 5-5　锚栓（锚固件）布设和用量变化

2）钻锚栓孔

按 3.1.4 条要求，根据基层墙体类型选用对应的锚栓进行钻孔。基层墙体为混凝土、烧结空心砖、混凝土小型空心砌块时，安装锚固件的有效锚固深度应不小于 25mm；基层为加气混凝土砌块时，安装锚固件的有效锚固深度应不小于50mm。

①按设计要求的位置用冲击钻钻孔，锚固基层深度应符合设计要求。如设计锚固基层深度为30mm时，钻孔深度宜为40mm，即钻头进入墙体的深度应大于锚固深度10mm，且原则上钻头直径不应大于胀管直径。

②锚栓中心至基层墙体转角的最小距离应根据基层墙体材料和锚栓的要求确定。

③锚栓应在粘贴保温板的胶粘剂初凝后，钻孔安装，严禁钻伤钢筋。

④钻孔直径按照锚栓规格要求。对于混凝土和实心粘土砖墙体，钻孔直径宜略大于套管外径1~2mm；对于加气块或空心砖等轻质墙体，钻孔直径宜等于套管外径。

⑤钻孔机按照墙体类型要求选用。在混凝土和实心粘土砖墙面钻孔，使用冲击钻；多孔砖和空心砖墙体应选用没有冲击效果的钻机；加气混凝土等墙体钻孔时应关闭钻机的冲击功能。

⑥多孔砖墙体锚栓应锚固到第二个壁厚。

3）安装锚栓

安装锚固件时，锚固件的压盘压住PF保温板，锚栓或钉头不得凸出PF保温板板面。锚栓在外墙阳角、门窗洞口四角及檐口下应加密设置。

6．作聚合物抹面胶浆复合玻纤网布抹面层

（1）耐碱玻纤网布在保温层细部节点翻包

大面积抹面层施工前，先对薄弱部位，即在PF保温板侧边外露处（如伸缩缝、建筑沉降缝、勒脚等缝线两侧、门窗洞口、阴阳角）批抹浆料，将翻包网用力压入浆料中间，翻包玻纤网翻过来后及时贴到PF保温板面层上，然后再作大面抹面层。

墙体大面粘贴标准耐碱玻纤网布前，用聚合物抹面胶浆先在洞口四角部位按45°铺贴200mm×300mm或300mm×400mm规格附加加强型耐碱玻纤网布增强，见图4-4。

（2）大面积抹面层施工

首层以上高度的墙体采用单层玻纤网，抹面胶浆复合玻纤网层的厚度应在3mm；严禁玻纤网格布直接铺在PF板表面，而后再涂抹面胶浆。

在抹面层中采用聚合物抹面胶浆与粘贴耐碱玻纤网布复合，耐碱玻纤网布相当抹面层中软"钢筋"，为起到保护PF保温板作用，聚合物抹面胶浆与粘贴耐碱玻纤网布应紧密复合，而且要求墙体粘贴网格布不得使网格布有皱褶、空鼓、翘边、外露现象。

先抹底层聚合物抹面胶浆，在基层（墙体PF保温板表面）1.10~1.20m的宽度范围内，由下至上将搅拌好的抹面胶浆均匀地涂抹，厚度约为2mm左右。在首层对接铺贴加强型耐碱玻纤网布。

在特殊部位完成玻纤网增强铺贴后，再整体（盖上特殊部位处理的玻纤网）抹底层聚合物抹面胶浆，进行大面标准型耐碱玻纤网布铺贴。

耐碱玻纤网布铺设应在保温板表面抹面胶浆尚处湿软状态下，将网格布沿水平方向绷直绷平，并将弯曲的一面朝里，自上而下顺势压入压实网格布，用抹子由中间向上、下两边将网格布抹平，使其紧贴底层抹面胶浆层。

在抹面胶浆具有良好工作性的时间内，及时将玻纤网格布展开铺平压入抹面胶浆中，并将从网格中挤出的防护砂浆抹平，待抹面胶浆稍干硬至不沾手时，再抹第二遍胶浆，并将网格布全部覆盖。第二遍胶浆厚度为1mm左右，抹面胶浆层总厚度为3~5mm范围内。

大面铺贴玻纤网采用搭接，在阴阳角处还需从每边双向绕角且相互搭接。对于窗口、门口及其他洞口四周的保温板端头应用网格布和抹胶浆将其包住封边。在伸缩缝、沉降缝、保温板侧边外露处，都做粘贴网格布翻包处理。

翻包玻纤网裁剪时，用卷尺确定翻包网的宽度和长度尺寸，使用壁纸刀或剪刀沿着玻纤网布的经线和纬线的方向进行裁剪。

在玻纤网格布搭接的部位应刮掉一些抹面砂浆，以使此处不至于过厚。

在连续墙上如需停顿，抹面胶浆不应完全覆盖已铺好的网格布，需与网格布底层胶浆留阶形坡茬，留茬间距不小于150mm，防止在网格布搭接处平整度超出偏差。

在PF保温板的面层涂抹过厚的抹面层，不仅过厚的抹面层应力过大使玻纤网断裂，而且会造成保温材料与保温层间开裂，久之容易造成伤害事故。

根据设计对首层的抹面层厚度的具体要求，当需要厚抹面层时，可在完成PF保温层施工后，可在PF保温层进行分层抹压无机保温浆料，达到规定厚度并干固后再作薄抹面层，使无机保温浆料层与抹面层共同提高首层保护层厚度（也适用于整体楼高）。抹面层厚度要求，见4.2.8条要求。

另外，在首层或2m以下外墙外保温抹面层中，施工双层耐碱玻纤网抹面层时，先用锚栓锚固已粘贴好的保温板，应在先铺一层加强型耐碱玻纤网格布基础上，再满铺一层标准型耐碱玻纤网格布。加强耐碱玻纤网格布在墙体转角及阴阳角处的接缝应搭接，其单向搭接宽度不得小于200mm；在其他部位的接缝宜采用对接。

在保温板表面均匀抹第一道厚度3mm左右的抹面胶浆，并趁湿压入第一层加强型耐碱玻纤网；第一层抹面胶浆养护后可进行第二道抹面胶浆施工，厚度2mm左右，并趁湿压入第二层标准型耐碱玻纤网；第二道抹面胶浆稍干后可薄抹第三层抹面胶浆，抹平并使抹面层总厚度符合设计要求。

施工间歇处宜留在自然断开或留茬断开处（如伸缩缝、阴阳角、挑台等部位），以便后续施工的搭接。在连续面上如需停顿，抹面胶浆不应完全覆盖已铺好的网布，须与网布、底层胶浆呈台阶形坡茬，保证网布留茬有足够宽度，以免网格布搭接处平整超出偏差要求。

玻纤网格布必须暴露在底层胶浆之外，面层胶浆仅以覆盖网格布、微见网格布轮廓为宜（即露纹不露网），切忌不停揉搓，以免形成空鼓。

聚合物胶浆抹面层施工，应在酚醛泡沫板安装完毕后的15日之内进行，如在酚醛泡沫裸板安装后不能及时进行抹灰施工时，或施工期间遇雨，应采用有界面或护面的保温板或采取其他保护措施。

在抹面层严禁出现玻纤网格布外露，抹面胶浆的厚度以微见网格布轮廓为宜。不应有明显的玻纤网格布显影、砂影、抹纹、接茬等痕迹。

抹面层胶泥在养护期间，严禁撞击振动，在终凝前严禁用水冲洗。

防护层超过抹面层厚度（尤其首层）时，先在PF保温板的表面喷涂或涂抹轻质无机保温浆料，达到规定厚度并凝固后，再做聚合物抹面胶浆复合耐碱玻纤网的抹面层。该防护层既能提高外力冲击、防火和节能作用，又有防止使用单一过厚抹面层而出现开裂、增加荷载和不安全因素的发生。

装饰线条、分格缝、勒脚和伸缩缝部位处理，按设计要求施工，参见4.2.10条处理。

7. 涂装饰面层施工要点

涂装饰面在外墙外保温应用，是普遍采用的水溶性（非溶剂）环保型一类装饰面层。施工方式灵活，饰面有多种类型选择，如常用有高光泽平涂、真石漆、仿大理石漆、仿古砖饰面漆，可通过采用砂壁涂料和施工措施，任意组合各类型饰面，而且饰面层不易脱落，应用相对安全。

往往在施工前，通过计算机预先配制的色卡，再通过与制作效果图对照，最后确定具体应用类型与格调。

（1）基层要求

墙基体的含水率必须控制不大于8%，必须使用与涂料相匹配的腻子或封底涂料，要对基底找平封闭。

在经养护、干燥、验收的抹面层（抗裂砂浆层）上用靠尺对抗裂层表面进行找平检验，对局部不平整处，刮涂柔性耐水腻子进行找平处理，并在柔性耐水腻子未干硬前进行打磨找平，使之达到平整度的要求。

（2）涂料饰面层施工

1）用靠尺对抗裂层表面进行找平检验，对局部不平整处，刮涂柔性耐水腻子进行找平处理，并在柔性耐水腻子未干硬前进行打磨找平，使之达到平整度的要求。

涂料饰面层施工前，采用柔性腻子对墙面进行满批。在局部腻子打磨找平完成后，开始大面积刮涂柔性耐水腻子。柔性耐水腻子分两遍刮涂，前、后遍刮涂的方向应互相垂直，使腻子干燥后能紧密结合不分层，并控制每遍刮涂厚度控制在0.5mm左右，不得通过一次刮涂而达到最终厚度，以免形成空鼓或与基层结合不牢。待柔性耐水腻子干燥后再涂刷弹性底层涂料。

大面积批刮涂柔性耐水腻子应在局部找平腻子打磨之后进行，且应刮涂两遍，前、后遍刮涂的方向应互相垂直，每遍的刮涂厚度应控制在0.5mm左右，批刮不得漏底、不得漏刮、不得留接缝。

2）涂刷弹性底层涂料前，应采用墙面分线纸做好分格处理（或与抗裂层的分格缝一致），每次应涂刷满一格，应避免明显的涂刷接痕。弹性底层涂料应涂刷一至两遍，弹性底层涂料应涂刷均匀。

涂刷弹性底层涂料时，采用优质短毛滚刷。涂刷前应采用墙面分线纸做好分格处理（或与抗裂层的分格线一致），每次涂刷一满格，涂刷时用力均匀适当，避免在底层涂料表面上出现明显的涂刷痕迹。弹性底层涂料可涂刷一至两遍，应达到涂刷均匀，待底涂干燥后，再用造型滚筒滚涂饰面涂料。

滚涂饰面涂料时，蘸料应均匀，按涂刷方向涂刷，并且要一次涂成，使饰面涂料与弹性底层涂料达到紧密结合。

涂料一定要涂刷均匀，不可有漏涂、透底部位。饰面涂层完成后，涂层表面无刷痕、酥松、流挂、咬色、透底、颜色不均或起泡、脱皮等不良现象，涂料饰面层应均匀饱满。

涂刷饰面涂料应在弹性底层涂料干燥后进行。蘸料要均匀，施工应从墙顶端开始，自上而下进行，按同一涂刷方向涂刷，要求一次涂成，使饰面涂料与弹性底层涂料紧密粘结，并应符合现行国家行业标准《建筑涂饰工程施工及验收规程》JGJ/T 29 的规定。

（3）真石漆饰面层施工

在基层界面剂涂刷完成并经验收合格后，进行真石漆底涂、中涂和面涂施工。

1）喷涂底漆：为使底材的颜色一致，避免真石漆涂膜透底而导致的发花现象，底漆喷涂带色底漆，以达到颜色均匀的良好装饰效果。

根据所确定天然石材的颜色或样板的颜色进行调色配料，尽可能使涂料的颜色接近真石漆本身的颜色。

2）喷涂真石漆：为了达到仿石材的装饰效果，同时也利于施工操作，可以对真石漆进行分格涂喷，并且在分格缝上涂饰所选择的基层着色涂料，在大面喷涂时对分格缝部位，应完全遮挡或进行刮缝处理。

喷涂真石漆应严格控制材料黏度恒定，以及喷口气压、喷口大小、喷涂距离等应严格保持一致，遇有风的天气时，应停止施工。

喷涂真石漆时应注意以下几个操作要点：

①出枪和收枪不在正喷涂的墙面上完成；

②喷枪移动的速度要均匀；

③每一喷涂幅度的边缘，应在前面已经喷涂好的幅度边缘上重复1/3，且搭接的宽度要保持一致；

④保持涂膜薄厚均匀。

涂料的黏稠度要合适，第一遍喷涂的涂料略稀一些，均匀一致，干燥后再喷第二遍涂料。喷第二遍涂料时，涂料略稠些，可适当喷得厚些。

喷斗的料喷完后，用喷出的气流将喷好的饰面吹一遍，使之波纹状花纹更接近石材效果。如果想达到大理石花纹装饰效果，可以用双嘴喷斗施工，同时喷出的两种颜色，或用单嘴喷斗分别喷出的两种颜色，达到颜色重叠、似隐似现的装饰效果。

3）喷涂罩光清漆：为了保护真石漆饰面、增加光泽、提高耐污染能力，增强真石漆整体装饰效果，在真石漆涂料喷涂完成，且待真石漆完全干透后（一般晴天至少保持3天），可喷涂罩光清漆。

在罩光清漆施工时，在喷涂操作时注意保持气压恒定、喷口大小一致，防止罩光清漆出现流挂现象。

4）细部构造要求：

①在大面喷涂时对分格缝部位，应完全遮挡或进行刮缝处理；

②窗口顶应设置滴水沿（槽或线）；

③装饰造型、空调机座等部位必须保证流水坡向正确；

④窗口阴角、空调机座阴角，落水管固定件等部位均留嵌密封胶槽，槽宽4~6mm，深3~5mm。嵌密封胶，不得漏嵌或不饱满。

（4）柔性饰面砂浆施工

1）柔性饰面砂浆施工流程：底涂→喷、抹面层饰面砂浆→罩面。

2）操作工艺要点。

施工前应确认基体垂直、稳定、坚固、平整、干燥、干净（无油污、无粉尘、松散物等），达到施工要求。

彩色饰面砂浆施工：将粉料倒入适当用量的净水中，充分搅拌成无粉团的均匀膏糊状待用。做饰面砂浆施工时，可有三种方法可选择。

喷涂彩色砂浆浮雕压花施工：先按彩色砂浆：水＝1∶0.36~0.40的质量比配好料，并先用喷枪试喷合格后，再使喷枪与墙面垂直地将其喷涂到墙体上。喷枪距墙距离宜为300～450mm，可根据所需喷涂浮雕颗粒大小适当调整。喷涂中控制喷枪移动匀速，控制涂层在1.5～2.0mm厚度范围，约在20～40min，可用滚筒轻轻压平后，成为平压浮雕。

辊涂彩色砂浆施工：先按彩色砂浆：水＝1：0.40的质量比配好料，用辊筒将拌好彩色砂浆料均匀辊涂到墙上，施工中不宜反复辊涂，控制涂层在1.5～2.5mm厚度范围。

批刮彩色砂浆施工：先按彩色砂浆：水＝1：0.30的质量比配好料，用腻子抹刀直接搅拌好的彩色砂浆批刮到墙上，根据需要，可分两遍进行均匀批抹。不宜反复批抹，控制涂层在1.5～2.5mm厚度范围。

施工后的饰面砂浆通过自然养护1～2天后，可喷涂彩色砂浆防污罩面剂。

①底涂：根据设计的色泽、格调（如黑底），按说明书规定水灰比，将粉料（如黑粉料）与水搅拌均匀。在合格的墙体基层上，用喷枪（或辊涂）将搅拌均匀砂浆喷涂到基层墙表面，即黑底层。然后，在黑底层上，用喷枪将封闭底漆喷涂均匀。

②在封闭底漆喷涂后的面层，在按仿砖或仿大理石效果进行弹线分格。

③将彩色砂浆与清水按质量比，先将水倒入拌料桶内，后将粉料倒入，再用电动搅拌器充分搅拌均匀。将拌好的饰面砂浆，用喷枪将胶浆均匀喷于工作面上，至少喷涂二次（三次最佳），每次喷涂间隔约为2h左右。

采用抹刀施工时，将胶浆均匀平整地涂抹于基面上，厚度一般控制在2～3mm。抹完约10min，可用各种纹理工具滚压成图案。

④仿面砖的装饰施工：为使饰面达到仿面砖的装饰效果，弹性抗碱底层可用深（黑）色（仿面砖缝颜色），当底层固化后，在底层粘贴分格（美纹）纸，再均匀涂抹仿面砖色泽的饰面砂浆，涂抹完成后再撕掉分格纸，即刻露出仿面砖的饰面效果。

在彩色砂浆自然条件养护1～2天后喷刷罩面漆。施工工艺参数见表5-3。饰面有许多类型，具有不同彩色和格调，如仿花岗石、仿大理石、仿古砖，以及裂纹饰面、高光平涂等，其中仿面砖饰面砂浆类设有分格线的饰面层完成后，在饰面层未凝前，及时起掉美纹条，分格线成型过程如图5-6所示，常见饰面如图5-7所示。

表5-3 施工工艺参数

施工顺序	构 造	施工次数	工 法	参考用量（kg/m²）
1	底涂	1	喷或辊涂	0.25
2	面层饰面砂浆	2	喷或平抹	2～5
3	罩面漆（养护剂）	1	喷	0.15

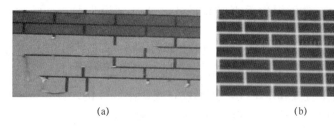

(a)   (b)

图5-6 仿面砖饰面砂浆分格线操作

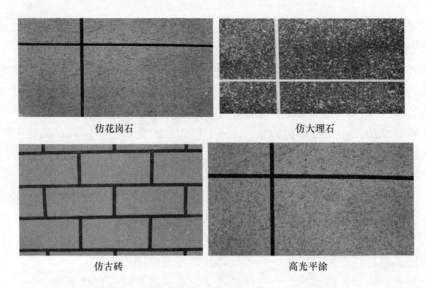

仿花岗石　　　　　　　　仿大理石

仿古砖　　　　　　　　高光平涂

图 5-7　各类饰面

（5）柔性饰面砖（锦埴）施工

柔性饰面砖（锦埴）可用于 150m 以下的新建建筑高度，柔性饰面砖可以粘贴新建建筑的水泥砂浆层、聚合物砂浆层、腻子类找平层、各类外墙外保温系统基层，也可以是经过处理的既有建筑的涂料、马赛克、陶瓷砖、石材等旧饰面层。

外墙外保温系统应用柔性饰面砖构造，如图 5-8 所示。

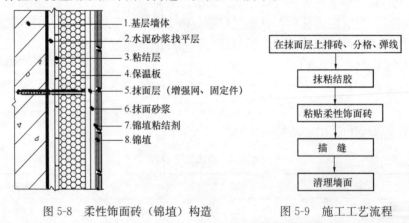

1.基层墙体
2.水泥砂浆找平层
3.粘结层
4.保温板
5.抹面层（增强网、固定件）
6.抹面砂浆
7.锦埴粘结剂
8.锦埴

在抹面层上排砖、分格、弹线
↓
抹粘结胶
↓
粘贴柔性饰面砖
↓
描　缝
↓
清理墙面

图 5-8　柔性饰面砖（锦埴）构造　　　图 5-9　施工工艺流程

1）柔性饰面砖施工工艺流程，如图 5-9 所示。

2）操作工艺要点。

① 基层验收：外保温抹面层的垂直度和平整度应达到设计要求，验收合格。无油渍、清除浮灰。

② 排砖（锦埴）、分格、弹线：在抹面层上按设计要求图纸基准线和施工样板进行排砖，根据设计方案，用墨斗在抹面层上弹出柔性面砖控制线。

在每平方米放两道垂直线和水平线，弹出控制线，作好标记。并确定接缝宽度、分格，排砖宜用整砖，对必须使用非整砖的部位，根据工程实际情况进行调整，且非整砖宽度不宜小于整砖宽度的 1/3。

③粘贴柔性面砖

粘贴柔性面砖时，用4mm×4mm带锯齿的抹刀在基层满涂一层胶粘剂，刮成梳形。沿基准控制线采用浮动法将柔性面砖铺贴在胶粘剂之上（或在柔性面上刮出锯齿条状2～3mm厚度胶粘剂，在基层粘贴），用搓板或其他工具轻拍砖面，粘结柔性饰面砖，压平摆正、压实，使之与基层达到100％粘结。

粘贴应从下到上、从左到右的顺序进行，第一排柔性面砖必须保证横平竖直（采用水平木头托架等方法），从第二排起在粘贴过程中用标准砌杆和靠尺调整水平度、垂直度，分格缝宽度一般为5～10mm。

在阴角处粘贴时，使用壁纸刀在砖的反面需要弯曲处划一道0.5～1mm深的痕迹，在划痕处将柔性装饰砖弯曲，将弯曲好的柔性装饰砖粘贴到阴角处。

在阳角处粘贴时，使用壁纸刀在砖的正面需要弯曲处划一道0.5～1mm深的痕迹，在划痕处将柔性装饰砖弯曲，将弯曲好的柔性装饰砖粘贴到阳角处。

抹粘结胶、粘结柔性饰面砖、描缝：在基层表面刮抹2～3mm厚粘结胶，宽度以臂长为宜，每次刮涂2m²左右（面积不宜过大，防止结皮和对饰面砖造成污染），再用齿形镘刀将粘结胶刮成梳形后立即铺贴柔性饰面砖，控制柔性饰面砖接缝宽度不小于5mm。

铺贴时宜自上而下进行，墙角、窗台边等收口部位，须用勾缝剂密实勾缝。在粘结层初凝前或允许时间内，可调整面砖位置和接缝宽度，使之附线并压实。在粘结层初凝后4h内或超过允许时间后，严禁振动或移动柔性饰面砖。

④勾面砖缝

柔性饰面砖粘贴后勾面砖缝时，柔性面砖粘贴约24h后进行勾缝处理。用挤胶枪将瓷石胶打入分格缝内，使瓷石胶注入量控制与柔性面砖表面平行，瓷石胶注入后在1～2min内，用勾缝专用压杆蘸少许水将缝内瓷石胶压实抹平，或用毛头刷对砖接缝进行刷缝。刷缝应连续、平直、光滑、无裂纹、无空缺。刷缝时宜按先水平后垂直的顺序进行。

柔性饰面砖粘贴及描缝后应及时将其表面清理干净，防止粘结胶对柔性饰面砖造成污染。刷缝时出现的部分浮粘浆，待刷缝后浮粘浆干燥后应用干刷清理；对于污水、泥等对柔性饰面砖造成污染，可用水冲洗。

⑤水平和垂直阴阳角部分可采用阴阳角专用护角线条配合柔性饰面砖铺贴，如图5-10所示，也可采用大面压小面，正面压侧面的方法，如图5-11所示。

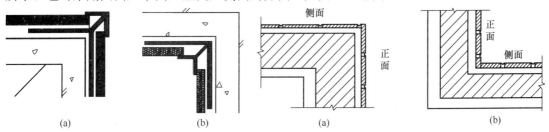

图5-10　护角线条配合柔性饰面砖铺贴　　　　图5-11　正面压侧面铺贴
（a）阳角；（b）阴角　　　　　　　　　　　　（a）阳角构造；（b）阴角构造

⑥在曲面、斜角等异型部位可直接采用柔性饰面砖压实包裹铺贴。

在窗台、檐口、装饰线、雨篷、阳台和落水口等凹凸部位采用防水构造。在水平阳角处，顶面排水坡度不应小于3％。采用顶面柔性饰面砖压立面柔性饰面砖，立面最低一排柔性饰面砖压底平面柔性饰面砖，同时设置滴水构造，也可采用阴阳角专用护角线条，窗口节点示意，如图5-12所示。

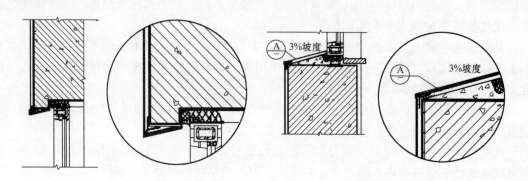

图5-12　窗口节点示意图

⑦柔性饰面砖在墙体变形缝的两侧粘贴时，缝宽不小于变形缝的宽度，如图5-13所示。

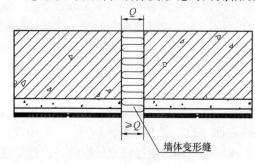

图5-13　变形缝两侧排砖构造

5.1.4　工程质量要求

PF保温板施工工程质量应符合《酚醛泡沫板外墙外保温技术规程》DB21/T 2171—2013中质量检测和验收标准要求。

1. 主控项目

（1）保温系统所用材料的规格和各项技术性能必须符合设计要求。

检查方法：检查出厂合格证或进场复检报告。

（2）PF保温板必须粘结紧密，无脱层、空鼓、面层无爆灰和裂缝。

检查数量：按楼层每20m抽查一处，每处3延长米，但每层不应少于3处。

检验方法：用小锤轻击和观察检查。

2. 一般项目

（1）每块PF保温板与基层面的总粘结面积不小于设计要求值。

检查数量：按楼层每20m抽查一处，但不少于3处，每处检查不少于2块。

检验方法：尺量检查取其平均值。

检验应在胶粘剂凝结前进行。

（2）选用锚栓（固定件）规格、胀塞部分进入结构墙体不小于设计规定值。

检查数量：按楼层20m抽查一处，每处3延长米，每米抽查5个固定点，不应少于3处。

检验方法：退出自攻螺丝观察检查。

（3）PF保温板碰头缝不抹胶粘剂。

检查数量：按楼层每20m抽查一处，不少于3处，每处不少于2块。

检验方法：观察检查。

（4）网格布应横向铺设，压贴密实，不能有空鼓、皱褶、翘边、外露等现象。加强型和标准型网格布铺贴，以及搭接宽度应符合设计要求。

检查数量：按楼层抽查一处，每处 3 延长米但每层不少于 3 处。

检验方法：观察及质量检查。

（5）抹面层厚度符合设计要求。

检查数量：按楼层每 20m 抽查，每处 3 延长米但每层不少于 3 处。

检验方法：在抹面层凝结前进行，尺量检查。

（6）粘贴 PF 保温板允许偏差。

粘贴保温板允许偏差见表 5-4。

表 5-4 PR 板安装允许偏差和检验方法

项　次	项　　目	允许偏差（mm）	检验方法
1	表面平整	3	用 2m 靠尺和楔形塞尺检查
2	立面垂直度	3.0	用垂直检测尺检查
3	阴、阳角方正	3.0	用直角检测尺检查
4	接缝高低差	1.5	用直尺和楔形塞尺检查
5	板缝宽度	1.5	用直尺测量

5.2　复合酚醛保温板涂装饰面保温系统

复合 PF 保温板（简称复合保温板），是以 PF 保温板为芯材，在其双面或单面、六面复合成无装饰性能的薄面复合 PF 保温板。

PF 保温板通过复合面层后，在具备良好热工性能，当 PF 泡沫燃烧性能为 B1 时，由于复合的作用，可提高酚醛泡板整体防火、耐温性能，更有利于预防在施工现场因焊接滴落焊渣、燃放鞭炮等因素，而造成意外火灾事故。

复合层加 PF 保温板，可提高强度、减少变形和破损可能性，运输相对方便，不易破损，并在贮存和施工期间增加泡体耐老化性能。

复合 PF 保温板与水泥基胶粘剂结合较好，施工中减少对 PF 保温板表面涂刷界面剂的工艺步骤，不但缩短施工时间，而且相互间粘合牢固，系统安全可靠。

常用是以专用高分子聚合物抹面胶浆类材料为酚醛保温板复面层，面层厚度可以调整，但复合的面层不宜过厚，宜采用薄面"皮肤性"复合。复合后成为防火、保温、弹性等功能型为一体的无机复合酚醛保温板。

复合 PF 保温板保温系统，是由复合 PF 保温板为保温层，与抹面层（锚固件）和涂装饰面（饰面砂浆、柔性饰面块材）等共同构成保温构造。

该复合 PF 保温系统适用我国各个地区的多层、高层的新建建筑及既有建筑节能改造项目的外墙外保温工程。

复合 PF 保温板涂装饰面外墙外保温系统基本构造，见表 5-5。

表 5-5 基 本 结 构

						保 温 结 构	
基层墙体（1）	胶粘剂层（2）	PF 保温层（3）	玻纤网布（4）	抹面层（5）	涂装饰面层（6）	锚栓（7）	
混凝土墙或砌体墙；必要时，在基层用 1∶2 水泥砂浆找平	专用无机胶粘剂	复合 PF 保温板	耐碱玻纤网格布	聚合物抗裂砂浆或抹面胶浆复合耐碱玻纤网格布	涂料、或饰面砂浆、或柔性饰面砖	塑料锚栓	

5.2.1 施工准备

1. 施工准备同 5.1.1 条。

2. PF 保温板通常规格宜为 600mm×900mm，为防止复合后的 PF 保温板出现变形，生产后应在 15℃以上且无阳光暴晒条件下，达到不低于 3 天熟（陈）化时间，防止复合层出现裂纹，使复合 PF 保温板整体达到稳定后方可使用。

3. 复合 PF 保温板技术性能，见表 3-2。

4. 复合 PF 保温板尺寸允许偏差，见表 5-6。

表 5-6　复合 PF 保温板的尺寸允许偏差

项　目		允许偏差	试验方法
厚度，mm	≤50	+1.5	GB/T 6342
	>50	+2.0	
长度/宽度，mm	≤900	±3.0	
对角线差，mm		±3.0	
板边平直，mm		±2.0	
板面平整度，mm		±1.5	

5. 根据墙体材料类型选用，锚栓长度：有效锚固深度＋找平层厚度＋原有抹灰砂浆厚度（若有）＋胶粘剂厚度＋复合 PF 保温板厚度。

6. 保温系统应用的其他材料性能，见 3.1 条中有关具体要求。

5.2.2 施工工艺流程

复合 PF 保温板涂装饰面保温系统施工工艺流程如图 5-14 所示。

5.2.3 操作工艺要点

1. 粘贴复合 PF 保温板的基层比粘贴 PF 保温板要求相对严格，严格控制吊垂线准确性，施工前必须保证基层平整度，避免因相邻保温板粘贴高低位差较大而用聚合物粘结胶浆找平。

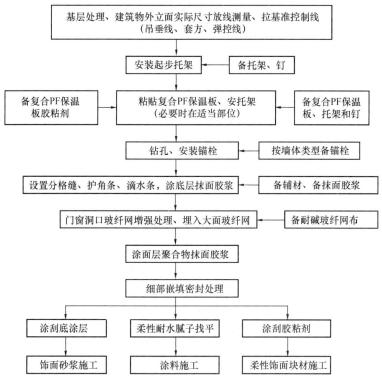

图 5-14　施工工艺流程

（1）根据建筑立面设计和外墙保温工程的技术要求，在墙面弹出外门窗水平、垂直及伸缩缝、装饰缝线。

（2）在建筑物外墙阴阳角及其他必要处挂出垂直基准控制线，每个楼层适当位置挂水平线，以控制保温板粘贴的垂直度和平整度。

墙面应清理干净无浮灰、油污等妨碍粘结的附着物。在基层墙体验收合格后，抹水泥砂浆找平层。找平层抹灰应分层进行，一次抹灰厚度不宜超过 10mm。用 2m 检测尺检查，最大偏差应小于 4mm，超差部分应剔凿修补平整。

（3）复合 PF 保温板已有面层，当粘贴出现板面高低差时，板面不能打磨找平，粘贴必须保证基层墙体有更好的平整度，以便在粘贴时能严格控制相邻保温板粘贴高低位差，控制因板面不平而进行打磨的工序，施工中还应注意控制聚合物粘结胶浆稠度和固化时间。

2. 复合 PF 保温板粘贴后，锚栓应根据设计要求的位置（锚栓布置的位置及数量见图 5-15）用电锤（冲击钻）先打孔、上套管（稍露），抹底层聚合物抗裂砂浆粘贴玻纤网后钉圆盘对玻纤网进行锚固。

3. 细部节点部位翻包。

在板面玻纤网铺贴前，在勒脚或变形缝等难以施工部位进行翻包。可先将玻纤网布粘结于基层墙体，再翻包到复合 PF 保温板上（玻纤网格布先置长度及翻包搭接长度均应大于 100mm），然后在其上面再铺玻纤网布。

在基层表面抹不小于 100mm 宽度，厚度 2mm 的粘结胶浆，将窄幅（100mm）网格布的一端压入胶粘剂内，余下的另一端甩出备用，待保温板粘结牢固后，在翻包部位保温板的

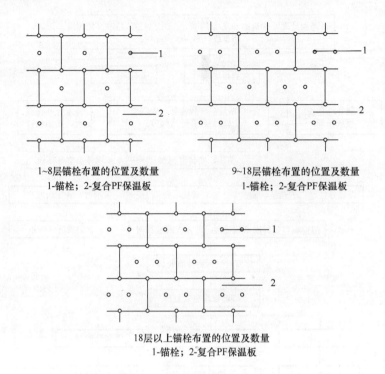

1~8层锚栓布置的位置及数量
1-锚栓；2-复合PF保温板

9~18层锚栓布置的位置及数量
1-锚栓；2-复合PF保温板

18层以上锚栓布置的位置及数量
1-锚栓；2-复合PF保温板

图 5-15　锚栓布置的位置及数量

正面和侧面抹上抹面胶浆，将甩出的窄幅（宽度 100mm）网布沿板厚翻包，并压入抹面胶浆内。之后，做面层网格布铺贴。细部节点部位玻纤网翻包如图 5-16～图 5-18 所示。

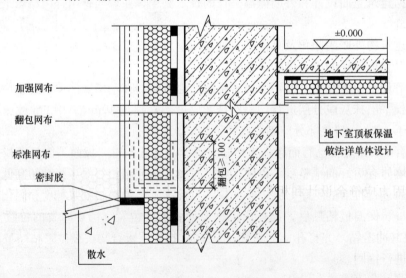

图 5-16　有地下室勒脚部位外保温构造示意图

4. 在建筑物檐口、女儿墙部位采用复合 PF 保温板全包覆做法，以防止产生热桥。当有檐沟时，应保证檐沟混凝土顶面有不小于 20mm 厚度 PF 板保温层，如图 5-19 所示。

5. 在阴阳角处玻纤网布翻包与门窗洞口玻纤网布增强、嵌缝，以及 PF 保温板粘贴、抹防护层、饰面施工等，同 5.1.2 条中有关操作方法。

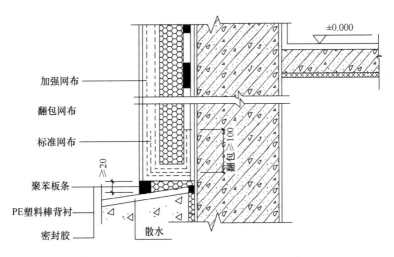

图 5-17　无地下室勒脚部位外保温构造示意图

5.2.4　工程质量要求

1. 主控项目

（1）外墙外保温系统性能及所用材料的品种、规格、性能必须符合设计要求和相关标准要求。

检查方法：检查系统形式检验报告和材料的产品合格证，现场抽样复验报告。

（2）复合 PF 保温板必须粘结牢固，无松动和虚粘现象。粘结面积不应小于板面积的 60%，粘结强度不小于 0.08MPa。

检查方法：现场实测基层墙体粘贴复合 PF 保温板样板的粘结强度。

（3）锚固件数量、锚固位置、锚固深度和锚固力应符合设计和相关标准要求，并做锚固力现场拉拔试验。

检查方法：观察检查，卸下锚固件，实测锚固深度。做现场拉拔测试，检查隐蔽工程验收报告试验报告。

（4）抹面胶浆与复合 PF 保温板必须粘结牢固，无脱层、空鼓，面层无裂缝。

检查方法：用小锤轻击和观察检查。

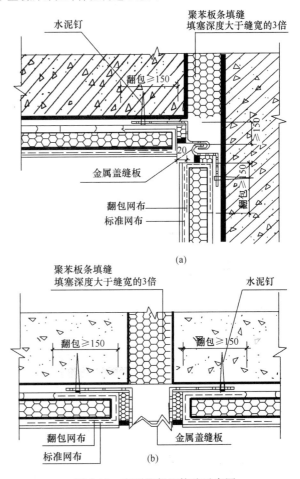

（a）

（b）

图 5-18　变形缝保温构造示意图

注：1. 变形缝处应填充泡沫塑料，填塞深度应大于缝宽的 3 倍，且不小于墙体厚度。

2. 金属盖缝板宜采用铝板或不锈钢板。

3. 变形缝处应做包边处理，包边宽度不得小于 100mm。

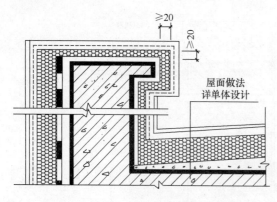

图 5-19 檐口、女儿墙保温构造示意图

（5）外墙热桥部位，应按照设计要求和施工方案采取隔断热桥和保温措施。

检查方法：检查隐蔽工程验收记录，观察检查，每个检验批的每种热桥部位抽查20%。

2. 一般项目

（1）复合PF保温板安装应上下错缝，各板间应挤紧拼严，拼缝平整，碰头缝不得抹胶粘剂。

检查方法：观察；手摸检查。

（2）玻纤网格布应铺压严实，包覆于抹面胶浆中，不得有空鼓、褶皱、翘曲、外露等现象，搭接长度必须符合规定要求。加强部位的增强网做法应符合设计要求。

检查方法：观察；检查隐蔽工程验收记录。

（3）复合PF保温板安装允许偏差和检验方法应符合表5-7要求。

表 5-7　安装允许偏差和检验方法

项　　目	允许偏差（mm）	检验方法
表面平整	5	用2m靠尺和楔形塞尺检查
立面垂直	5	用2m垂直检查尺检查
阴、阳角垂直	5	用2m托线板检查
阳角方正	5	用200mm方尺检查

（4）外墙外保温墙体的允许偏差和检验方法应符合表5-8要求。

表 5-8　外墙外保温墙体的允许偏差和检验方法

项　　目	允许偏差（mm）	检验方法
表面平整	4	用2m靠尺和楔形塞尺检查
立面垂直	5	用2m垂直检查尺检查
阴、阳角垂直	4	用2m托线板检查
分格缝（装饰线）直线度	3	拉5m线，不足5m拉通线，用钢直尺检查

5.2.5　保温工程质量缺陷原因与防治措施

参见5.6条中保温工程质量缺陷原因与防治措施。

5.3　粘锚装饰复合酚醛保温板保温系统

保温装饰复合板，可有效提高板材的尺寸稳定性、安全性、阻燃性能，装饰丰富、饰面高雅；提高保温装饰的品质，材料质量和保温效果相对稳定。

酚醛保温装饰复合板（块）粘贴固定后，再将饰面板缝间密封，最终构成具有保温、防水和装饰的一体化系统。在板与板之间缝隙嵌填并密封处理，能使应力释放充分，可有效控制裂缝，延长该保温系统使用寿命。

酚醛保温装饰复合板（块）装饰丰富、保温效果好，提高保温装饰的品质，特别在多层或高层中高档建筑的外墙保温装饰进行广泛选择。

现场施工建筑垃圾少，现场整洁、不污染环境。安装工序方便、快速，施工受环境因素影响小，全过程安装一次成形，工程质量容易控制。

粘贴保温装饰复合板保温系统，广泛适用于新建、扩建、改建和既有建筑的各类气候区多样化墙体结构保温，如钢筋混凝土、混凝土空心砌块、页岩陶粒砌块、烧结普通砖、烧结多孔砖、灰砂砖和炉渣砖等材料构成的外墙保温工程，适用于抗震设防烈度≤8度的地区。

在施工时，对墙体平整度，以及安装调整板面平整度、嵌缝密封要求相对严格。粘（锚）贴保温装饰复合板保温系统由基层找平层、粘结层（锚栓辅助固定）、保温装饰复合板构成，基本构造如图5-20所示。

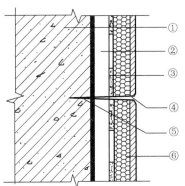

图5-20 保温装饰系统基本构造示意

① 基层；② 找平层；③ 粘结砂浆；
④ 硅酮建筑密封胶；⑤ 锚固件；
⑥ 保温装饰复合板

5.3.1 施工准备

1. 施工前，主体结构（钢筋混凝土结构、砖混结构）、外围护墙和外门窗洞口施工经验收合格。外门窗框与墙体密封固定、施工作业架安装到位。

2. 基层平整度偏差大于10mm的部位应修整找平。清理基层浮尘、滴浆、油污、空鼓等，必要时还应涂刷界面剂。空鼓、开裂面积小于0.1mm×0.1m时，应进行找平处理，当空鼓、开裂面积大于0.1mm×0.1m时，应剔除后再用水泥砂浆找平。

3. 按5.1.1条要求做好施工准备。

5.3.2 施工工艺流程

根据不同的墙面和保温装饰复合饰面板类型、特点，可构成多种粘贴方法。如采用湿贴（满粘、条粘、点框粘）板（块）、挂贴粘、点扣粘（主连接）等，并采用尼龙胀钉锚固或钉扣式、穿透式、搭接式、角片式、挂勾式等辅助连接措施。

保温装饰复合饰面板采用无接缝连接时，其对接处宜采用L形隼连接方式，当采用有接缝连接时，板缝宜采用单组分聚氨酯发泡填缝剂填缝，外口设置背衬材料，并用建筑耐候密封胶嵌缝密封。共同构成多保险的固定施工方式。

施工工艺流程如图5-21所示。

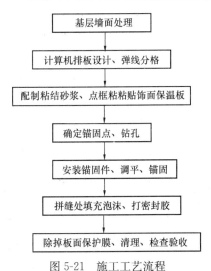

图5-21 施工工艺流程

基层墙面处理

计算机排板设计、弹线分格

配制粘结砂浆、点框粘粘贴饰面保温板

确定锚固点、钻孔

安装锚固件、调平、锚固

拼缝处填充泡沫、打密封胶

除掉板面保护膜、清理、检查验收

5.3.3 操作工艺要点

1. 根据施工方案、排板图和用吊线的方法，施工前应弹出门窗水平线、垂直控制线，外墙大角挂垂直基准线、楼层水平控制线。用吊线方法保证立面垂直，用拉线方法保证平面平整。

按生产单位提供说明书，用胶粘剂和机械固定件，逐次将保温装饰复合板粘贴、锚固在基层上。

2. 粘贴保温装饰复合饰面板。

（1）用拌好的胶粘剂，在板背面涂粘结胶，粘结层厚度不应小于 3mm。金属板饰面的有效粘结面积不应小于板面积 50%；非金属饰面的有效粘结面积不应小于板面积 70%。

（2）安装保温装饰复合板应从外墙的左下角或右上角开始，并按水平（水平方向应从阳角处向两侧粘贴）和垂直方向自下向上依次排列粘贴安装。

（3）安装带翼的装饰保温板时，应将其边翼上有缺口的一个角置于右上方，上块板的下边翼应压在下块板的上边翼上，右板的左边翼应压在左板的右边翼上。

（4）阳角应采用专用阳角板，且在阳角处不得有竖缝；阴角可采用平直板，其水平层应顶接，上下层应错位压缝顶接安装。板的水平接缝应平直，相邻上、下竖缝错 1/2 板长。按设计防火隔离带部位安装，防火隔离带应与保温装饰复合板同步施工。

（5）粘贴、锚固保温装饰复合板时，应轻柔均匀挤压，可轻轻敲击板面，使其达到平整。安装时随时用 2m 靠尺检查、校核其平整度和垂直度，并逐行逐列检查板缝的水平和垂直，使之横平、竖直，且缝宽均匀，超差≥2mm 应重新粘贴，确认合格后再将机械固定件固定。

（6）在门窗洞口处，应采用整块板裁切后置于四角，拼缝不应正对门窗洞口边沿。拼缝离窗角的最小尺寸应≥200mm。

（7）在强度等级不低于 C20 的混凝土墙体或强度等级不小于 MU10 的实心砌体的多层建筑外墙上，单独采用机械固定件安装金属饰面保温装饰复合板时，机械固定件的间距不应大于 400mm。

（8）按设计部位安装排气孔。

3. 安装锚栓（固定件）。

（1）按保温板上预留固件安装尺寸位置弹线确定锚固件孔后，按固件孔位置钻孔到足够深度。

机械固定件在基层中的有效锚固深度不应小于 50mm（要求钻孔深度应大于锚固深度 5～10mm）；机械固定件应沿板边布置，其间距不应大于 500mm，且不宜小于 250mm；锚固点距板角不应小于 100mm；阳角处的锚固点距墙端不应小于 200mm；锚固点应设在胶粘剂条或胶粘剂点上。

（2）应根据不同墙体类型选用对应锚固件，当外墙为空心块材墙体时，应选用拧入回拉打结型机械固定件，当外墙为实心块材砌体时可选用拧入回拉打结型或打入膨胀型机械固定件。

1）采用锚粘方式安装保温装饰复合板时，安装金属板饰面的保温装饰复合板的机械锚固件的直径不应小于 6mm；安装非金属板饰面的保温装饰复合板的机械锚固件的直径不宜小于 8mm。

2）采用机械固定件安装保温装饰复合板时，混凝土墙体的厚度不应小于 100mm；混凝土小型空心砌块墙体的厚度不应小于 190mm；各类砖砌墙体的厚度不应小于 240mm。

（3）将锚栓的压片插入保温板预留槽中，或将保温装饰复合板饰面层上与膨胀锚栓连

102

接，严禁膨胀锚栓在保温层上连接。

在粘贴 24h 后将螺丝钉穿过压片固定于胀管中，板的每边均应有机械固定件做辅助锚固，且每边不得少于 1 个，如图 5-22 所示。

4. 细部节点处理。

在保温装饰复合板阴阳角对接缝应涂柔性胶粘剂，做好檐口、勒脚、装饰线、设备安装孔、槽、门窗口等节点密封防水。

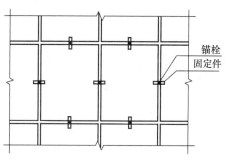

图 5-22　锚固件示意图

（1）保温装饰复合板缝和结构变形缝密封处理。

1）结构变形缝应填充泡沫塑料，填塞深度应大于缝宽的 3 倍。嵌缝应分两次勾填密封胶，根据宽度和位置设置金属盖板，宜采用不锈钢或铝板，用射钉或螺丝紧固并密封。如图 5-23 所示。

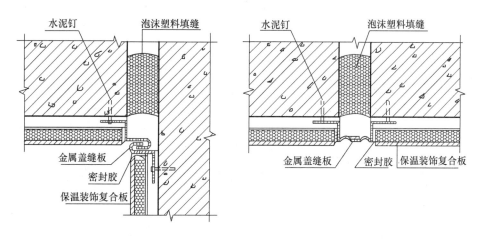

图 5-23　变形缝保温、密封构造示意

2）板缝处理应在板材粘贴 24h 后进行。板缝外口设置背衬材，可用单组分聚氨酯泡沫填缝剂灌缝，也可采用直径或宽度为缝宽的 1.3 倍聚苯乙烯泡沫条进行嵌缝，嵌缝处理后宜低于表面 5mm，以便在其外表面勾填硅酮建筑密封胶。

（2）在需防水的阳台和露台，应待防水工程完成后再粘贴保温装饰复合板。阳台翻梁部位阳角板的端部应做成鹰嘴作为滴水线。

（3）勒脚部位外保温与室外地面散水之间应预留不小于 20mm 缝隙，在保温板粘贴 24h 后，缝隙内宜用单组分聚氨酯发泡剂进行填缝，外口应设置背衬材料，并用建筑耐候密封胶嵌缝密封，如图 5-24 所示。

（4）在檐口、女儿墙部位应采用保温层全包覆做法，且应保证檐沟混凝土顶面有不小于 20mm 厚的保温层，以防止产生热桥。

女儿墙压顶保温板应盖住内外侧保温板，交接部位应密封防水，如图 5-25 所示。女儿墙及其他外挑的混凝土构件应做保温，与墙体、屋顶相接处的保温层应结合紧密，女儿墙顶部基层必须留有不小于 5% 坡度泛水，按设计要求做好密封和防水、排水处理。

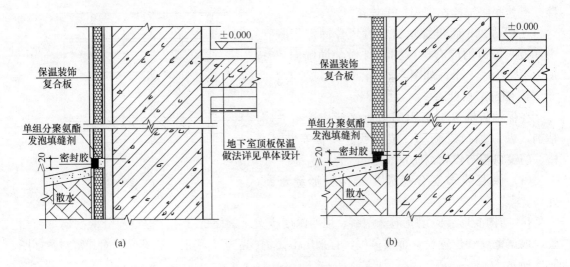

图 5-24　勒脚部位构造示意

(a) 有地下室；(b) 无地下室

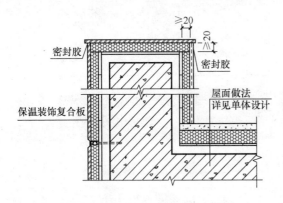

图 5-25　檐口、女儿墙保温构造示意

（5）门窗洞口侧墙、封闭阳台。窗台应有不小于 5％坡度泛水，滴水线宜采用鹰嘴。窗台及窗边采用满粘且应做到门窗副框。窗台保温板与墙面板阴角处应密封，如图 5-26 所示。

（6）防水、嵌缝密封处理。在板缝内嵌填酚醛泡沫条或嵌填聚乙烯圆棒嵌缝后，应在其缝口部位预留不小于 5mm 深度的预留孔。在预留孔两侧弹线、贴美纹纸，将预留孔用密封胶勾缝封严，避免在板缝间产生热桥、渗水。

密封胶密封必须达到饱满、平滑顺直、连续、无气泡，且宽度和厚度应满足设计要求，施工完毕后将美纹纸撕掉。

（7）排气塞安装。待密封胶完成 24h 后，在十字交叉处或板缝中间按 3～5m² 间距钻 1 个排湿孔，安装排气塞。在孔内和排气塞四周用密封胶后嵌入孔中即可（将排气孔朝下，防止灌进雨水）。

（8）揭保护膜。揭保护膜应在贴板结束一个月内进行，以免揭膜困难。清洁板面应在撤架前进行。

（9）成品保护。外保温系统施工完成后，应做好成品保护：

1）防止施工污染；

2）拆卸脚手架或升降外挂架时，注意保护墙面免受碰撞；

3）严禁踩踏窗台、线脚；

4）发现有损坏部位应及时修补。

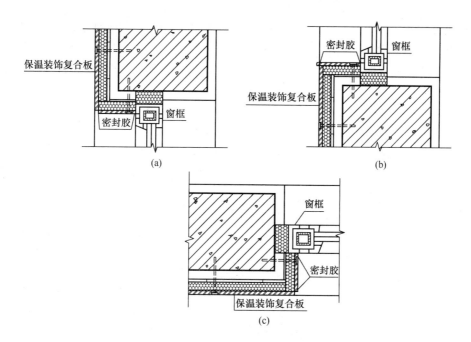

图 5-26　门窗洞口构造示意

（a）门窗洞口顶构造；（b）窗台构造；（c）门窗洞口侧边构造

5.3.4　工程质量要求

1. 主控项目

（1）保温装饰复合板外墙外保温系统及材料的导热系数、表观密度、压缩强度、燃烧性能、构件（锚栓）应符合设计要求和相关标准规定。

检查方法：检查系统的形式检验报告、材料检验报告、材料进场复检报告。

（2）保温装饰复合板与基层有效粘结面积不得小于板材面积的 60%，建筑高度在 60m 以上时，有效粘结面积不得小于板材面积的 65%，应达到设计要求。

检查方法：测量检查。

（3）保温装饰复合板外墙外保温系统的上、下及侧边封口、门窗洞口、阴阳角、檐口、勒脚、女儿墙、变形缝构造符合设计要求。

检查方法：观察检查和检查隐蔽工程验收记录和施工记录。

（4）保温层厚度必须符合设计要求。

检查方法：检查产品合格证书、出厂检验报告、进场验收记录和复验报告。

（5）女儿墙顶排水坡度、窗台坡度泛水和滴水线应符合设计要求。饰面层、勾缝处不得有渗漏。

检查方法：观察检查。

2. 一般项目

（1）进场材料的包装应完整无破损，符合设计要求和产品标准的规定。保温装饰复合板的表面应平整、洁净、色泽一致，不应有肉眼可察觉的变形、波纹或局部压砸破损等缺陷。

检查方法：观察检查。

（2）保温装饰复合板的接缝缝隙应横平竖直，缝宽应均匀，并应符合设计要求。

检查方法：观察检查、尺量检查。

（3）施工产生的墙体缺陷应按照施工方案采取隔断热桥处理，不得影响墙体热工性能。

检查方法：观察检查和检查隐蔽工程验收记录。

（4）保温系统中锚固件数量、位置、规格、连接方式必须符合设计要求。

检查方法：观察检查和检查隐蔽工程验收记录。

（5）保温装饰板接缝应平整严密。保温装饰板安装的立面垂直度、表面平整度、阴阳角方正、接缝高低差的允许偏差应符合设计要求。保温装饰复合板安装允许偏差和检验方法，见表5-9。

表 5-9　保温装饰复合板安装允许偏差和检验方法

项　　次	项　　目		允许偏差（mm）	检验方法
1	表面平整		4	用2m靠尺和楔形塞尺检查
2	外表面平整度	宽度≤20m	≤5	用激光仪测量
		宽度≤40m	≤7	
		宽度≤60m	≤9	
		宽度>60m	≤10	
3	阴、阳角垂直度		2	用2m托线板检查
4	阴、阳角方正度		2	用方尺和楔形塞尺检查
5	接缝高差		2	用方尺和楔形塞尺检查

5.3.5　保温工程质量缺陷原因与防治措施

1. 保温装饰复合板自身出现空鼓、开裂原因与防治措施

（1）保温装饰复合板自身出现空鼓、开裂可能原因

1）以热固型保温材料为保温层的保温装饰复合板，生产中主要利用保温液料的化学极性与面材复合，当保温材料已接近凝胶时与板复合，或板材面潮湿，没有充分利用保温材料的化学极性（即粘结性），粘结不牢。

2）板材表面湿度超标，在保温材料与板材间产生气体，降低复合强度。

（2）防治措施

1）在生产线上，生产保温装饰复合板时，应保证保温材料与板复合同步进行。

2）应选择适用的装饰面板与保温材料复合。面材应干燥、麻面或其他易复合表面，必要时预先涂界面剂。

3）下线的保温装饰复合板必须有足够陈化时间。

2. 保温装饰复合板安装后出现空鼓、开裂原因及防治

（1）原因分析

1）强力打入锚栓，形成无效连接。

2）保温装饰复合板系统为单板固定（无抹面层），整体性不好。

3）固定件没有固定在装饰面板上，日久受自然环境影响而发生变形。

4）保温装饰复合板内气体膨胀，没有达到陈化期。往往安装保温装饰复合板后，在阳面出现空鼓、开裂现象比阴面严重。

（2）防治措施

1）防止温度应力或其他因素造成饰面板与保温板脱层空鼓，应保证装饰面板与保温层粘结牢固。

2）保温装饰复合板不能打磨，要求保温装饰复合板与基层墙体接触的表面平整度高，粘贴注意控制粘结砂浆厚度，应达到可靠粘结。

3）保温装饰复合板系统为单板固定（无抹面层），整体性不好。为保证安全，应考虑以下问题：

①粘贴采取以粘为主，粘锚结合的固定方式，固定件应固定在装饰面板上；

②限制保温装饰复合板单位面积质量和单板尺寸，单位面积质量≤20kg/m²。

4）安装过程中要确保安装牢靠，并消除温度应力。

5）采用机械件连接时，复合板的连接件不可直接固定于保温材料上。

6）利用龙骨安装时要进行断热桥处理，并采取有效防火隔断避免烟囱效应。

7）采用粘锚结合的方式要保证有效粘贴面积≥40%；板材拼缝处理应确保密封质量。

8）保温装饰复合板外保温系统属中高档产品，表面平整度、垂直度应满足高级装修要求；嵌缝密封应严格仔细，板缝密封胶老化后易发生雨水渗漏问题。

9）粘贴在基层墙体上宜先做防水找平层，防火安全性需进行试验论证。

10）锚栓不得强力打入，应通过钻孔后再根据墙体和锚栓类型旋入或打入锚栓，使其必须达到有效连接。

11）保温装饰复合板与基层墙体之间不得有竖向非闭合空腔，以增加防火性能。按设计要求每隔三层楼高或在保温系统的最顶部位设小排气孔。

如根据实际情况设置连通板材与基墙间隙和外部的透气构造。宜每隔3m在墙体挑沿下部用一段铝塑管弯成倒U形（或其他措施），一端与保温空气间隔层连通，一端与大气连通，起到安全阀的作用，可自行调整内外压力差，对防止气体膨胀、避免保温层起鼓有一定作用。

12）保温装饰复合板生产后，在工厂必须达到足够陈化期后方可使用。

5.4　粘贴复合酚醛保温板幕墙墙体保温系统

该系统可分别应用粘贴PF保温裸板和粘贴复合PF保温板施工方法。粘贴施工技术，可参考本章中PF保温裸板和粘贴复合PF保温板系统中操作要点。其中，粘贴复合PF保温板幕墙墙体保温系统，以块材幕墙为饰面的复合PF保温板外墙外保温系统由基层墙体、找平层、粘结层、复合PF保温板、抹面胶浆层（内嵌耐碱玻纤网布增强）和承力结构（龙骨、挂件）、块材幕墙饰面层等构成，也可用于石材幕墙饰面构造保温。

5.4.1　基本构造

复合PF保温板用于非透明幕墙构造薄抹灰外墙外保温系统基本构造，见表5-10。

表 5-10　非透明幕墙构造复合 PF 保温板薄抹灰外墙外保温系统基本构造

基层①	找平层②	薄抹灰外保温系统			幕　墙			构造示意图	
		粘结层③	保温层④	抹面层⑤	承力结构		饰面层⑧		
					⑥	⑦			
混凝土墙、砌体墙	水泥抹灰砂浆	胶粘剂	复合PF保温板	抹面胶浆复合耐碱玻纤网格布	立柱	横梁	非透明幕墙饰面板	立剖图	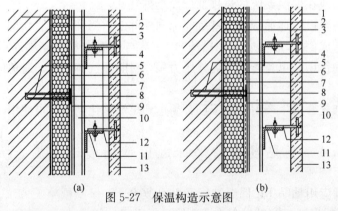
								平剖图	

　　块材幕墙 PF 板保温，可分别采用复合 PF 板和 PF 板为保温层，并用粘锚方式固定在基层墙体，其构造做法如图 5-27 所示。

图 5-27　保温构造示意图

(a) 复合 PF 保温板为保温层　　　　　　　　　(b) PF 保温板为保温层

1—基层墙体；2—水泥砂浆找平层；3—专用界面胶粘剂；4—复合 PF 板；5—锚栓（打孔、上套管、稍露）；6—底层抗裂砂浆（接缝处）；7—网格布（接缝处）；8—锚栓（钉圆盘）；9—面层抗裂砂浆（接缝处）；10—竖向龙骨；11—横向龙骨；12—挂件；13—块材幕墙饰面

1—基层墙体；2—水泥砂浆找平层；3—专用界面胶粘剂；4—PF 板；5—锚栓（打孔、上套管、稍露）；6—底层抗裂砂浆；7—网格布，满铺；8—锚栓（钉圆盘）；9—面层抗裂砂浆；10—竖向龙骨；11—横向龙骨；12—挂件；13—块材幕墙饰面

　　石材幕墙构造用复合 PF 保温板的细部节点，如图 5-28、图 5-29 所示。

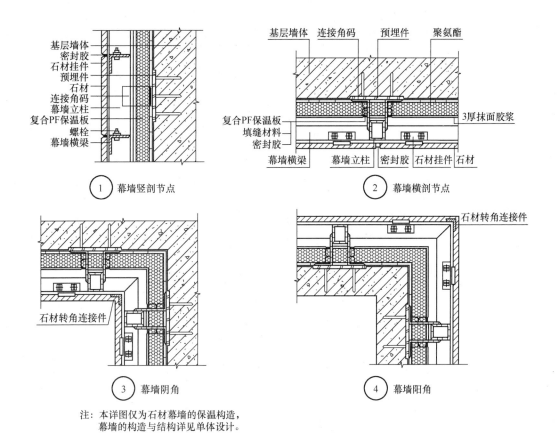

图 5-28　石材幕墙保温构造、幕墙阴角及阳角保温构造

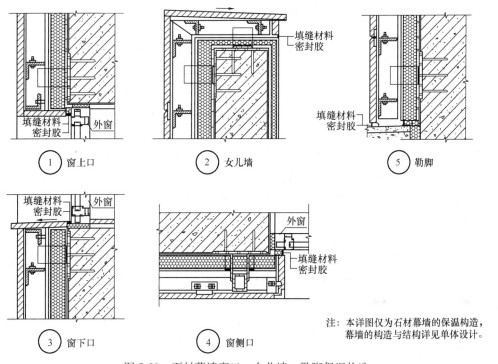

图 5-29　石材幕墙窗口、女儿墙、勒脚保温构造

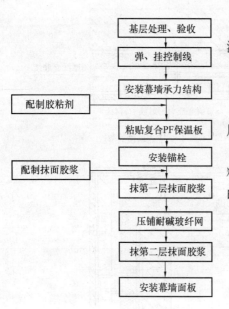

图 5-30　施工工艺流程

流程图内容：

基层处理、验收 → 弹、挂控制线 → 安装幕墙承力结构 → 粘贴复合PF保温板 → 安装锚栓 → 抹第一层抹面胶浆 → 压铺耐碱玻纤网 → 抹第二层抹面胶浆 → 安装幕墙面板

配制胶粘剂 → 粘贴复合PF保温板

配制抹面胶浆 → 抹第一层抹面胶浆

5.4.2　施工工艺流程

非透明幕墙构造复合 PF 保温板薄抹灰外墙外保温系统施工工艺流程如图 5-30 所示。

5.4.3　操作工艺要点

1. 保温系统的施工不得损伤幕墙结构和幕墙金属构架的防锈层。

2. 在抹面层内铺设单层 $160g/m^2$ 耐碱玻纤网，粘贴复合保温板与抹面层施工同 5.2.3 条中有关操作的要求。

5.4.4　工程质量要求

参见 5.2.4 条、5.3.4 条工程质量的要求。

5.4.5　工程质量缺陷原因及防治措施

参见 5.6 条中有关工程质量缺陷原因及防治措施的内容。

5.5　粘贴复合酚醛防火块保温系统

复合酚醛防火块，由专用酚醛树脂与膨胀珍珠岩、玻化微珠和发泡陶瓷等无机多孔原料复合制成金砂状外观的酚醛防火保温块（或板）。

复合酚醛防火块墙体防火保温系统的建筑，要求砖砌体墙、砌块砌体墙和混凝土墙分别不宜小于 240mm、190mm 和 120mm，基层墙体宜采用强度等级不低于 M5 的水泥砂浆或专用砂浆找平，其厚度宜为 12～20mm。

在粘贴（或贴砌）复合酚醛防火保温块墙体防火保温系统中，保温板可采用粘、锚、托"三结合"的固定方式，安装于外墙外侧。

粘贴复合酚醛防火块保温系统基本构造，由托架、粘结层、保温层（复合酚醛防火块）、锚栓、底层抹面胶浆、玻纤网、面层抹面胶浆和饰面层构成。

该系统采用不燃的复合酚醛保温板块为保温层，构成墙体防火保温系统，可用于多层、高层和超高层的各类建筑外围护保温系统。

5.5.1　外保温系统与材料性能

1. 复合酚醛防火保温块外保温系统性能，见表 5-11。

2. 材料质量要求。

（1）复合酚醛防火保温块的性能指标（Q/HWE 03—2014），见表 5-12。

（2）常用复合酚醛防火保温块的规格有 300mm×600mm、600mm×600mm，复合酚醛防火保温块的尺寸允许偏差，见表 5-13。

表 5-11　复合酚醛防火保温块保温系统性能

项　目		单　位	性能要求	
			涂料饰面	面砖饰面
耐候性	外　观	—	无可见裂缝，无粉化、空鼓、剥落现象	
	抹面层与保温层拉伸粘结强度	MPa	≥0.10	≥0.10
	面砖与抹面层拉伸粘结强度		—	≥0.40
吸水量/（1h）		g/m²	≤500	≤500
抗冲击性	二层及以上部位	J	≥3.0	
	首层部位		≥10.0	
水蒸气渗透过湿流密度		g/（m²·h）	≥0.85	≥0.85
耐冻融性能/30 次冻融循环	外　观	—	无可见裂缝，无粉化、空鼓、剥落现象	
	抹面层与保温层拉伸粘结强度	MPa	≥0.10	≥0.10
	面砖与抹面层拉伸粘结强度		—	≥0.40
不透水性，2h		—	试样防护层内侧无水渗透	
抗风压性			无裂缝、分层、脱开、剥落现象	
燃烧性能等级		级	A	

表 5-12　复合 PF 保温块物理力学性能

项　目	单　位	指　标
表观密度	kg/m³	≤300
导热系数	W/（m·K）	≤0.06
压缩强度	MPa	≥0.3
尺寸稳定性（70℃±2℃，7d）	%	≤1.0
垂直板面方向的抗拉强度	MPa	≥0.2
pH 值		≥6.5
水蒸气透湿系数	ng/（m·s·Pa）	≤8
吸水率	%（V/V）	≤1
甲醛释放量	mg/L	≤0.3
燃烧性能分级	级	A

注：表中甲醛释放量指标对于复合 PF 保温板外墙内保温系统有要求，外保温系统无此要求。

表 5-13　防火保温块规格和尺寸允许偏差

项目	单位	指标	允许偏差
长	mm	≤600	±3.0
宽	mm	≤300	+2.0
厚	mm	计算确定	+0.0　−2.0

（3）复合酚醛防火保温块用胶粘剂性能指标，除应符合现行行业标准《墙体保温用膨胀聚苯乙烯板胶粘剂》JC/T 992—2006 规定外，还应符合表 5-14 要求。

表 5-14 胶粘剂性能指标

项　　目			指　标	试验方法
可操作时间（h）			1.5～4.0	JGJ 144
拉伸粘结强度，MPa（与水泥砂浆 14d）		原强度	≥0.60	
	耐水强度	浸水 2d，干燥 2h	≥0.30	
		浸水 2d，干燥 7h	≥0.30	
拉伸粘结强度，MPa（与防火保温板、块）		原强度	≥0.10	
	耐水强度	浸水 2d，干燥 2h	≥0.08	
		浸水 2d，干燥 7h	≥0.10	

5.5.2 施工工艺流程

复合酚醛防火保温块涂装饰面保温系统施工工艺流程，如图 5-31 所示。

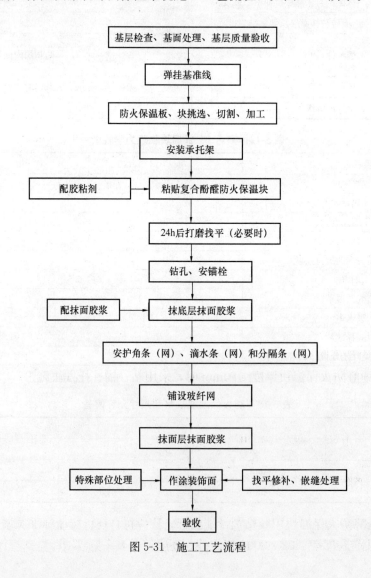

图 5-31 施工工艺流程

5.5.3 操作工艺要点

1. 墙体基层处理

（1）彻底清除基层表面浮灰、砂粒、油污、脱模剂、空鼓及风化物等，达到坚实、平整。

（2）基层墙体为淤泥烧结砖、烧结尾矿砖等砌体时，墙体可不做界面处理，外侧应设置防水砂浆找平层；当基层墙体为混凝土，基层光滑，墙面应先涂刷界面砂浆，然后作水泥砂浆找平层；当基层墙体为加气混凝土砌块或外墙板时，其表面应涂刷界面砂浆，然后粉刷专用抹面砂浆。基层墙体处理后的墙面平整度、垂直度达到保温层施工要求。

（3）粘贴复合酚醛防火保温块时，经整体找平处理后的基层墙体表面含水率不宜大于8%。

2. 复合酚醛防火保温块保温系统各层厚度

保温系统各层厚度限值，参见表5-15。

表5-15　各层厚度限值（mm）

项目	基层墙体找平层（水泥砂浆，M5）	粘结层	保温层	防护层		
				涂装饰面		面砖饰面
				二层及以上	首层	
厚度	12～15	3～5	计算确定，且不大于150	3～5	6～8	13～15

3. 安设托架

（1）复合酚醛防火保温块相对密度较大，一般在各层楼标高处设置托（支）架，而且宜设置在保温板接缝处，使托架两边与保温板的搭接长度宜为100mm。控制底层托架距室外地面的高度宜为100mm。

（2）安装托架时，托架设置不得跨越变形缝和分格缝；固定托架用锚栓宜采用带钢钉的高质尼龙套托架钉固定在基层墙体上，不得固定在填充墙体。当固定托架的基层墙面不平整时，应用高质尼龙片找平。

（3）锚固件插入混凝土墙体有效锚固深度不小于25mm；锚固件插入加气混凝土等轻质墙体不小于50mm。托（支）架安装固定后，其边长宜为保温板厚度的2/3。

4. 粘贴复合酚醛防火保温块

（1）复合酚醛防火保温块厚度≤80mm时，采用粘、锚、托方法施工。

1）优先选用标准板，当采用非标准板时，必须采用专用工具切割加工，切口应与板面垂直。

2）粘结保温板前，根据其规格和图纸的要求，在外墙阴阳角及其他必要处挂垂直基准线，在每个楼层适当位置挂水平线，在墙面排板，弹线。

3）复合酚醛防火保温块与基层墙体宜采用双粘法满粘；当采用点框法粘结时，粘结面积率不得小于60%。

粘结胶浆均匀地涂抹在保温板背面，尤其保温板两下角必须饱满，侧面不得涂粘结胶浆。涂胶后及时粘贴并挤压到基层墙体时，均匀施加压力，橡胶锤轻敲结合揉搓，确保粘贴保温板横平竖直满粘压实，与基层粘结牢固，表面齐平，高差不应大于1.5mm，拼缝紧密，保温板间缝隙不应大于1.0mm。

粘贴复合酚醛防火保温板应从勒脚开始，自下而上按顺砌方式粘结，竖缝错开（保温板竖缝应逐行错缝1/2板长），错缝尺寸不应小于200mm，阴阳角处应交错互锁。竖缝距外墙外侧或门窗洞口边的距离不小于200mm；变形缝处，保温板之间的间隙不应小于20mm。

4）粘贴至上部快与混凝土挑耳梁接触处，宜待已贴砌的保温块沉降基本完成、粘结保温浆料初凝和干湿收缩基本完成后再处理。

在设托（支）架或设有挑檐部位的外1/3处（内缩部位），可用无机轻质保温浆料抹到与保温板齐平。

5）在粘贴窗框四周的阳角和外墙角时，门窗洞口四角部位的保温板应采用整块板裁成"L"形进行铺贴，不得拼接。接缝距洞口四周距离应不小于100mm。

6）门窗外侧洞口四周墙体，复合酚醛防火保温块厚度不应小于20mm；门窗的收口，阳角保温板与门窗框间留6～10mm的缝，填背衬打胶密封。

7）如需打磨应在保温板粘结、静置24h后进行。打磨时不应用力挤压墙面，也不应沿着平行于接缝方向打磨，打磨后将粉尘清除干净。

（2）复合酚醛防火保温块厚度大于80mm时，采用粘、锚、托、砌方法施工。

复合酚醛防火保温块粘贴达到横平竖直，竖缝应紧密。

5. 锚固复合酚醛防火保温块

（1）在复合酚醛防火保温块粘结牢固，且粘结完成时间不少于24h后安装锚栓。在外窗阳角处、门窗洞口边应设置锚栓。

（2）采用规格为300mm×600mm保温块时，每块保温块上锚栓数量不应少于一个。当保温板（块）距室外地面高度小于等于12m时，每个标准板（块）中应设一个锚栓；当保温板（块）距室外地面高度超过12m时，每个保温板应不少于两个锚栓。

（3）锚栓间距不应小于100mm，不宜大于500mm，锚栓距保温块边或距基层墙体边的距离不宜小于100mm。

（4）锚栓进入基层墙体（不计水泥砂浆找平层）的有效锚固深度不应小于25mm，钻孔深度应超过锚固长度10mm以上。

（5）使用电钻打孔，将锚固件插入孔中并将塑料圆盘的平面拧压，锚栓安装后，塑料圆盘不应突出保温块的表面。

基层墙为空心块材砌块时，应采用拧入回拉打结型锚固；当基层墙体为实心块材砌体或混凝土墙面时，可选用敲击型锚栓，在锚固件固定时，避免损坏保温板（块）。

锚栓安装后，塑料圆盘不应突出保温板（块）的表面。

6. 抹底层抹面胶浆，安PVC护角条（网）、滴水条（网）和分隔条（网）

在抹底层（第一道）抹面胶浆完成后，安装护角条（网）和滴水条（网），最后一道抹面胶浆将护角条（网）、滴水条（网）和分隔条（网）完全覆盖。

7. 抹面层施工

（1）保温板大面积铺贴结束后，一般24～48h后进行抹面层施工。施工前对凸出保温板的部位应刮平并清理保温板表面碎屑后进行。

（2）抹面层施工时，在檐口、窗台、窗楣、雨篷、阳台、压顶以及凸出墙面的顶面做出坡度，在下面应做出滴水槽或滴水线。

（3）在建筑物首层外墙阳角部位的抹面层中设置专用护角线条增强，网格布位于护角线条的外侧；二层以上外墙阳角以及门窗外侧周边部位的抹面层中采用附加网布增强，附加网布搭接宽度不应小于 200mm；门窗外侧洞口四周应在 45°方向加贴 300mm×400mm 的标准型网布增强。

首层墙面宜采用三道抹灰法施工，第一道抹面胶浆施工后压入网布，待其稍干硬，进行第二道抹灰施工后压入加强型网布，第三道抹灰将网布完全覆盖。阴阳角耐碱玻纤网格布做法如图 5-32 所示。

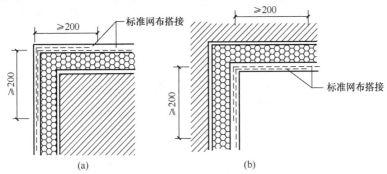

图 5-32　阴阳角耐碱玻纤网格布做法
（a）阳角做法示意图；（b）阴角做法示意图

8. 细部处理

在外保温系统的起端和终端网格布翻包。

(1) 洞口周边的保温块，不得采用边角料拼接，拼缝处距洞口边不小于 200mm。

（2）在门窗口周边，应先粘贴洞口侧面保温块，再粘贴墙面，最后施工防护层。防护层完全覆盖保温层。在窗角处应连续施工不留茬。

门窗洞口侧面保温块应贴至门窗框处，紧邻窗口顶部保温块在粘贴前做翻包处理。

在窗上口保温板和勒脚采用承托（支）架，在窗下口、窗侧口均应翻包玻纤网格布，如图 5-33 所示。

（3）外墙勒脚、女儿墙部位处理。

1）外墙勒脚部位处理。

①外墙勒脚部位外保温构造底部托架，离散水坡高度应适应建筑结构沉降而不导致外墙外保温系统损坏的要求。

②保温板（块）的下端做玻纤网翻包。

③当保温板（块）下端深至散水坡下时，散水上表面与保温板（块）外保温系统间设宽度为 20mm 的水平缝。缝内用聚苯乙烯泡沫圆棒或条填塞，在其外保温系统外侧做密封防水处理。

2）女儿墙部位处理。女儿墙应设置混凝土压顶或金属板盖板，并实施双侧保温，内侧外保温的高度距离屋面完成面不低于 300mm。女儿墙构造如图 5-34 所示。

（4）檐沟部位、基层墙体变形缝构造处理。

1）檐沟部位的上下侧面应采用保温板整体包覆，构造应按图 5-35 的要求实施。

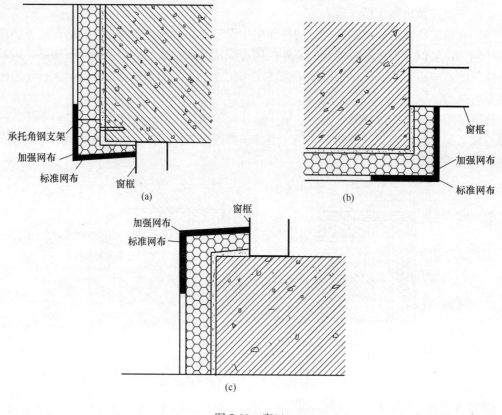

图 5-33　窗口

（a）窗上口；（b）窗侧口；（c）窗下口

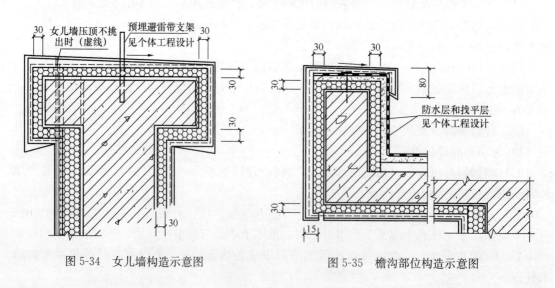

图 5-34　女儿墙构造示意图　　　　图 5-35　檐沟部位构造示意图

2）基层墙体设有变形缝时，外保温系统应在变形缝处断开，缝中可粘贴无机质保温板（d_1 为 $0.5d \sim 0.7d$）或堵塞低密度聚苯板，缝口设变形缝金属盖板，并应采取措施，防止生物侵害。变形缝的设置可按照图 5-36 的要求实施。

9. 涂料饰面施工

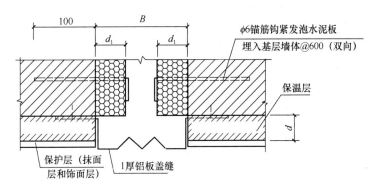

图 5-36　变形缝部位构造示意图

（1）饰面层施工从墙顶端开始，自上而下进行。

（2）在抹面层表干后，刮批柔性腻子，刮批遍数宜为二遍，做到刮批不漏底、不漏刮，不留接缝，压实磨光。

（3）在柔性腻子完全干固后作涂料饰面施工。

10. 可按相应工艺作其他饰面施工

5.5.4　工程质量要求

1. 主控项目

（1）保温工程所用材料，其品种、规格、性能应符合设计和有关标准的规定。

检查数量：按进场批次，每批随机抽取 3 个试样进行检查；质量证明文件应按照其出厂检验批进行核查。

检验方法：观察、尺量检查；核查质量证明文件。

（2）保温工程各层构造应按相关规程和设计要求，并应按经过审批的施工方案施工。

检查数量：全数检查。

检验方法：对照设计和施工方案观察检查；核查隐蔽工程验收记录。

（3）保温块与基层及各构造层之间应粘结牢固，无空鼓、无脱落、面层无爆灰和裂缝，粘结强度必须符合设计要求。

检查数量：每个检验批抽查不少于 3 处。

检验方法：观察检查；用小锤轻击、手扳检查；粘接强度核查试验报告。

（4）锚栓数量、位置、锚固深度和拉拔力符合设计要求。

检查数量：每个检验批抽查不少于 3 处。

检验方法：退出锚钉，尺量检查；核查锚固力现场拉拔试验报告；核查隐蔽工程验收记录。

（5）外墙门窗洞口四周的侧面、凸窗四周的侧面，出挑构件及附墙部件应按设计要求采取隔断热桥和保温措施。

检查数量：每个检验批抽查不应少于 5%，并不应少于 5 个洞口。

检验方法：对照设计文件观察检查；必要时抽样剖面检查；核查隐蔽工程验收记录。

（6）保温块安装应上下错缝，拼缝应平整严密，接缝处不得抹胶粘剂。

检查数量：每个检验批抽查不少于 3 处。

检验方法：观察，尺量检查。

（7）饰面无渗漏，饰面层及保温层与其他部位交接的收口处，应采取密封措施。

检查数量：全数检查。

检验方法：观察检查，核查试验报告、隐蔽工程验收记录。

2. 一般项目

（1）进场保温材料与构件，其外观和包装完整无损，并应符合设计要求和产品标准的规定。

检查数量：全数检查。

检验方法：观察检查。

（2）耐碱玻纤网铺设和搭接应符合设计和施工方案的要求，应铺压严实、平整，不得有空鼓、褶皱、翘曲、外露等现象。

检查数量：每个检验批抽查不应少于 5％，每处不应小于 5m²。

检验方法：观察检查；核查隐蔽工程验收记录。

（3）保温块粘贴水平和竖向缝不应有凸出表面的胶粘剂，胶粘剂与抹面胶浆的厚度应符合设计要求。

检查数量：每个检验批抽查不应少于 3 处。

检验方法：观察及尺量检查；核查隐蔽工程验收记录。

（4）墙体脚手眼、孔洞、穿墙套管等应采取堵塞保温隔断热桥措施。

检查数量：全数检查。

检验方法：对照施工方案观察检查。

（5）保温块粘贴、抹面层允许偏差和检查方法见表 5-16、表 5-17。

表 5-16　保温块粘贴安装允许偏差和检查方法

项　　目	允许偏差（mm）	检查方法
表面平整	3	用 2m 靠尺楔形塞尺检查
立面直	3	用 2m 直检查尺检查
阴、阳角直	3	用 2m 托线板检查
阳角方正	3	用 200mm 方尺检查
接槎高差	1.5	用直尺和楔形塞尺检查
块缝宽度	1.5	用 2m 直尺检查

表 5-17　抹面层的允许偏差和检查方法

项　　目	允许偏差（mm）	检查方法
表面平整	3	用 2m 靠尺楔形塞尺检查
立面直	3	用 2m 直检查尺检查
阴、阳角方正	3	用直角检测尺检查
阳角方正	3	用 200mm 方尺检查
分格条（缝）直线度	1.5	拉 5m 线，不足 5m 拉角线，用钢直尺检查
墙裙、勒脚上口直线度	1.5	拉 5m 线，不足 5m 拉角线，用钢直尺检查

5.5.5 工程质量缺陷原因及防治措施

1. 承托部位出现结露

（1）可能原因

1）在每层楼设置混凝土挑耳梁或金属托架承担保温层质量，在挑耳梁或金属托架部位结露，可能是挑耳梁或金属托架比保温层宽或等宽，直接外露，没有保温层产生热桥，导致结露。

2）在生产或搬运中造成有缺棱掉角保温块，未经处理粘贴于基层墙体，在该薄弱处产生结露。

3）保温块规格不合格，粘贴后相邻保温板间缝隙过大。

（2）预防措施

1）保温块外侧防护层宜采用三胶两网布做法。

2）混凝土挑耳梁或金属托架应比保温层的外表面内缩 30～40mm，当采用贴砌保温板时，必须用保温浆料抹平内缩 30～40mm 凹坑。

3）因保温块弹性小，控制相邻保温板间粘贴缝隙不能超出规定标准。

2. 节能效果偏低，没达标

（1）可能原因

除施工造成因素外，可能是设计失误，没能充分考虑到保温块导热系数相对高，或施工保温块薄。

（2）预防措施

1）按工程所处区域节能标准设计、施工。

2）当基层墙体材质的蒸汽渗透系数过大时（包括贴面砖的基层墙体），应按《民用建筑热工设计规范》对其进行湿度换算，若达不到要求时，必要时在其内侧设隔气层。

3. 饰面层出现明显裂纹

（1）可能原因

有可能锚固保温块时，钻孔不到位或钻偏，硬性打入锚栓，使无机保温板（块）出现胀裂而导致饰面层开裂。

（2）预防措施

钻锚栓孔时，手握电钻必须与基层垂直，且钻入基层墙体足够深度，尤其对于保温板（块）影响很大，应旋入锚栓，严禁硬性打入锚栓。

5.6 保温工程质量缺陷原因与防治措施

建筑保温工程出现质量缺陷，涉及保温系统使用材料质量、设计和施工者技术水平等多方面因素，本节仅对粘结 PF 板涂装保温系统施工涉及因素做简要介绍，继而举一反三。

5.6.1 PF 保温板酥、脆、粉的可能原因及防治

1. 原因分析

（1）PF 保温板酥、脆、粉的原因，是合成热固性发泡树脂技术性能起主要原因，未对

PF 板使用的热固性酚醛树脂原料或酚醛发泡树脂进行改性或改性不合格。

（2）在注重 PF 保温板防火性能（热值）、提高氧指数、提高硬度同时，忽视韧性。

（3）加入过多不溶的粉状阻燃剂、发烟的无机强酸作为固化剂。

（4）泡壁强度低，泡体结构均一性差。

2. 防治措施

（1）PF 保温板弹性低，除有酚醛树脂本体因素外，没有进行最佳改性处理，应引进软性聚合链段，增加树脂交联度，控制酚醛树脂中苯酚、甲醛和水分残余量。

（2）在发泡时，与采用酸性硬化剂（固化剂）用量有关，尤其加入化学极性大的无机强酸更明显，发泡时宜选用磺酸类有机型复合酸性硬化剂，必要时固化剂与多元醇预溶。

（3）增加泡壁韧性，减少泡体直径。在酚醛树脂合成或组合配方中，用柔韧性的聚合物对发泡树脂进行增韧改性，增加韧性（弹性）。如作为改性的增韧剂有尿素、醇类（如丙醇、丁醇、乙二醇、矿物油、聚乙烯醇等）、酯类聚合物（如聚乙烯醋酸酯、聚丙烯酸酯、聚异氰酸酯、聚酯等）、聚氨酯预聚体、糠醇聚合物、橡胶、木质素、蔗糖改性，加入短切纤维增加强度和韧性，以及采用线性酚醛树脂（热塑性树脂）和可熔性酚醛树脂（热固性树脂）联合使用改性等。

（4）在 PF 保温板进行化学反应型或填加型进行韧性改性时，同时也存在其他力学性能增加，并注意控制发泡混合物料黏度的增大。

（5）控制固化剂用量和固化剂类型的选用。

5.6.2　PF 保温板导热系数偏高原因及防治

1. 原因分析

（1）PF 保温板发泡剂、匀泡剂加入量控制不好，保温板密度过大或匀泡剂质量不合格。

（2）为减少热值，而加大分母值而加填料，加入无机填料（如滑石粉等）。

2. 防治措施

（1）导热系数与泡体的空间结构、闭孔率、发泡剂以及密度等几个因素有关。它们的物理性能依赖于气相和固相分布的相互作用，强度特性主要取决于固相，而导热系数和气体有关，尺寸稳定性则与两者有关。

（2）选择技术合理的匀泡剂与用量，提高闭孔率，控制最佳密度。

5.6.3　PF 保温层与基层开裂、松动的原因及防治

1. PF 保温层与基层开裂、松动的可能原因

（1）粘结 PF 裸板时未采用 PF 保温板专用聚合物粘结砂（胶）浆，而当采用普通聚合物水泥砂浆粘结胶时，拌合水是为保证普通聚合物水泥砂浆中水泥的水化作用，在粘结砂浆未达到凝结时，含有碱性的拌合水已经先与低酸 PF 裸板面层接触，还可以说拌合水析出 PF 裸板酸后，在 PF 保温板与粘结砂浆界面间发生酸碱中和反应，在 PF 保温板表面形成不小于 2mm 深的剥蚀厚度（在 PF 保温板表面，可观察有明显紫红、深红等变色），完全失去粘结强度，PF 保温板与基层开裂，甚至脱落。

（2）条粘方式时，粘结砂浆沟槽部位尺寸太小而弥实；满粘或保温板拼缝用粘结砂浆粘实，形成排水、排气不畅及胀缩应力造成内压剥离性开裂、空鼓；点框粘时，PF 保温板表

面未按相关规定喷界面剂或采用点框粘方式时，板框上胶粘剂未留设排气通道受湿度影响，经热胀冷缩产生保温层开裂、变形。

另外，粘结砂浆用量虽然达到板面60％，但在板面布胶有严重不均现象，在胶少、无胶部位粘结力相对小，错误采用无框的点粘，导致保温板开裂。

（3）PF保温板粘结砂浆质次（如聚合物添加量太少）、价低、粘结面积太小、粘结强度低、虚贴，不能抵抗正负风压影响。粘结砂浆承担系统的全部荷载，保温板粘结不牢，在墙体只形成浮粘。

（4）使用久存吸潮的聚合物粘结砂浆，导致与墙体基层的粘结强度过低；使用合格的聚合物粘结砂浆，但初凝后因挪动而降低粘结强度。

（5）PF保温板作业在冰冻、过低温度或在湿度过大或雨雪天气施工，因冰冻面或低温春暖化水成为隔离层或气体膨胀。

（6）基层强度太低或太脏，导致系统的粘结薄弱点在粘结砂浆层与基层的界面处。

（7）锚栓起辅助作用，设置锚栓部位错误或锚栓数量少，或将锚栓作为保温板的主要固定措施。

（8）在风压较大地区，PF保温板未加锚栓锚固或锚固数量小，可发生保温层沉降、开裂。

（9）PF保温板与保温板间缝隙，采用抹面胶浆直接堵塞。

（10）PF保温板与板之间开裂原因，也因基层墙体平整度不同，保温板厚度不同及侧面的平整度不同，在贴保温板时，往往会在板与板之间的对接处有缝隙或高低不同的棱，如填塞泡沫条不均、断续填塞或漏填，打磨不平，经过挂网及罩面后，可形成局部不平，经过一段时间后，因面层不平造成收缩不均而造成缝和棱处开裂，久之导致雨水渗漏。

PF保温板保温层施工中出现找平砂浆和主体墙空鼓，特别是长时间渗水，容易发生持续性空鼓使保温层局部破坏。

（11）施工造成质量问题。墙面出棱；阴阳角保温有空隙；完成施工后墙面起包；窗口侧口不通线而容易形成内八字；腰线、造型、立柱、挑板等线条不直，成活后不平；脚手架眼处修补出壳；女儿墙压顶、屋面造型施工后不平整、线角不直等。

（12）PF保温层连续面积较大而未设伸缩缝或者伸缩缝设置不合理，也会造成保温层出现裂纹，使其受应力影响而开裂。当保温层为保温板时，相邻板面高度差太大或间隙缝太大，会使保护层形成应力裂纹。

2. 保温层与基层开裂、松动防治措施

（1）无论采用何类粘贴工法，必须采用特制低碱或硫铝酸盐类聚合物水泥粘结砂（胶）浆，粘结PF保温板，不得在PF保温表面出现任何变色现象。

（2）锚栓只是起到辅助固定作用。应在PF保温板粘结24h后及时加锚栓。锚栓必须锚固在有粘结砂浆部位（即在60％粘结面积以内部位），不应在无胶粘剂处锚固。

（3）墙体特殊光滑的基层，可在墙体基层涂刷界面处理材料，是增强基层与其他材料间粘结力，且可代替传统混凝土表面凿毛工序，改善表面抹灰粘结性能，达到提高工程质量、加快施工进度和降低劳动强度。

不同基面采用不同界面处理，如用于建筑的基层墙体可为现浇混凝土、预制混凝土或混凝土空心砌块、烧结多孔砖、灰砂砖、炉渣砖和页岩模数砖等材料构造的砌体结构等进行界面处理，可达到保证 PF 保温板更高的粘结强度。

一般对于水泥砂浆表面可不采用界面处理，现浇混凝土表面和加气砌块表面必须进行界面处理。

（4）锚栓规格、质量应符合设计规定，根据建筑高度设置所用数量，锚固基层墙体深度达到设计要求。

通过螺栓的扩张部分被压入钻孔壁内产生的摩擦力以及几何形状的螺栓口与锚固基础和钻孔形状相互配合产生的共同作用来承受荷载。

锚栓主要用于在不可预见的情况下，对确保系统的安全性起到承受该系统负载的辅助作用，建筑物高度在 20m 以上时，受负风压作用较大及应力集中的部位应采取锚栓辅助固定。

沿海地区或者高层建筑外墙不但采用粘、锚，还应采取与托相结合的粘贴方式，且随建筑高度加大，应增加粘结面积和辅助锚（栓）件数量。

（5）PF 保温板选用适用护面剂，并应控制界面剂涂层厚度。

（6）墙体基层尤其不得有凸出部位。墙体基层找平宜用聚合物砂浆抹平，当采用水泥砂浆找平时应达到与原基层同等强度，不得有掉粉、分层等质量问题。

5.6.4 PF 保温层拉拔强度不合格的原因及防治

1. PF 保温层拉拔强度不合格的可能原因

（1）PF 保温板本身强度低，压折比不合格。在生产中加入防火增塑剂过量。

（2）生产使用热塑性酚醛树脂，或掺入大量再生回收料，或使用粉化比较严重保温板，或施工使保温板和主体墙形成假粘、虚粘，或者保温板本身强度低而断裂。

（3）PF 保温板与基层粘结强度低，使用聚合物粘结砂浆的质量不合格。

（4）PF 保温板与护面剂强度低，在两者间分层，导致聚合物粘结砂浆粘结强度降低。

2. PF 保温层拉拔强度不合格的防治

（1）PF 保温板拉伸强度应≥0.1MPa，与水泥砂浆粘结的强度应≥0.2MPa。

（2）PF 保温板与护面层拉伸强度应≥0.2MPa，与水泥砂浆粘结的强度应≥0.6MPa。

（3）现场检测点框粘结的拉拔强度时，掌握正确操作方法，应在基层有聚合物粘结砂浆部位拉拔，不应在无粘结砂浆层部位空拉。

5.6.5 保温层变形（翘曲）的原因及防治

1. 保温层变形（翘曲）的可能原因

（1）PF 保温板生产后，陈（熟）化时间不够，造成板材尺寸不稳定，上墙后出现二次发泡变形。

（2）使用变形（翘曲）的板材。

（3）除对产品堆放不合理因素外，主要 PF 保温板原料和生产因素有关，如酚醛树脂合成问题、发泡配方中各组分配比不匹配，造成尺寸稳定性不好，或泡沫固化慢，与连续出板速度不同步；生产 PF 板的厚度过薄，造成 PF 板材底部发泡剂挥发过快，板材向上变形、翘曲；刚下线保温板堆放不合理造成。

2. 保温层变形（翘曲）的防治措施

（1）刚下线的保温板应平整留空（孔）堆放。生产合格的 PF 保温板，必须达到足够的陈（熟）化时间，即泡体达到一切化学、物理反应结束，保证板材稳定、不变形是最基本条件。否则采用未到陈（熟）化泡体，使用再好粘结胶及配套材料也难以适用，暂时粘锚后日久也会开裂、变形。

PF 保温板生产，保证各个化学组分当量反应，严格控制催化剂、固化剂加入量，控制出板速度与发泡速度匹配。且板材应正确复合玻网格布，锚栓规格、数量安装按设计要求选用。

（2）基层湿度大应涂刷防湿底漆，保证基层干燥、环境温度符合施工条件。

（3）必须保证胶粘剂质量，且粘结面积应≥60％，防止有虚贴。

（4）基层湿度大应涂刷封闭基层处理剂，采用点框粘贴法布胶。

（5）粘贴板材的基层应牢固、平整、干燥和干净，粘贴板材应稍加用力。

（6）胶粘剂必须在有效时间内和规定施工温度使用，超过使用期的胶粘剂严禁加水再用。

（7）PF 保温板与保温板间缝隙用泡沫填塞，不得用抹面胶浆堵塞缝隙。

（8）为防止 PF 保温板间之间开裂，应在基层处理合格后，将保温板底面抹胶泥，然后粘贴在基层墙体上，再将填充在缝内泡沫凸出部分打磨成与保温板成同一平面，达到膨胀密封，同时成为一个整体，然后再进行下步常规操作方法。

（9）在结构变形缝处设置变形缝；保温层连续面积较大应合理设伸缩缝。

（10）窗户周边及其角部集中部位应增设加强网，以分散其中应力。

（11）逐层渐变、释放应力、防止外保温层开裂渗漏。面层裂缝主要是材料变形引起的，只要能有效变形释放应力，减少在约束条件下产生的应力集中，就能控制裂缝。

因此，墙体保温工程的材料必须具备相应的柔韧性，并在抗裂防护层中增加分散应力的加强网。保温体系采用柔性软联接，形成柔性变形，逐层释放应力的抗裂技术，可以有效地控制保温层表面裂缝的产生。

（12）外墙热（冷）桥的断桥处理。外墙的围护结构中包含金属、钢筋混凝土梁、柱、挑阳台、遮阳板、突出线条等部位，在室内外温差作用下，形成传热密集、内表面温度较低的部位，这些部位易形成热桥。热桥部位易出现保温层空鼓和开裂引起渗漏，外保温层必须完整包覆所有外表面，使保温层闭合。

（13）PF 保温板生产中，调整树脂、硬化剂、发泡剂及其他助剂用量，达到最佳级配；控制生产 PF 保温板最佳厚度，PF 保温板厚度不宜过薄，生产不同厚度保温板时应调整布料速度或控制出板温度、速度，互相匹配。

5.6.6 抹面层产生裂纹原因及防治

墙体保温防护层裂缝大致类型可分为：结构墙体裂缝、保温层裂缝导致抹面层裂纹，以及抹面层（防护层）自身裂缝等。

1. 原因分析

造成保温墙体裂缝有温度、干缩以及冻融破坏；有设计构造的合理性与否；有材料合格与否和施工质量原因；有外力引起的如地基不均匀沉降引起墙体结构变形、错位造成墙体开裂，还可能由风压、地震力等引起的机械破坏作用等原因。

抹面（聚合物抗裂砂浆）层产生裂纹原因有多种，其中因抹面层自重、温差变化、线性膨胀系数不同和抹面层开始凝固变硬而产生收缩位移引起的位移和应力，也包括使用材料质量影响因素。

（1）从抗裂抹面层受热应力的因素来看，保温材料与抗裂砂浆的导热系数相差甚大，由于保温材料的保温隔热层热阻很大，从而使保护层的热量不易通过传导扩散，当受到太阳直射时热量积聚在抗裂砂浆层，使其表面达到高温，当突然降雨时，会使其表面迅速降温，如此温差变化以及受昼夜和季节气温的影响。

以聚苯泡沫板保温层为例，当聚苯板的温度超过一定限制温度时，聚苯板会产生不可逆热收缩变形，造成较为严重的开裂变形，这种情况在高温地区更为明显。

在刚做完抹灰层后受雨淋湿，抹面层的含水量很快达到饱和状态，当受到强烈阳光照射后，抹面层会很快干燥而产生收缩裂纹。

因室外综合温度造成的位移，在抹面层内温度波动几乎完全取决于室外空气温度、垂直面上的太阳辐射强度、抹面层外表面材料的太阳辐射吸收系数及其外表换热系数。抹面层内产生的热应力位移越大，产生裂纹的可能性也越大。

（2）抹面胶浆质量不合格导致抹面层产生裂纹。使用质量不合格的抹面胶泥（浆），抹面层虽无裂纹，但本身抗渗性能较差，在持续的雨水作用下发生渗透。也可能因抹面层施工时喷水、刷或洒水泥素灰或净浆压光造成裂纹。

就太阳辐射及环境温度变化对其影响而言，对于保温层上的抗裂防护层厚度只有 3mm左右，且保温材料具有较大的热阻，在热量相同的条件下，外保温抗裂保护层温度变化速度比无保温情况下主体外墙温度变化速度高 8～30 倍，因温差应力相差较大，且应力无法释放。

使用不合格抹面胶浆，使抹灰（面）层难以适应而发生抹面层裂纹，甚至外露玻纤网（图 5-37），抹面层一旦出现裂纹开口不易修补到标准状态。

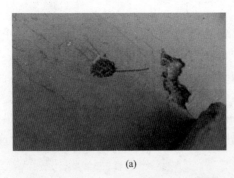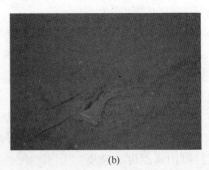

(a)　　　　　　　　　　　　　　(b)

图 5-37　抹面层裂纹外露玻纤网

（3）保温系统的抹面层的首层未采用双层玻纤网增强，在受到外力撞击下，保护层出现破损，如图 5-38 所示。

（4）相邻材料的变形速度差导致构造裂缝。这种不同变形速度的两类材料的界面处会因温差的变化产生裂缝、空鼓现象发生，特别是经过一两个年温差的变形破坏后，混凝土框架与轻质填充墙之间、加气混凝土砌块与水泥砂浆抹面层之间产生裂缝会严重影响墙体的防水

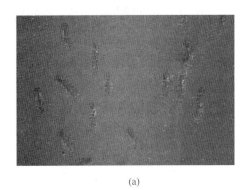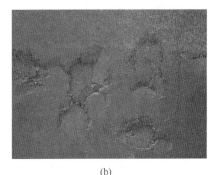

(a)　　　　　　　　　　　　　(b)

图 5-38　首层保护层受不同重撞后的外观

功能。而且裂缝会逐年发展，使墙体的防水功能大大减弱。

抗裂层（抹面层）受到太阳辐射热后，热量被保温板隔绝而不易传递热量，热量主要集中在抗裂层表面，温度越高越容易出现裂纹。如混凝土与抗裂层之间相差仅 1.87 倍[注：混凝土导热系数为 1.74W/(m·K)，抗裂层导热系数为 0.93W/(m·K)，即相差 1.74/0.93＝1.87 倍]，热量易传递，所以相对不易出现裂纹。

（5）在保温层与其他材料的材质变换处，因保温层与其他材料的材质密度相差过大，决定材质间的弹性模量和线性膨胀系数不同，在温度应力作用下的变形也不同，易在这些部位产生面层裂缝。

（6）粘结相邻板面高度差太大或间隙缝太大，导致抹面层形成应力裂纹。

（7）抗裂层（抹面层）出现裂纹后，雨水易渗入墙体内部，但排出水分很难，会严重降低保温及气密性能，因冻胀作用而导致体系出现裂纹、破坏。

（8）在外保温工程的施工中，用不合格的玻纤网格布来代替耐碱玻纤网格布。系统中使用的耐碱网格布的耐久性能，主要由其经纬线玻纤耐碱性能和表面塑胶涂复层材质、厚度等决定，面密度不足或者经纬线不适时，会导致其在保护层胀缩过程中疏导和约束力不足，特别是非含锆玻纤网格布在生产中未经辊压，其经纬线结合点在使用中极易移位，甚至断裂。

使用不合格玻纤网格布压入水泥浆抹面层中，在水与碱的共同作用下，使不合格玻纤网格布产生碱腐蚀，过早失去增强效果。

耐碱玻纤网格布长期处于潮湿高碱度环境中，或选用抗拉强度低的玻纤网格布，其断裂强力明显降低，继而导致抹面层出现大面积微细裂纹，甚至抗裂层脱落。

（9）玻纤网格布抗拉强度不够或玻纤网格布耐碱强度保持率低，或铺贴单层的标准型玻纤网格布间未搭接而对接时，易出现水平或垂直裂纹而失掉玻纤网作用。抹面层中上、下层标准型玻纤网采用对接铺贴出现水平裂纹或垂直裂纹，如图 5-39 所示。

（10）钉粘结合方式固定时，锚钉帽外露太多，使保护层局部过薄发生裂纹；薄抹面层的聚合物砂浆抹得过厚，造成横向拉应力超过玻纤网抗拉强度而导致抹面层开裂。

（11）抹面层的极限抗拉强度相当低，不可阻止因拉伸应力而产生的裂纹。

图 5-39　水平裂纹

（12）因门窗洞口玻纤网格布搭接宽度不够、干搭（甚至在门窗洞口不设网格布增强），在角部未加网格增强层或保温板采用了拼装方式粘贴，致使系统沉降出现裂纹。

（13）保温板陈化时间短，用在墙体产生胀缩、翘曲变形，内应力集中拉裂抹面层。

（14）耐碱玻纤网格布靠在保温层而不是靠近外表面，抹面层易形成龟裂或开裂；耐碱玻纤网格布暴露在外表面而起皮、剥离；安装塑料分格条使用水泥嵌压出现开裂、渗水。

（15）外墙表面纵横细长凸出造型安装、连接不合理，阳台栏板结构不合理；上窗口、阳台顶等无滴水檐等防渗措施，保温层边缝未密封处理；分格条、落水管和空调固定等应密封处理部位未做密封处理；女儿墙、腰线等部位与保温层平面对接等不合理构造，均会造成裂缝。

（16）在严寒、寒冷地区应用粘贴保温板且有空腔的外墙外保温系统技术，一旦表面产生裂纹，如果出现渗水将增强热桥效应，因冻胀而产生脱落，最终会造成室内发霉、结露、返霜等问题。在昼夜温差大、气候干燥的地区应用柔性抗裂能力较差的外墙外保温系统技术，易发生冷热应力造成持续性裂纹。

（17）抹面层在低温操作，使抹面层不能达到充分水化，造成抹面层裂纹，甚至脱落。

（18）门窗洞口等特殊部位没有铺贴增强加强网格布，在保温层的温度发生变化时，在洞口的长度方向上发生纵向变形，形成纵向应力；在洞口的宽度方向上发生横向变形，形成横向应力；在横竖交接处，产生应力集中，相应地易形成沿洞口对角线的延长线上的裂缝；而大面积的耐碱玻纤网格布在此处的 45°线上非径向受力，地基的不均匀沉降，地震的纵向波等原因都能使应力在角处形成应力集中，为减少此原因引起的裂缝。

2. 防治措施

（1）预防外墙外保温开裂时，通过减小建筑结构外保温材料同外装饰找平砂浆、外饰面等材料的线性膨胀系数比，使材料之间产生逐层渐变，柔性释放应力，缓解热量在抗裂层的积聚，使体系受温度骤然变化产生的热负荷和应力得到较快释放，起到预防裂缝的作用。

（2）为了尽可能减少因收缩而引起的裂纹，最重要的是必须采用符合技术要求的抗裂聚合物砂浆（抹面胶浆），还应注意施工时的环境温度。

（3）玻纤网格布是抗裂层（抹面层）的关键增强材料，在抹灰层内设置了符合技术要求的耐碱玻纤网格布，它能有效增加保护层的抗拉伸强度，另外能有效分散应力，将原可以产生的小裂缝分散成许多更细小不受影响的裂缝，从而形成抗裂作用。

（4）抗裂层（抹面层）用抗裂砂浆（抹面胶浆）为碱性，耐碱玻纤网格布要比无碱网格布和中碱网格布的耐久性好得多，在使用时应选用合格的高耐碱网格布且网孔尺寸适当，可使网格布外的砂浆互相穿透，结为一体，使面层砂浆中的应力易于向网格布转移。

（5）采用玻纤网格布的极限伸长率应尽可能低，以防止在保温板接头处起皮皱裂。

利用增强措施可用来分散所出现的裂纹时，要保证正确搭接搭作方法，必须增强充分和正确操作工艺，就可以允许抹灰层内产生应力分散。

（6）大面积的墙面会产生较大的拉伸应力，发生在裂纹内的最大位移是由接缝之间的距离决定的，应分割抹灰层，设置膨胀缝来限制拉伸应力，阻止裂纹产生。

（7）墙面被窗户之间的垂直和水平线条所分割，从而产生应力集中，裂纹首先在应力集中的部位产生，在窗户四周较为明显，在不设裂纹分散筋的情况下，所产生单条裂纹的宽度可达 2mm 以上。

（8）设置加筋或增强措施可分散裂纹产生，以细裂替代有害的宽裂纹。主要在窗户四角应力集中的部位设置加强网加强，外墙角底部用增强网加强。

（9）薄抹面层的系统，抹面层厚度应控制不小于3mm，并且不宜大于6mm。在建筑首层应采用双层玻纤网增强措施控制重物撞击。

（10）普通水泥砂浆保护层的强度高、收缩大、柔韧性变形不够，作用保温层外层，耐候性差而引起开裂。必须选用专用的抗裂砂浆并辅以合格的增强网格布，并在砂浆中加入适量的短纤维。

（11）控制相邻板面高度差和间隙缝不得超过标准规定，尤其注意在采用有薄抹面层复合的保温板材施工时，因板面不能打磨，应更加注意控制基层平整度、粘结层厚度和排板的要求。在控制粘结层厚度时，必须保证粘结层达到规定强度，防止为达到板面平整而发生虚粘现象。

（12）保温层主要承受的是重力和风压，有的保温板受强度的限制，使保温层在外力作用下出现开裂，甚至脱落。为了提高保温板的强度，应尽可能提高粘结面积，采用无空腔，满足抗风压破坏的要求。

（13）在外墙保温时，不应只注重整体墙面的保温，还应注重女儿墙、雨篷、老虎窗、凸窗、外阳台、门窗洞口等容易被忽视特殊部位的保温。

（14）双组分或多组分干粉砂浆是为降低施工成本，节约运输费用，就近购买水泥，即现场要按规定加入水泥和水，再拌制成无机轻质保温浆料。

双组分或多组分干粉砂浆配制，受现场施工条件的限制，其质量较难保证，存在配制随意性，难以保证产品质量。因此不提倡使用双组分或多组分干粉砂浆，应使用单组分干粉砂浆（或称单组分干混砂浆、单组分干拌砂浆），易保证产品质量。

（15）抹面层施工时，环境温度必须在规定范围内，避免高温暴晒。

（16）耐碱玻纤网格布越靠近面层砂浆的表层，其抗裂作用越好。如先将网格布贴在保温层上，在网格布上抹面层砂浆，网格布将紧贴在保温板上，其抗裂作用将大大削弱。应在保温板上均匀刮一层约2mm厚的抹面胶浆压网后，将网格布水平紧贴在相应位置，用抹子压抹，在抹面层内，最后再抹约1mm抹面胶浆，在施工后的抹面层，可微见玻纤网轮廓为最佳。

（17）抹面层施工严禁喷水、刷或洒水泥素灰或净浆压光。

（18）外墙外保温完工后装修、安装门窗、空调、落水管等各种后续施工时，极易破坏已完工的保温工程。后续工程发生破坏原保温工程完整性后，如果不能及时对局部进行修补，因长期渗水易形成继发性连续破坏。如果出现偶发性破坏（如火灾、撞击等）后不及时维修都会造成较严重的质量问题。

工程使用中遇到的各种安装破坏应及时修补，供应方及时回访，协助维修，以保证外墙外保温工程始终处于合理使用状态，保证设计使用寿命。

（19）凡粘贴保温板侧边外露处、门窗洞口等细部节点部位都应做翻包处理，应贴一道垂直于裂缝发展方向的加强型耐碱玻纤网格布，使耐碱玻纤网格布受径向力，分散应力，防止门窗洞口角出现八字裂缝的发生。

砂浆饱满度应达到100%，同时要抹平、找直，保持阴阳角处的方正和垂直度。

5.6.7　涂料饰面开裂、渗漏原因及防治

1. 原因分析

（1）有些工程为了降低成本使用普通的外墙腻子或者用水泥砂浆找平，因其显示刚性，造成腻子柔韧性不够而无法满足抹面层（抗裂防护层）的变形和开裂，导致出现饰面层开裂。

（2）雨水通过面层裂缝渗入后，削弱了腻子和基层的粘结强度，最终表现为饰面层开裂和脱层。

1）采用了不耐水的腻子。由于腻子不耐水，当受到水经常浸渍后起泡而开裂；

2）采用了不耐老化的涂料。适应基层变形能力差，年久脱落，失去保护和装饰作用。饰面涂料透气性差，造成内部水蒸气扩散受阻，涂料饰面起泡。又由于该类涂料不耐老化，经过短时间则会开裂、起皮；

3）采用了与腻子不匹配的涂料。在聚合物改性腻子上面使用了溶剂涂料，致使溶剂对腻子中的聚合物产生溶解作用而引起开裂、起皮；

4）聚合物干混砂浆（抹面胶浆）中的可再分散乳胶粉加量不足，砂浆韧性差，甚至直接用水泥砂浆，因抹面层质量问题的开裂而导致涂料饰面开裂；

5）抗裂腻子层断层或过薄形成大面积龟裂或保护层开裂、渗水；

6）涂料饰面开裂也会受抹面层质量不合格的影响。

（3）仿砖柔性饰面砂浆层出现不同程度的底层脱落、裂纹（图5-40）。主要是基层处理不合格，如基层不干净或基层未满涂界面剂等原因，导致面层脱落。

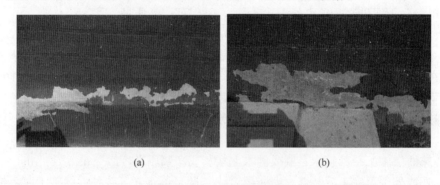

(a)　　　　　　　　　　　　　　(b)

图 5-40　底层、面层脱落

2. 防治措施

（1）外墙外保温防水涂料可分为底层、中层和面涂层。底层的主要功能是渗入基层，提高同抗裂砂浆的粘结力，这是保证外涂层不起皮、不脱落的主要基础涂料；而中间涂层和面涂层则是确保外墙涂料耐久、耐候。

面涂层是保证防水和外观效果的主要涂层，根据外墙涂料材质工艺要求，不能任意削减或合并涂层遍数。

此外，为保证外墙涂料的施工质量，对墙基体的含水率必须控制不大于8%，必须使用与涂料相匹配且合格的腻子和封底涂料，要对基底找平封闭。使用不匹配的腻子和封底料会引起起皮、咬色和泛碱，形成逆向化学反应，大大减低了外墙涂料的防水功能。

（2）涂料饰面应在有界面剂的 PF 板、XPS 板上抹抗裂砂浆（抹面胶浆），压贴耐碱玻纤网格布（耐碱强度保持率不小于 90％），然后用聚合物水泥砂浆找平，必要时使用柔性腻子，涂料最好选用复层涂料或真石漆。

抹面胶浆应具有柔韧、透汽、防水和耐冻融性能。

（3）设置保温层的湿转移"通道"将保温层的质量含湿量控制在规定的允许增量内，否则应设隔汽层。

（4）涂饰面砂浆的基层应干燥、洁净，既有建筑墙体打毛，并均匀涂刷封闭底漆（必要时）、界面剂后，再作饰面层施工。

5.6.8 真石漆饰面质量缺陷原因及防治

真石漆饰面质量缺陷原因及防治措施见表 5-18。

表 5-18 真石漆饰面质量缺陷原因及防治措施

饰面质量缺陷	质量缺陷原因	防治措施
粒面	1. 可能工具设备故障； 2. 作业环境不洁	1. 工具、设备予以维护； 2. 作业现场应作除尘处理。 应用细砂纸轻打磨平整后再喷涂涂料
流坠	1. 喷射角度不正确； 2. 喷枪保养或调整不佳； 3. 喷涂的涂料黏度过小	1. 做好喷枪保养并调整漆形； 2. 喷涂涂料的黏度适当； 3. 使用砂纸磨平流坠部分
桔皮	1. 使用温度过高或过低； 2. 喷涂压力太大，涂料黏度太大，喷枪口径太小	1. 控制适宜的施工温度； 2. 调整好最佳喷涂压力、调整好涂料黏度，选好喷枪口径。 应用细砂纸将凸起部分打磨平，凹陷部分填补腻子，再喷涂涂料
隆起	1. 下层涂膜未固化、干燥即喷上层； 2 一次喷涂过厚	1. 下层涂膜干固后再喷上层； 2. 避免一次喷涂过厚。 应用细砂纸将凸起部分打磨平，再喷涂涂料

5.6.9 防护层开裂原因及防治

1. 原因分析

防护层（或称保护层）为抹面层和饰面层的总称，防护层开裂涉及多方面原因。

（1）温度、干缩及冻融破坏。温度变化时，材料和构件出现变形，如果变形受到约束，就会产生温度应力，当温度产生应力大于墙体的抗拉强度时，就会出现保护层开裂。

（2）设计不合理，如外饰面涂料选用平涂方法，而没有选用复层涂料；分格缝和变形缝的设置和结构设计不合理。

（3）外力（如地基）沉降不均匀、地震力等原因造成墙体开裂、错位变形，不可抗力导致防护层开裂、破坏。如柔性仿砖饰面保温系统，因窗口上方出现结构开裂而导致柔性仿

图 5-41　结构断裂导致柔性仿砖饰面开裂

面砖饰面开裂现象，如图 5-41 所示。

（4）构成抹面层的各层材料自身的柔性不匹配、相容性差。

使用了不合格或非耐碱性的玻纤网格布，由于断裂强度低、耐碱强度保持率低，使用质次价低不耐碱的玻纤网格布，在水泥的碱性作用下没有抗裂能力或铺设位置不适当等出现开裂，造成短期或长期起不到有效分散应力的作用。

（5）保温板施工前未经足够熟化时间，安装后即刻进行抹面施工时，保温层会对面层施加很大的应力，因保温层的不稳定，从而导致在板缝处出现裂纹。

（6）在保温体系与未做保温的建筑结构部位的交接处（如阳台、雨篷、女儿墙、屋顶装饰造型等），两种体系的材料性能相差较大，温度变化使它们在界面之间产生缝隙。

（7）在窗口四角保温板拼装，或只加单层玻纤网格布而未加增强玻纤网格布，造成墙体开裂。

（8）抹面层超厚。

2. 防治措施

（1）防护层采用逐层渐变、柔性抗裂，以抗为辅、以放为主的技术路线，防止外墙外保温体系的开裂。

外墙外保温体系的各构造层外层的柔性应高于内层，逐层渐变。如各构造层变形量设计可采用：基层混凝土±0.02%（温差 20℃），保温隔热层 0.1%～0.3%，抗裂保护层（抹面层）5%～7%，柔性耐水腻子 10%～15%。

（2）饰面选用复层柔性涂料。抹面层使用的聚合物砂浆应具有抗裂防渗功能。合理设计分格缝和变形缝。

（3）基层必须按相关质量要求验收合格。

1）保温板、块状材料，板缝必须嵌填、密封饱满。

2）采用点框粘贴保温板，或在保温板的适当间距宜设有排水潮气、水分构造。

3）尽量减少流向外墙上的雨。如可以通过各层设置屋檐、阳台等方式，减少流向墙上的降雨负荷。在高层住宅的最上层最好设置挑檐，挑檐下面设置滴水线或鹰嘴。

（4）保护层的各层材料合格。

（5）重视节点细部的防水处理。节点防水处理的基本原则是：保温板端头要粘贴翻包网格布；接缝采用适当的密封形式和密封胶。

（6）必须使用质量合格的耐碱玻纤网格布，在门窗、洞口加设 45°增强网。

（7）抹面层可采用无机保温材料复合方式，即在 PF 保温板面涂界面剂后，涂抹无机浆料，再做聚合物砂浆复合玻纤网。保护层施工前，按有关规定，必须在结构验收合格后方可进行。

5.6.10　室内墙体发霉原因及防治

建筑物外墙体内表面的结露导致"发霉"，实际上可认为是一种物理现象。墙体发霉多是因墙体结构因素、保温节点设计方案不完善和保温系统施工等因素引起基层受潮，继而导致发霉现象，尤其在冷墙的三面交角通风不畅部位出现发霉居多。

墙体发霉现象一般来说常发生在冬季采暖季节，室外温度较低，室内空气温度又因采暖缘故而较高，冬季室内外温差较大，而空气中存在一定量的水蒸气（可用相对湿度表示），在冬季由于使用功能及通风条件的影响，室内的空气水蒸气含量总值要比室外空气水蒸气含量大（即室内水蒸气压力大于室外水蒸气压力）。

根据力的平衡原理，室内的水蒸气压力是由高向低运动迁移，迁移过程中，遇到外围护结构某处内表面温度低于室内空气露点温度时，就会在该外形面结露，产生凝结水，这些凝结水如果长时期滞留，会造成空气中微生物附着而发生霉变、长毛。

严冬季节单层玻璃窗内表面结冰亦是这个原因造成的。所以不难看出建筑物外墙结露是与室内外温差、室内相对湿度、建筑物外墙隔热三个因素有关，当室内外温差越大，室内相对湿度越高，而建筑物外墙或热桥处保温隔热差，结露现象容易发生，反之，结露不会发生或结露较轻。

外墙及热桥处理是否采取有效保温隔热措施是关键因素，只要提高外墙任何部位（包括热桥部位）内表面温度并大于室内空气露点温度就不会出现结露、发霉、长毛等现象，当在混凝土构造柱和圈梁未做外保温条件下，室内计算温度为18℃，室内相对湿度60%，经计算室内空气露点温度为10.1℃，当室内相对湿度降低为55%，室内空气露点温度则降为8.9℃，因此，外墙内表面温度必须大于10.1℃或8.9℃才不会发生结露，要达到如此高的内表面温度，而不采取可靠的保温措施是难以实现的。

在混凝土梁柱部位因外观造型无保温层、平屋顶女儿墙部位单面保温或双面都无保温层、在复杂外观造型的局部无保温层，都易形成热桥。

在框架结构梁柱部位与砌体防裂处理不当或无处理措施，长时间后砌体沉降拉裂保温层，形成局部热桥。混凝土梁柱或造型部位浇注完毕后未做保温处理，使局部保温层太薄，形成热桥。出现热桥后，必然造成局部结露、发霉。

如某住宅楼进行外墙外保温后，只经一个采暖期，在北侧内墙出现严重"发霉"，如图5-42所示。

1. 原因分析

（1）在结构方面，大多数楼房为框架结构，墙体采用填充墙，墙与梁柱结合处易产生裂缝，是保温防水薄弱处，夏季渗水、冬季透寒。

在外围护墙体结构混凝土构造柱、圈梁、门窗洞口、阳台、空调机混凝土悬挑板和屋面女儿墙根部等部位产生的结构性热桥。

建筑物普遍存在透寒现象，即使墙体做好保温，外门窗同样出现透寒水，由于冷空气多

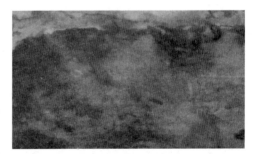

图 5-42　墙体"发霉"现象

从门窗与墙的交接处进入室内，在门窗洞口周围凝结潮气甚至产生霉斑，且外门窗本身阻热传导功能较差，室内外空气温差较大也易形成透寒水。

在新建墙体干燥过程中或在冬季条件下，室内温度较高的水蒸气向室外迁移时经常出现结露、长霉变黑等现象。

尤其在北方地区，因为冬天室外气温比较低，室内外温差较大，室内易发生潮湿、霉变现象。同时，钢筋混凝土结构的非承重墙体自身存在两方面缺陷：墙体开裂、渗水、透寒而结露；阳台窗户下的挡板（多由预制楼板制作，其与墙体的交接处容易出现裂缝）与墙体交接处出现裂缝，或者窗户密封不好导致外部雨水渗入；梁、柱、板等混凝土构件由于个别部位导热系数高、防寒保温处理不到位造成室内外温差较大，使内外墙长期处于潮湿、结露、出水状态而导致发霉。

（2）在施工方面，面砖饰面保温系统，因施工后存在"透寒"现象，如外墙砖镶贴不实，砖缝的不饱满或是采用弥缝，外填充墙砌抹砂浆不饱满，有砂眼、缝隙；墙与梁柱结合处填充不密实，门窗安装不密实有缝隙。

建筑施工过程中存在偷工减料等质量问题，或使用不合格保温材料，直接影响建筑保温效果。

承重墙、保温层与女儿墙根接合部位未做保温缝，女儿墙根部横向裂缝而向室内渗透。

屋面防水未做好，或局部屋面保温未做好，尤其雨落管处。

门窗洞口周围缝隙保温材料填塞不实造成渗透、发霉，保温层移位、空鼓、开裂、脱落等不良现象是外墙外保温系统缺陷，易导致出现局部结露、发霉。

外墙砌筑及饰面分项存在质量缺陷等产生墙体渗透。

施工中工序衔接不合理，屋面施工时湿度过大。屋面又没出气孔，被防水层封闭的水气无法散发，而向室内渗透。

保温板的切割尺寸不符合要求或施工质量粗糙，造成保温板间缝隙过大，且没有进行相应的保温板条的填塞处理。

另外，墙体保温没做好或存在热桥，造成室内外温差较大，室内空气中水遇冷后会凝结到墙面，导致墙体潮湿。因局部空气流通不好，空气水分加大而产生，在有热桥的保温墙体上，使用再厚的保温材料也无济于事。

热桥部位通常被忽视而没做保温，其受温度影响而发生的变形量与做了外保温的墙体是不同的。经过一定时间的形变破坏，会造成这些未做保温的部位与做了外保温的墙体交接处产生破坏裂缝，形成热桥。

外墙上的热桥处理不当，其内表面在冬季会结露、室内过于潮湿容易结露、室内温度过低会结露。

热桥结露使墙受潮，保温层的保护层裂纹渗水浸湿保温层，且会不断扩大结露面积。进入保温层的雨水进入粘结层的空腔中，没有排出的通道只能向墙内渗透。

保温装饰复合板采用粘贴（锚粘）法施工时未采用排气构造，使湿气向墙体渗透造成。

室内空气温度、水蒸气饱和度高而墙体保温没做好，蒸汽遇冰冷的墙体阴角、顶板（近外墙体部位）而凝结出现透寒，透寒水导致墙体潮湿、发霉。因外墙部分开裂透寒，加之冬季寒冷气候，墙冷室内热，易产生结露。

（3）住户使用方面，居室内空气流通不佳，室内潮气过大，室内空气中含营养成分的飘浮物贴挂到墙上，易产生霉斑。

（4）装修方面，室内装饰材料中含有一定的营养基，如大白粉内含有一定量的纤维素，而纤维素中的糖分在一定的温度湿度下易产生霉菌。

2. 防治措施

防止室内发霉措施主要是破坏霉菌生长条件，有条件时可以采取暴晒、加强室内通风、干燥、降温措施。

（1）新竣工交工的房屋须晒干。刚装修房屋湿度大，供暖后温度高、水分蒸发，空气湿度进一步加大，室内外温差较大，容易在墙体局部结露。

（2）保持室内空气流通。夏天气温高，防水层温度也高，保温层底部温度较低而产生温差，保温层内水分较高，水蒸气凝结成水，滞留下渗从而造成顶棚潮湿发霉或涂料起皮。

在屋顶防水层与保温层内增设排气措施，降低室内空气湿度。如室内湿气过大，即使在墙体保温符合要求情况下，也会出现发霉长毛现象。

（3）保温工程施工避免出现热桥，应包裹封闭阳台、挑出部位、挑出构件、门窗外侧、女儿墙等，细部节点部位更加严格、仔细施工。

（4）墙体保温不足的，增加保温层，阻止热、冷桥现象的发生；室内有霉斑的地方喷洒除霉喷涂液，再涂刷防霉乳胶漆，杜绝大白粉中的纤维素与霉菌接触。

（5）对内墙渗漏部位，外墙向四周延伸至少 1.5m，且对冷墙涂刷时要沿伸相邻两暖墙各 1m 范围，施工面积是内墙面积的 3.5～5.5 倍。

（6）对透寒墙体，在室内贴 20mm 厚保温板，对冷墙角抹 20mm 厚保温砂浆。

（7）通过结露计算，可以得出在一定气候条件下（室内外空气温度及湿度）某种构造的墙体在不同结构层处的水蒸气渗透状况：

1）当外保温系统长期保持高湿度房间的外墙时，特别要做好墙体的构造设计，避免墙内形成结露；

2）当在外墙面已很难处理时，只好在外墙内侧出现热桥（结露）处涂抹无机胶浆类保温材料补救。在湿度大的地区或墙体，在保温装饰复合板中按适当间距安装排气孔，以便使墙内湿气自然排出。

（8）解决热桥的根本途径是断桥处理，就是外保温层必须完整包覆所有外表面，使保温层闭合。如高出屋面的女儿墙，应在正面、背面和顶面均设外保温层。

第6章 模板内置酚醛保温板现浇混凝土 外墙外保温系统

模板内置酚醛保温板外墙外保温施工，是通过大模板支护，将设置在外墙模板内侧的大块无网或有网板酚醛保温板（如复合酚醛泡沫水泥层复合板、酚醛保温裸板、非酸性酚醛保温钢丝网架板等）固定，通过现浇混凝土的浇筑后，成为外墙外保温主体结构。

该施工过程必须保证结构的连续性和稳定性，在完成混凝土浇筑养护期并拆除模板后，再在酚醛保温板表面做饰面层。

浇灌混凝土与 PF 保温板安装同时进行，对整个墙体建筑施工进度加快，浇灌墙体工艺决定 PF 保温板设置非常稳固，PF 保温板不易与墙体产生空鼓、脱开，提高抵御地震破坏的能力。

外模内置 PF 保温板现浇混凝土外墙外保温系统，主要用于严寒和寒冷地区，现浇混凝土剪力墙结构外墙。

6.1 无网酚醛保温板现浇混凝土系统

在 PF 保温板现浇混凝土保温系统中（简称无网现浇系统），以现浇混凝土外墙作为基层，PF 保温板为保温层。

该系统采用特殊形状的 PF 保温板，有利于增加与现浇混凝土粘结强度。在该系统工法中仅以普通（或矩形齿槽）PF 保温板施工做典型介绍，PF 保温裸板应其内、外两面均满涂界面砂浆。

施工时将 PF 保温板置于外模板内侧，并安装锚栓作为辅助固定件。浇灌混凝土后，墙体与酚醛泡沫板以及锚栓结合为一体。PF 保温板现浇混凝土外墙外保温系统基本构造，见表 6-1。

表 6-1 PF 保温板现浇系统基本构造

饰面类型	构造层	组成材料	构造示意图
涂料饰面	基层墙体①	现浇混凝土墙	
	保温层②	PF 保温裸板或复合 PF 保温板（塑料卡钉⑥辅助固定）	
	找平层③	轻质防火保温浆料（特别必要时）	
	抗裂层④	抗裂砂浆复合耐碱玻纤网＋弹性底涂	
	饰面层⑤	柔性耐水腻子＋涂料	

饰面类型	构造层	组成材料	构造示意图
面砖饰面	基层墙体①	现浇混凝土墙	
	保温层②	PF 保温裸板或复合 PF 保温板（塑料卡钉⑥辅助固定）	
	找平层③	轻质防火保温浆料（特别必要时）	
	抗裂层④	抗裂砂浆＋热镀锌电焊网或加强型耐碱玻纤网（用锚栓⑦固定）＋抗裂砂浆	
	饰面层⑤	面砖粘结砂浆＋面砖＋勾缝料	

6.1.1 材料要求

1. PF 保温板宜选高容重、高抗压强度板，其尺寸规格、切边平行直线、尺寸偏差等必须达到检验合格，表面不得有撞击造成的坑凹、污物和断裂、破损现象。板材两面，预先涂刷不脱粉、不露底的混凝土界面砂浆。

2. 配套材料：

（1）垫块：水泥砂浆制成 50mm 见方，厚度同钢筋保护层（垫块内预埋 20～22 号火烧丝）。

（2）混凝土宜采用免振捣自密实混凝土、强度等级不应低于 C20。混凝土坍落度等除应满足现场浇灌工艺要求外，在严禁使用能造成钢筋腐蚀的浇混凝土外，宜采用对 PF 保温板粘结力强的免振混凝土浇筑墙体。

（3）PF 保温板界面剂、抹面胶浆（抗裂砂浆）、耐碱玻纤网格布、柔性耐水腻子，以及热镀锌电焊网技术性能等应符合相关标准要求。

6.1.2 设计要点

1. 在门窗框与墙体间的空隙应密封填充，并与门窗洞口侧墙的保温层结合紧密。在门窗洞口四周墙面、凸窗四周墙面及悬挑的混凝土构件、女儿墙等热桥部位应采取封闭保温等隔断热桥措施后，达到不渗水、无热桥。

2. 垂直保温层与水平或倾斜屋面的交接处，以及延伸至地面以下的保温层应做好防水防潮处理。

3. 在板式建筑中垂直抗裂分隔缝不宜大于 $30m^2$。

4. 设置热镀锌焊接钢丝网应用塑料锚栓与基层锚固。锚栓在基层按梅花形布设，锚栓与基层有效锚固深度不小于 30mm。当外墙为轻质空心砌体时，应采用回拉紧固型塑料锚栓或其他措施。

5. 不宜采用粘贴面砖做饰面，当采用面砖饰面时，宜选用单位面积质量不大于 $20kg/m^2$ 的小规格面砖，且其安全性与耐久性必须可靠。

6. 工程经验收合格后，按预埋件进行门窗工程等配套附属工程对位安装。

7. 当采用长杆对拉螺栓穿过内（或内侧装饰板）外保温板材固定措施时，防止螺栓外露表面而产生热桥，应用密封或采用无机轻质保温浆料涂抹平整。

6.1.3 施工要点

1. 施工准备

(1) 施工前应由设计单位进行设计交底，认真阅读设计图纸，大模板的排板设计图和内置酚醛泡沫板的排板设计图、节点构造详图。当监理单位和施工单位发现施工图有错误时，应及时向设计单位提出更改设计要求。当原设计单位同意并修改完成，经各方会审无疑后，并应签署设计变更文件，方可实施。

在施工前，依据施工技术要求、工程质量要求、工期和现场等具体情况，安装施工单位应按施工图设计的要求，编制相应完整、可行专项施工方案，主要包括如下内容：

①主要材料进场计划、检查验收；

②施工机具的配备及材料搬运、吊装方法；

③构件、组件和板材的现场保护方法；

④安装、固定（支护）方法；

⑤确定施工程序和施工起点流向（顺序）；

⑥施工进度、用工计划安排；

⑦施工技术质量保证措施、测量方法、施工验收程序；

⑧工程概况及本工程的施工特点及技术质量目标；

⑨安全和文明施工措施、工程验收程序等。

(2) 掌握：构件、固定件的规格、尺寸、型号及连接、支撑件技术要求；专用工具的使用方法；构件的支撑、固定、垂直度和平整度的校正方法；构件的安装先后程序；掌握安全操作；施工注意事项；掌握施工要点及细部节点构造技术要点等。

2. 材料准备

(1) 进入现场各类型的墙板，应轻装轻放，并按材质、型号（规格）或编号，分别整齐堆放在平面布置图中所指定存用方便、平整和坚实位置。

墙板堆放时，应用木方垫平、垫稳，并防止因存放而出现破损、裂纹和翘曲、被压变形和强力碰撞等不良现象。

(2) 酚醛泡沫板、固定件、配套材料等可按工程进度进场，存放中避免受潮、雨淋，远离明火、高温或曝晒。

3. 设备、工具准备

(1) 塔吊、吊装索具，配备打眼电钻、锤子、活扳手、撬棍，水平尺、线坠等常用抹灰工具、检测水平尺、线坠、经纬仪等工具，应满足现场墙板安装使用要求。

(2) 现浇混凝土所用大模板宜采用钢制板，并应按要求做配板设计规格尺寸（酚醛泡沫板的厚度确定钢制大模板的配制尺寸）、数量加工制做，达到施工要求，按施工程序组织进场模板及附件。

用于墙板支护的木模、花篮螺栓、钢管等按施工要求加工成型，其规格、外观和材质等应满足现场固定支护（固定）要求。

4. 施工条件

(1) 现浇施工时，应按现浇混凝土的施工要求搭设脚手架和施工平台，应具备脚手架或安全网等施工设施。

（2）施工现场应有施工电源及夜间照明设施，且应符合国家安全用的技术规定。

（3）在施工的范围内，吊运材料的路线内无障碍物或危险源。

（4）基础地面工程应验收合格，基础地面找平层养护到期后，地面应无缺陷、无积水，基础地面洁净，无任何残留灰浆、尘土和其他杂物。

地面基层结构、平整度必须符合设计要求。酚醛泡沫板墙板底基层表面平整度、坡度和标高允许偏差要求，见表 6-2 要求。

表 6-2　基层表面允许偏差

项目	水泥砂浆找平允许偏差（mm）
表面平整度	2
标高	±4
坡度	不大于房间相应尺寸的 2/1000，且不大 20

5. 施工工艺

（1）涂料饰面（薄抹灰系统）、面砖保温系统施工工艺流程如图 6-1 所示。

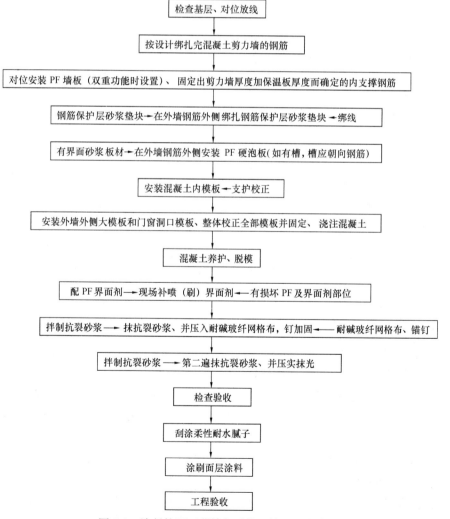

图 6-1　涂料饰面（薄抹灰系统）施工工艺流程

（2）面砖饰面（厚抹灰系统）施工工艺流程如图 6-2 所示。

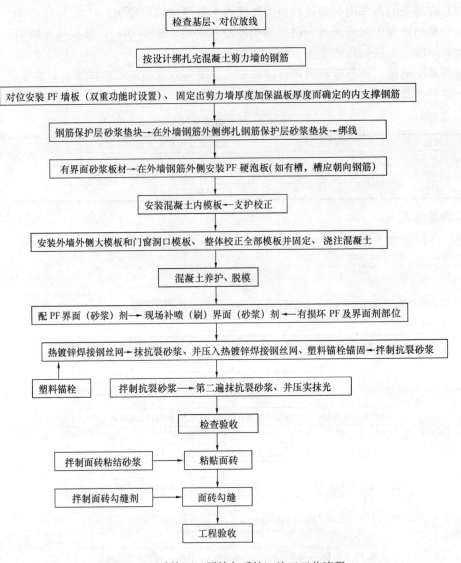

图 6-2　面砖饰面（厚抹灰系统）施工工艺流程

（3）操作工艺要点

1）绑扎钢筋工程要求

①绑扎钢筋应准确定位、核对钢筋具体要求。

②划好墙体宽度线，确定墙体轴线及绑扎钢筋定位线，严格控制绑扎钢筋误差。

③核对钢筋的级别、型号、形状、尺寸及数量，应与设计图纸及加工配料单相同。

④按图纸标明的技术参数，做好放线，在下层弹好水平标高线、柱、外皮尺寸位置线，检查下层预留搭接钢筋的位置、间距、数量、长度。

2）绑柱子钢筋

①工艺流程：套柱箍筋→搭接绑扎竖向受力筋→画箍筋间距线、柱箍筋绑扎

②套柱箍筋

按图纸设计间距，准确计算每根柱箍筋数量。先将箍筋套在下层伸出的搭接筋上，再立柱子筋，在搭接长度内，绑扣不得少于 3 个，绑扣应向柱中心。当柱子主筋采用光圆钢筋搭接时，角部弯钩应与墙板成 45°角，中间钢筋的弯钩应与墙板成 90°角。

3）搭接绑扎竖向受力筋、画箍筋间距线

柱子主筋立起后，绑扎接头的搭接长度应符合设计要求；在柱子竖向钢筋上，按图纸要求用粉笔画箍筋间距线。

4）柱箍筋绑扎

①套好的箍筋往上移动，宜采用缠扣方式由上向下绑扎。箍筋应与主筋垂直，箍筋转角处与主筋交点均应绑扎，主筋与箍筋非转角部分相交点成梅花交错绑扎。箍筋弯钩叠合处应沿柱子竖筋交错布置，并绑扎牢固。

② 在抗震地区，柱箍筋端头应弯成 135°，平直部分长度不得小于 10d，当箍筋采用 90°搭接，搭接处应焊接，且焊缝长度单面焊缝不小于 5d。

③柱上下两端箍筋应加密，加密区长度及加密区内箍筋间距应符合设计要求。当箍筋设拉筋时，拉筋应钩住箍筋。

④ 应按柱钢筋保护层厚度采用相应厚度垫块，必须保证主筋保护层厚度准确，垫块应绑在柱竖筋外皮上（或用塑料卡卡在外竖筋上），其间距可在 1000mm。

5）绑剪力墙钢筋

①工艺流程：立竖筋→画水平间距、绑定位横筋→绑其余横筋→绑其余横竖筋

② 立 2～4 根竖筋并与下层伸出的搭接筋搭接，按竖筋上水平筋分档标志，在竖筋下部及齐胸处绑两根横筋定位，并在横筋上画好竖筋分档标志，然后绑其余竖筋，最后绑其余横筋。

③竖筋与伸出搭接筋的搭接处应绑 3 根水平线，其搭接长度及位置应符合设计要求。

④剪力墙应逐点绑扎，双排钢筋之间应绑拉筋或支撑筋，纵横间距不宜大于 600mm。

⑤ 剪力墙与框架柱连接处，剪力墙的水平横筋应锚固到框架柱内，其锚固长度应符合设计要求。

⑥ 剪力墙水平筋在两端头、转角、十字节点、联梁等部位的锚固长度以及洞口周围加固筋等，均应符合抗震设计要求。

6）绑梁钢筋

①绑梁钢筋应根据施工现场情况，可分别按模内绑扎工艺或按模外绑扎工艺进行操作。

②在梁侧模板上画出箍筋间距，摆放箍筋。

③先穿主梁下部纵向受力钢筋及弯起钢筋，将箍筋按间距逐个分开；穿次梁下部纵向受力钢筋及弯起钢筋，套好箍筋；放主次梁的架立筋；按间距将架立筋与箍筋绑扎牢固；绑架立筋，再绑主筋，主次梁同时配合进行。

④框架梁上部纵向钢筋应贯穿中间节点，梁下部纵向钢筋伸入中间节点锚固长度、伸过中心线的长度及框架梁纵向钢筋在端点内的锚固长度均应符合设计要求。

⑤箍筋在叠合处的弯钩，应在梁中交错绑扎，绑扎弯钩为 135°，平直部分长度为 10d，如做成封闭箍时，单面焊缝长度为 5d。

⑥梁端第一个箍筋应设置距柱节点边缘 50mm 处。梁端与柱交接处箍筋应加密，其间

距与加密区长度应符合设计要求。

⑦梁受力钢筋直径等于或大于 22mm 时，宜采用焊接接头，小于 22mm 可采用绑扎接头，搭接长度应符合设计要求。搭接长度末端与钢筋弯折处的距离，不得小于钢筋直径的 10 倍。接头不宜位于构件最大弯矩处，应在中心和两端且相互错开扎牢。

7）板钢筋绑扎

①按在模板上画好主筋、分布筋间距，先摆放受力主筋，后放分布筋。

②在现浇板中有板带梁时，应先绑板带梁钢筋，再摆放板钢筋。

③绑扎板筋时用顺扣或八字扣，外围两根筋的相交点应全部绑扎，其余各点可交错绑扎（双向板相交点须全部绑扎）。当板为双层钢筋时，两层筋之间必须加钢筋马凳，确保上部钢筋位置准确。负弯矩钢筋每个相交点均应绑扎。

④钢筋下部应按 1.5m 间距垫砂浆垫块，垫块厚度等于钢筋保护层厚度。

8）楼层暗梁的钢筋铺设应与楼板绑扎钢筋铺设同步，如所设暗梁高度较大，应在暗梁混凝土浇筑到接近楼板时预留出暗梁高度，再铺设暗梁钢筋。

9）钢筋的规格、形状、尺寸、数量、锚固深度、接头位置、连接方式、接头面积百分率和箍筋、间距、垂直度等必须符合设计要求、现行《混凝土结构工程施工质量验收规范》GB 50204—2002 的规定要求，钢筋安装位置允许偏差，应符合表 6-3 要求。

表 6-3 钢筋安装位置允许偏差

项目			允许偏差（mm）
绑扎钢筋网	长、宽		±5
	网眼尺寸		±10
绑扎钢筋骨架	长		±5
	宽、高		±3
	间距		±5
	排距		±3
受力钢筋	保护层厚度	基础	±8
		柱、梁	±5
		板、墙、壳	±3
绑扎箍钢筋、横向钢筋间距			±10
钢筋弯起点位置			10
预埋件	中心线位置		2
	水平高差		+3，0

（4）预埋管线（件）与开孔要求

1）管线（件）应开孔预埋，不得采用后埋式，在钢筋绑扎时，预埋件、管、预留孔等及时配合安装，在浇灌混凝土前完成。安装预埋件时不得任意切断和移动钢筋，绑扎钢筋时禁止碰动预埋件及洞口模板。

2）管线、照明电线和通讯管线等，应按设计图纸要求将套管布置在复合墙体内。

3）开孔：上下水管、采暖（空调）管和各种表箱、消火栓孔洞等，应按设计图纸要求设置。

（5）绑线砂浆垫块

在混凝土剪力墙的钢筋绑扎完毕并经检查合格后，采用绑线将预制好的砂浆垫块绑扎在外墙钢筋的外侧，绑扎数量按 4 个/m^2，均匀分布，以便浇筑混凝土时，使其形成均匀一致的厚度。

（6）安装 PF 保温板板

两面喷有界面砂浆的 PF 保温板安装在外墙的钢筋的外侧，即在外模内侧。

安装首层 PF 保温板前，先测试地面基础的标高、坡度、平整度及墙面钢筋柱的位置、稳定性和标高垂直度等，当全部达到合格后，方可进行 PF 保温板安装。

PF 保温板与水平面平行，必须严格控制在同一条水平线上，以使待安装的相邻板间的接茬缝紧密，并保证其板端水平和长边的垂直度。

安装 PF 保温板时，应先从阳角（或阴角）开始，然后再顺两侧进行、沿墙体自下向上平行顺序进行拼装，如施工段较大可在两处或两处以上同时安装。

起吊墙板时，应保证墙板安全挂在塔吊挂钩上且使墙板垂直向下，控制起吊速度和吊壁旋转速度。起吊墙板后，在距下落 500～800mm 处应暂时停止下落，对位安装。

在安装 PF 保温板过程中，随时检查 PF 保温板的平整度和钢筋的垂直度，必须保证绑扎钢筋（芯柱钢筋、墙体钢筋）与 PF 保温板间距准确，发现偏差及时调整，不得累计。当各项参数达到设计要求，并将前一块 PF 保温板固定后，再进行下块板吊装。

（7）塑料卡钉固定酚醛泡沫板

PF 保温板安稳后，用塑料卡钉穿透酚醛泡沫板。塑料卡钉应按梅花状均匀布置，其纵横间距为 500～600mm，在两板的接缝处，应沿接缝的方向增设塑料卡钉，间距在 400～500mm。

用绑线将穿过 PF 保温板的塑料卡钉与墙体钢筋绑扎固定（或在安装好的 PF 保温板表面上按设计尺寸弹线，标出锚栓呈梅花状分布位置和数量，在板材拼缝处、门窗洞口过梁上可设一个或多个锚栓加强。安装锚栓前，在酚醛泡沫板上预先穿孔，然后用火烧丝将锚栓绑扎在墙体钢筋上）。

PF 保温板底部应绑扎紧密，直使底部内收 3～5mm，以使拆模后 PF 保温板底部与相接触的 PF 保温板外表面平齐。

（8）安装钢制大模板、支护

1）安装钢制大模板要求

PF 保温板安装后，先将墙身控制线内的杂物清扫干净后，再进行安装钢制大模板。

安装钢制大模板时，先安装外墙外侧的钢制大模板，再安装外墙内侧的钢制大模板和门、窗洞口模板。按设计的尺寸准确校正好模板的位置，整体找正、固定。

2）大模板支护要求

在转角处防止浇灌混凝土挤胀变形，应用 L 型偏铁进行拉结加固处理。

①阴角 PF 保温板支护：有木模侧 PF 保温板阴角处设角钢，并用 U 形扣件与内侧木模阴角处角钢对拉。

PF 保温板角钢与角钢之间用槽钢水平和对角固定。槽钢下用木模加衬槽钢与另侧木模对拉。墙板下部用钢管顶于槽钢作斜撑；上部用带花篮螺栓的连接钢管作斜撑。酚醛泡沫板底部用 ϕ22 地锚支撑，斜撑底部用 ϕ16 锚栓作为钢管支撑。

②整体 PF 保温板墙板支护：整体墙板应采用墙脚、墙腰和墙顶三道木模平行支护。当将三道木模平行放置各部位，用长杆对拉螺栓穿透墙体（经过芯柱钢筋）支护时，对拉方木方式辅助支护，长杆对拉螺栓位置、间距、布设数量，应根据设计要求进行设置、安装，长杆对拉螺栓应穿透墙体内外侧，并在混凝土浇灌完成后，在长杆对拉螺栓穿透墙体外侧边缘位置，经技术处理后不得出现热桥。

③在混凝土芯柱处，PF 保温板外侧应加衬钢板稳固支护。

墙体内侧 PF 保温板宜设置带花篮螺栓的连接钢管作斜撑，应保证墙体的整体稳定性。

（9）浇筑混凝土

混凝土浇筑的下料点应分散布置，浇筑应连续进行，浇筑混凝土的间隔时间不宜超过 2h。

混凝土分层灌筑时，每层混凝土厚度应不超过振动棒长的 1.25 倍（一次浇筑高度不大于 1m），后一次浇筑混凝土应在前一次浇筑初凝前进行。当混凝土为间断浇筑时，新旧混凝土的接茬处应均匀浇筑 30~50mm 厚的与外墙混凝土同强度的细石混凝土。

浇灌混凝土过程中，应经常检查钢筋保护层厚度及所有预埋件的牢固程度和位置准确性。

必须保证混凝土保护层厚度及钢筋不位移。不得踩踏钢筋、移动预埋件和预留孔洞的原来位置，如发现偏差和位移应及时调整，不得出现混凝土胀模、漏模和空鼓。

预留栓孔浇筑时应保证其位置垂直正确，在混凝土初凝时及时将本塞取出。在预埋管道浇筑时，先振管道周围，待有浆冒出时，再浇筑盖面混凝土。

当采用振捣混凝土施工时，应根据具体浇筑混凝土部位、布料方式选用插入式或平板式等类型振动器。在墙体转角处、纵横墙体相交处、预埋管线套管处、芯柱处及钢筋与墙板之间等，均应注意插捣，保证混凝土达到密实。

在柱梁及主次梁交叉处钢筋较密集，振捣棒头可用片式并辅以人工捣固配合。

门窗洞口两侧部位应同时下料，高差不宜太大，先浇捣窗台下部，后浇捣窗间墙，防止窗台下部出现蜂窝孔洞。

浇筑混凝土完成后的 12h 内应对混凝土加以覆盖并保湿养护。对采用掺入缓凝型外加剂或有抗渗要求的混凝土浇水养护不得少于 14d；对采用硅酸盐水泥、普通硅酸盐水泥或矿渣硅酸盐水泥拌制的混凝土浇水养护不得少于 7d。

基层及环境空气温度不应低于 5℃。在低温或高温条件施工，应采取适当养护或保护措施。

（10）拆除钢制大模板

1）拆除混凝土钢制大模板应符合下列要求：

①在常温条件下施工的已浇混凝土墙体，其强度不应小于 1.0MPa；

②低温或过低温度（冬期）施工的已浇筑混凝土墙体，其强度不应小于 7.5MPa；

③穿墙套管拆除后，应采用硬质砂浆捻塞混凝土孔洞，并用酚醛泡沫块堵塞保温层的孔洞，使其达到密实。

2）浇筑混凝土工程施工质量应符合《混凝土结构工程施工质量验收规范》GB 50204—2002 规定，现浇结构的尺寸允许偏差还应符合表 6-4 要求。

表 6-4 现浇结构的尺寸允许偏差

项目			允许偏差（mm）
轴线位置	基础		15
	独立基础		10
	墙、柱、梁		8
	剪力强		5
垂直度	层高	≤5m	8
		>5m	10
	全高（H）		$H/1000$ 且 ≤30
标高	层高		±10
	全高		±30
预埋设施中心线位置	预埋件		10
	预埋螺栓		5
	预埋管		5
预留洞中心线位置			15

注：检查轴线、中心线位置时，应沿纵、横两个方向量测，并取其中的较大值。

3）拆除钢制大模板后，应及时清除 PF 保温板表面溢流的混凝土、水泥砂浆等污物，并保持板面洁净，做好成品保护，发现 PF 保温板界面砂浆（剂）有被损坏，应补刷不露底。

（11）找平层施工

PF 保温板保温层的垂直度、平整度较差时，不必切削保温层，应在其泡体带有界面砂浆的表面，直接采用无机轻体浆料做找平处理。

6.1.4 工程质量控制

PF 保温板现浇混凝土保温工程，按隐蔽工程进行工程质量控制和验收，并与主体结构共同验收。

墙体保温工程验收包括：PF 保温板的质量和保温施工的成套技术，如验收时包括 PF 保温板的安装、找平层、抗裂砂浆涂抹、压实、搓平，耐碱玻纤网格布及热镀锌焊接钢丝网铺设、锚固件安装、热桥处理、变形分格缝处理和饰面层。

1. 主控项目

（1）PF 保温板、配件规格（含长度、宽度、厚度）、喷刷界面砂浆，质量标准应符合设计要求。

检查数量：按进场批次，每批随机抽取 3 个试样进行检，质量证明文件应按照其出厂检验批进行核查。

检验方法：对照设计和施工方案，观察、检查、尺量，核查质量证明文件。

（2）PF 保温板导热系数、密度、抗压强度应符合设计要求。

检查数量：全数检查。

检验方法：核查质量证明文件及进场复验报告。

（3）基层界面（砂浆）剂、增强、粘结强度、锚固等配套材料，进场时应见证取样复验。如增强用耐碱玻纤网格布的力学性能和抗腐性能、热镀锌焊接钢丝网的焊点抗拉力、镀锌质量；墙体基层界面剂和酚醛泡沫界面剂性能。

（4）抗裂砂浆、面砖粘结砂浆、饰面砖，其冻融试验结果应符合当地最低气温的环境要求。

检查数量：全数检查。

检验方法：核查质量证明文件。

（5）面砖饰面用热镀焊接钢丝网每平方米用的锚固数量、位置、锚固深度和拉拔力应达到设计要求。后置锚固件应进行锚固力现场拉拔试验。

检查数量：每个检验批抽查不少于3处。

检验方法：观察，手扳检查，粘接强度和锚固力核查试验报告。

（6）PF保温板安装位置应正确、接缝严密，在浇筑混凝土过程中不得有位移、变形，保温板表面采用界面剂处理后，能与混凝土粘结牢固。

检查数量：全数检查。

检验方法：观查检查，核查隐蔽工程验收记录。

（7）抗裂层、饰面层施工，应达到设计要求。

1）抗裂层、饰面层的基层应平整、洁净，无空鼓、无脱层、无裂纹，基层含水率应符合饰面层施工的要求；

2）饰面砖应做粘结强度拉拔试验，试验结果应符合设计要求和有关标准规定；

3）保温层及饰面层与其他部位交接的收口处，不得有热桥、渗水，应采取保温、防水密封措施。

检查数量：全数检查。

检验方法：观察检查，核查试验报告和隐蔽工程验收记录。

（8）门窗洞口四周墙面、凸窗四周墙面及悬挑的混凝土构件、女儿墙等热桥部位，按设计要求施工，达到无渗水、无热桥。

检查数量：按不同热桥种类，每种抽查20％，且不少于5处。

检验方法：对照设计和施工方案观查检查，核查隐蔽工程验收记录。

2. 一般项目

（1）进场的PF保温板和配件，其外观和包装应完整无损，且应符合设计要求和产品标准要求。

检查数量：全数检查。

检验方法：观察检查。

（2）耐碱玻纤网格布、热镀锌焊接钢丝网的铺贴和搭接应符合设计和施工方案要求。

1）抗裂砂浆抹压应密实，无空鼓；

2）耐碱玻纤网格布、热镀锌焊接钢丝网的铺贴不得有皱褶和外露。

检查数量：每个检验批抽查不少于5处，每处不少于2m²。

检验方法：观察检查，核查隐蔽工程验收记录。

（3）施所产生的墙体缺陷，如穿墙套管、脚手架、孔洞等，应按施工方案采取隔断热桥措施，达到不影响墙体热工性能。

检查数量：全数检查。

检验方法：对照设计和施工方案观查检查。

（4）当采用无机轻质保温浆料为找平层施工时，保温层应连续，厚度均匀，接茬应平顺密实。

检查数量：每个检验批抽查 10％，且不少于 10 处。

检验方法：观察、尺量检查。

（5）墙体上易被碰撞的阳角、门窗洞口及不同材料的交接外等特殊部位，达到防止开裂和破损的加强措施。

检查数量：全数检查。

检验方法：观察检查，核查隐蔽工程验收记录。

6.1.5 工程质量缺陷原因及防治措施

1. 保温板接缝间漏胶

（1）可能原因

有锚固保温板间距不合适，造成保温板安装偏差大或保温板有破损、锚筋施工不规范。

（2）预防措施

1）现浇混凝土坍落度应≥180mm。

墙体浇筑前保温板顶面必须采取遮挡措施（如槽口保护套），宽度为保温板厚度加模具厚度；振捣棒振动间距宜为 500mm 左右，每一振动点的连续时间，以表面呈现浮浆和不再沉落为度，严禁振动棒紧靠保温板。

2）安装网状 PF 保温板时，保温板分块，保温板高度等于结构层高，在水平方向分块，应根据保温板的出厂宽度，以及板缝不得正好角在门窗洞口为原则进行分块，并在结构的合适位置（如外墙表面、板顶）画出分块标志线。

应按分块标志线，将每块墙上保温板以规定顺序安装，板面紧贴砂浆垫块，调整好保温板的平面位置和垂直度。

相邻钢丝网架保温板之间高低槽应用保温板胶粘剂黏结，应先安装阴阳角专用保温角板构件，然后再安装角板之间保温板，遇门窗洞口按尺寸留出。

每块用不小于 6 根穿过板 L 形 φ6 的钢筋固定，锚筋深入墙内不小于 100mm，在阴阳角窗口四角、板竖向拼缝处安装附加网片与钢丝网架，板上的网片用火烧丝绑扎牢固。

先安装墙体外侧模板，再安装墙体内侧模板，沿墙长度方向从一端向另一端顺序进行，并采取可靠的模板定位措施，使外侧模板紧贴保温板，又不会挤靠保温板。

竖缝的两侧保温板相互粘结一起，在安装好的保温板上弹线，标出锚栓位置，应在锚栓定位处穿孔，然后在内塞入账管，并拧紧螺栓，使套管尾部全部张开，锚栓深入墙体不得小于 50mm，其尾部与墙体钢筋绑扎临时固定。

3）施工时注意板缝应小于 2mm；垂直方向不宜拼接，水平方向拼接必须加设平网加强；门窗洞口及阴阳角部位加设角网加强，洞口角部加设斜拉加强网；应注意对钢丝焊接点的防锈蚀处理。

2. 拆模后保温板出现偏差

（1）可能原因

垫块、PF保温板、模板支护出现偏差。

（2）预防措施

1）钢丝网架焊点质量应符合相关标准要求。应按位置在墙体钢筋外加水泥垫块以确保钢筋有足够的保护层。

2）施工时注意板缝应小于 2mm；垂直方向不宜拼接，水平方向拼接必须加设平网加强；门窗洞口及阴阳角部位加设角网加强，洞口角部加设斜拉加强网。

6.2 酚醛保温板钢丝网架板现浇混凝土系统

非酸性 PF 保温板钢丝网架板现浇混凝土系统（简称有网现浇系统），可有效提高板材与混凝土粘结强度。

在预制 PF 钢丝网架保温板中，在保证力学性能要求的前提下，尽可能限制每平方米所加腹丝数量，以免增加腹丝带来热桥影响，其系统构造见表 6-5。

表 6-5　PF 保温板有网现浇系统基本构造

饰面类型	构造层	组成材料	构造示意图
涂料饰面	基层墙体①	现浇混凝土墙	
	保温层②	钢丝网架非酸性 PF 保温裸板或复合 PF 保温板（φ6 钢筋⑥钩紧钢丝网架⑦）	
	找平层③	轻质防火保温浆料（必要时）	
	抗裂层④	抗裂砂浆复合耐碱玻纤网＋弹性底涂	
	饰面层⑤	柔性耐水腻子（必要时）＋涂料	
面砖饰面	基层墙体①	现浇混凝土墙	
	保温层②	钢丝网架 EPS 板（φ6 钢筋⑥钩紧钢丝网架⑦）	
	找平层③	轻质防火保温浆料（必要时）	
	抗裂层④	抗裂砂浆＋热镀锌电焊网或加强型耐碱玻纤网（用锚栓⑧固定）＋抗裂砂浆	
	饰面层⑤	面砖粘结砂浆＋面砖＋勾缝料	

6.2.1　设计技术要点

参照本 6.1.2 条设计技术要点。

6.2.2　施工

1. 施工准备参照本节中 6.1.3 中（1）。

2. 施工工艺

（1）涂料饰面（薄抹灰系统）施工工艺流程如图6-3所示。

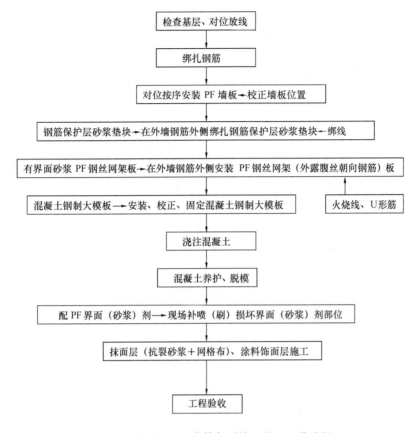

图 6-3　涂料饰面（薄抹灰系统）施工工艺流程

（2）面砖饰面（厚抹灰系统）施工工艺流程如图6-4所示。

3. 操作工艺要点

（1）安装钢筋保护层垫块。

（2）裁剪 PF 保温钢丝网架板，按照建筑外墙及特殊节点的形状和尺寸，在现场将 PF 保温钢丝网架板裁好，裁剪时应先剪断钢丝网。然后再裁板，裁板时避免碰掉板材边角。

将已裁好的 PF 保温钢丝网架板安装在外墙钢筋的外侧，且将有槽面（有钢丝网的一面）朝向外模一面，即外露的 40mm 长的斜插腹丝朝向混凝土一面。相邻两块 PF 保温钢丝网架板间达到接缝紧密。

首层 PF 保温钢丝网架板的安装必须严格控制在同一条水平线上，并保证其板端水平和长边的垂直度。

绑扎 PF 保温钢丝网架板，在有混凝土垫块的对应位置处，应采用 U 形 8 号低碳钢丝穿过 PF 保温钢丝网架板，将 PF 保温钢丝网架板与墙体钢筋绑扎牢固。

在 PF 保温钢丝网架板间的接缝处，应沿缝附加钢丝平网，钢丝平网在缝每边的搭接宽度不应小于 100mm，并用绑线将搭接的平网与 PF 保温钢丝网架板上的钢丝网绑扎牢固。

在 PF 保温钢丝网架板阴阳角接缝处，附加在工厂预制的钢丝网角网，其角短边长不应小于 100m，长边长为 100mm＋PF 保温钢丝网架板的厚度，并用绑线将搭接的钢丝角网与

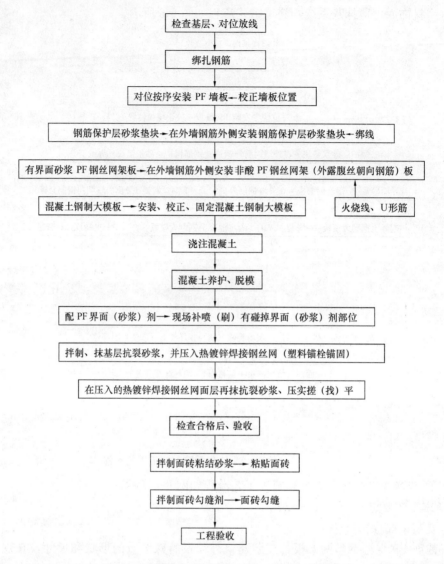

图 6-4　面砖饰面（厚抹灰系统）施工工艺流程

PF 保温钢丝网架板上的钢丝网绑扎牢固。

（3）安装、校正、固定钢制大模板。混凝土浇筑、混凝土养护、拆除钢制大模板等，其技术要求、工序、工法，参照本章 6.1 节施工。

6.2.3　工程质量控制

同本章 6.1.4 工程质量控制要求。

6.2.4　工程质量缺陷原因及防治措施

参见 6.1.4 条。

第7章　喷涂酚醛泡沫保温系统

7.1　喷涂酚醛泡沫墙体涂装保温系统

喷涂 PF 保温系统，是采用多组分混合头的专用喷涂发泡机。喷涂 PF 为保温层，通过无机轻质保温浆料对喷涂 PF 找平后，构成防火不燃保温系统。

保护层聚合物抗裂砂浆复合玻纤网格布或复合热镀锌钢丝网作抹面层，可分别构成涂装饰面、面砖饰面和龙骨外挂饰面板材保温系统。

在阴阳角、门窗口角等部位不易喷涂成形，通过细喷成型后找角或在喷涂平整误差较小时，可直接用抹面胶浆作抹面层找平，必要时可采用模浇发泡成棱角，或用 PF 阴阳角、门窗角预制件粘贴固定找形，由此解决不易喷涂施工难题，同时也起到辅助控制喷涂 PF 厚度的参照作用。

现场喷涂 PF 保温施工时，受环境温度、湿度和风力影响较大。环境温度低、湿度大影响 PF 质量；风天雾料漂移有污染，施工时，门窗必须预先遮盖严密，防止污染窗和附近停放汽车等。

该系统充分考虑了影响高层建筑外墙外保温热应力、水、风压、防火及地震等自然界影响因素，使各层间达到结合牢固、密封防水、防火、保温和使用安全的效果，满足我国不同气候区对建筑墙体保温隔热要求。

喷涂 PF 适用基层任意形状，且 PF 泡体对基层粘结力很强，喷涂厚度不受限制，施工快速，PF 保温层连续、无接缝，热桥少等特点。

广泛适用各类气候区混凝土、砌体结构、外挂石材保温系统，以及新建采暖居住建筑及既有建筑节能改造的外墙外保温工程。

喷涂 PF 保温涂装饰面和面砖饰面系统的基本结构如表 7-1 所示。

表 7-1　喷涂 PF 保温系统结构

基层墙体①	保温结构						
	墙体基层界面剂②	保温层③	找平层④	涂料饰面		面砖饰面	
				抹面层⑤	饰面层⑥	抹面层⑤	饰面层⑥
混凝土墙或砌体墙	基层防潮底漆	喷涂 PF 保温层＋界面剂（或界面砂浆）	在 PF 表面抹轻质保温浆料（如胶粉聚苯颗粒保温浆料）	第一遍聚合物抗裂砂浆＋耐碱玻纤网格布＋第二遍聚合物抗裂砂浆	柔性耐水腻子（面层为浮雕涂料不涂耐水腻子）＋面层涂料	第一遍聚合物抗裂砂浆＋热镀锌焊接钢丝网（用塑料锚栓与基层墙体锚固）＋第二遍聚合物抗裂砂浆	面砖粘结砂浆＋面砖＋勾缝料

7.1.1 材料要求与设计要点

1. 材料要求

（1）喷涂 PF 泡沫原料采用无酸或低酸发泡体系，操作性能应达到现场施工要求。

（2）喷涂 PF 泡沫与基层间密实、无缝隙、无空腔，为防止因基层出现气体对喷涂 PF 保温层鼓胀的影响，在基层喷涂或涂刷酚醛泡沫防潮底漆(或称墙体基层界面剂)，用于封闭基层潮湿、增加喷涂酚醛泡沫与基层粘结强度，防止 PF 保温层变形，常采用与酚醛泡沫有相容性且能增加粘结强度的专用有机高分子聚合物为主要成膜的防潮底漆，防潮底漆技术性能见表 7-2。

表 7-2　酚醛泡沫防潮底漆性能指标

项目		指标
原漆外观		浅黄至棕黄色液体无机械杂质
施工性		涂刷无困难
干燥时间 （h）	表干	≤4
	实干	≤4
涂层脱离的抗性（干湿基层）（级）		≤1
耐酸、碱性		48h 不起泡、不起皱、不脱落

（3）在喷涂酚醛泡沫施工中，由于在阴角、阳角和门窗边角施工不方便，常采用预制 PF 保温板粘贴，也可现场喷涂 PF 泡沫找平，均应与墙体喷涂 PF 泡沫性能相同。

（4）找平层用无机轻质保温浆料，或用胶粉聚苯颗粒保温浆料。玻化微珠保温砂浆技术性能见表 7-3。

表 7-3　玻化微珠保温砂浆性能指标

项目	指标	
	Ⅰ 型	Ⅱ 型
干密度，kg/m³	≤260	≤350
导热系数，W/(m·K)	≤0.060	≤0.070
抗压强度，MPa	≥0.30	≥0.50
拉伸粘结强度，MPa	≥0.10	≥0.12
蓄热系数，W/(m²·K)	≥1.5	
线性收缩率，%	≤0.25	
稠度保留率(1h)，%	≥60	
软化系数	≥0.60	
燃烧性能	A 级	
放射性	内照射指数、外照射指数均不大于 1.0	
抗冻性能	质量损失率不应大于 5%，抗压强度损失率不应大于 20%	

注：当使用部位无耐水要求时，软化系数、抗冻性能可不做要求。

（5）聚合物抹面胶浆、玻纤网、涂装等其他材料性能，同前要求。

2. 设计要点

（1）保温层应包覆门窗框外侧洞口、女儿墙及封闭阳台等热桥部位。所有热桥部位冬季室内的内表面温度不得低于室内空气露点温度。

（2）涂料饰面首层墙面以及门窗口等易受碰撞部位，抹面层中应满铺双层（标准型＋增强型）耐碱玻纤网格布，各层阳角处两侧网格布应双向绕角相互搭接（首层内侧网格布不得在转角处搭接），阴角网格布可在阴角一侧搭接，在各部位网格布的搭接宽度均不应小于150mm。在其他部位的接缝宜采用对接。

为防止首层墙角受碰撞，也可在涂料饰面首层墙面阳角处设 2m 高的专用钻孔的金属护角（0.5mm 厚镀锌薄钢板）或 PVC 护角，安装时应将护角夹在两层耐碱玻纤网格布之间。

涂料饰面的抗裂砂浆保护层（薄抹面层）的面层和首层厚度符合设计要求。抹面层过薄则不能达到足够的防水和抗冲击性。但抹面层过厚则会因横向拉应力超过玻纤网格布抗拉强度而导致抹面层开裂，且还会使水蒸气渗透阻超过设计要求。

（3）面(瓷)砖饰面的抗裂砂浆层内，热镀锌电焊网用双向间距 500mm 的塑料膨胀锚栓与基墙体按梅花形均匀固定。锚栓与基层锚固有效深度应不小于 30mm。锚栓用量应不少于 6 个/m²。

热镀锌电焊网相邻网的搭接宽度应大于 50mm，相搭接处不得超过 3 层，搭接部位应按间距 500mm 用塑料膨胀锚栓与基墙体固定。阴阳角、窗口、女儿墙、墙身变形缝等部位网的收头处均应用塑料锚栓固定。

面砖饰面层的抗裂砂浆厚度应≥5mm，且不应大于 8mm，热镀锌焊接钢丝网应在抗裂砂浆中间，抹完的抗裂砂浆面应平整。

（4）面（瓷）砖饰面或涂料饰面应设变形分格缝，变形分格缝的纵横间距应不大于 6m，其缝宽宜为 10～20mm，缝深为 10mm 左右，即缝深应略大于饰面砖的厚度，并用耐候硅酮密封胶做防水嵌缝。

（5）涂料饰面及面砖饰面的阴阳角，都可采用普通形状的酚醛泡沫预制板满粘。

（6）设外墙外保温在 20m 以下为面砖饰面，20m 以上为涂料饰面的做法时，在面砖饰面内设置的热镀锌钢丝网向上延伸 300，并用锚固件固定，涂料饰面内的耐碱玻纤网格布与热镀锌钢丝网连续铺设，形成逐渐过渡。

（7）窗口、带窗套窗口构造

窗口外要求外窗台排水坡顶应高出附框顶 10mm，用于推拉窗时应低于窗框的泄水孔；窗口向下坡 10mm，抹出滴水沿；外窗台排水坡顶应高出附框顶 10mm，对于推拉窗时应低于窗框的泄水孔；窗上口向下坡 10mm，抹滴水沿。

（8）封闭阳台要求外窗台排水坡顶应高出附框顶 10mm，用于推拉窗时应低于窗框的泄水孔。

（9）空调机搁板和支架应根据使用要求确定外形尺寸。在安装空调机时，如对搁板的保温、保护层造成破损应修复完整，穿过搁板的螺栓用密封胶封严，防止产生热桥和渗水。

空调机支架应在外保温工程施工前用胀锚螺栓固定于基层墙体。支架和锚栓安装前应进行防锈处理，其承载能力不应小于空调机重量的 300%，锚栓的规格和锚固深度必要时应做拉拔试验后再确定。

（10）墙身变形缝（外保温）构造

在涂料饰或面砖饰面的墙身变形缝内，用低密度聚苯乙烯泡沫条塞紧，填塞深度不小于 100mm。金属盖缝板可采用 1.0～1.2mm 厚铝板或用 0.7mm 厚不锈钢板。

（11）墙体水平分隔缝构造

酚醛泡沫保温层沿墙体层高宜每层留设抗裂水平分隔缝，且不应穿透酚醛泡沫保温层。纵向以不大于两个开间并不大于 10m 宜设竖向分隔缝。

7.1.2 施工工艺流程

喷涂 PF 泡沫涂装饰面施工工艺流程，如图 7-1 所示。

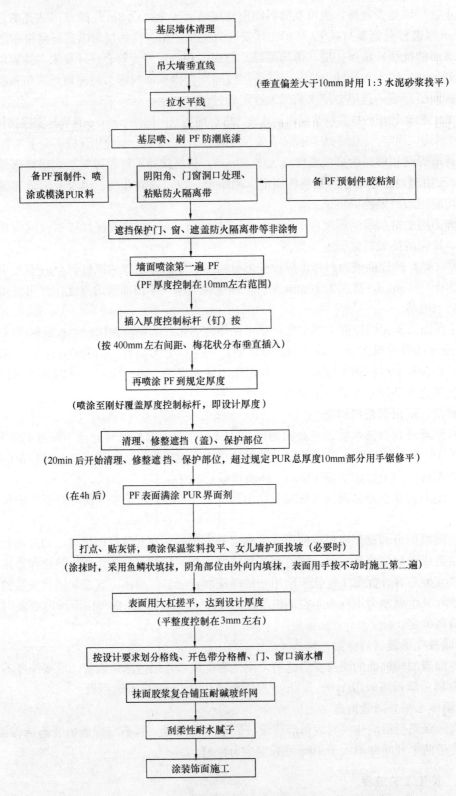

基层墙体清理

↓

吊大墙垂直线

↓ （垂直偏差大于10mm时用1:3水泥砂浆找平）

拉水平线

↓

基层喷、刷 PF 防潮底漆

↓

备PF预制件、喷 → 阴阳角、门窗洞口处理、 ← 备 PF 预制件胶粘剂
涂或模浇PUR料　　粘贴防火隔离带

↓

遮挡保护门、窗、遮盖防火隔离带等非涂物

↓

墙面喷涂第一遍 PF

（PF 厚度控制在10mm左右范围）

↓

插入厚度控制标杆（钉）按

（按 400mm 左右间距、梅花状分布垂直插入）

↓

再喷涂 PF 到规定厚度

（喷涂至刚好覆盖厚度控制标杆，即设计厚度）

↓

清理、修整遮挡（盖）、保护部位

（20min 后开始清理、修整遮挡、保护部位，超过规定PUR总厚度10mm部分用手锯修平）

↓

（在4h 后） PF 表面满涂 PUR 界面剂

↓

打点、贴灰饼，喷涂保温浆料找平、女儿墙护顶找坡（必要时）

（涂抹时，采用鱼鳞状填抹，阴角部位由外向内填抹，表面用手按不动时施工第二遍）

↓

表面用大杠搓平，达到设计厚度

（平整度控制在3mm左右）

↓

按设计要求划分格线、开色带分格槽、门、窗口滴水槽

↓

抹面胶浆复合铺压耐碱玻纤网

↓

刮柔性耐水腻子

↓

涂装饰面施工

图 7-1　施工工艺流过程

7.1.3 操作工艺要点

1. 施工准备

（1）材料准备

准备喷涂用酚醛泡沫原料和配套用材料，其中配套用材料包括酚醛泡沫基层防潮底漆、酚醛泡沫预制板条（用于阴、阳角部位收头）、酚醛泡沫界面剂、无机轻质保温浆料、抗裂砂浆等。

（2）施工设备、工具准备

首先仔细阅读喷涂机使用说明书，掌握操作机械要点。喷涂发泡机（含配套用空压机）接通电源后，发泡机试运行、物料循环、试喷，喷涂发泡机应达到能正常工作状态。

保护门、窗，防止污染的遮挡、覆盖材料。遮挡保护门、窗、脚手架等非涂物。

（3）吊保温层垂直厚度控制线

先在墙面吊垂直控制线，在顶部墙面与底部墙面下膨胀螺栓，以此做为大墙面挂控制钢丝的垂直点。

用大线坠吊直钢垂线，用紧线器勒紧，在墙体大阴、阳角安装钢垂线，钢垂线距墙体的距离为保温层的总厚度。窗口、阳台小阳角、小阴角等，可用铝合金尺遮挡做出直角。

挂线后，每层首先用 2m 靠尺检查墙面平整度，用 2m 托线板检查墙面垂直度，达到平整度要求后，开始施工。

2. 基层涂刷防潮底漆

当基层潮湿时，涂刷 PF 防潮底漆能有效封闭基层水及水蒸气作用，防止对 PF 产生不良影响，提高 PF 与基层墙体之间的粘结强度，避免 PF 保温层与基层墙体之间出现脱落及空鼓等不良现象。

涂刷防潮底漆环境温度不低于 5℃，基层含水不宜超过 8%，严禁雨天施工。在找平水泥砂浆干燥 7d 并验收合格、清理干净后，将稀释好的 PUR 防潮底漆搅拌均匀，用滚刷或毛刷均匀涂刷于平整基层墙体，也可用专用喷涂设备进行喷涂。

喷或涂刷防潮底漆成膜厚度约为 15μm（根据防潮底漆含固量确定用量，一般约为 0.07～0.08kg/m²）左右，施工不得有漏刷、欠刷现象。

3. 阴、阳角或门窗洞口保温层处理

在喷涂 PF 保温系统的阴阳角或门窗洞口等特殊部位处理，可分别选用现场角模板浇 PF 成型、喷涂 PF 成型和粘贴 PF 预制件成型。

（1）在阳角、阴角或门窗洞口采用 PF 预制件做处理时，按具体部位设置所需形状、规格设置预制件（如阳角、阴角、收头等），将胶粘剂均匀满涂覆在 PF 预制件粘结表面与基层满粘、粘牢，一般胶粘剂厚度 1～2mm，必要时还应辅加锚栓固定预制件。

（2）在阳角、阴角或窗口处采用模浇 PUR 处理棱角时，应由下向上支膜。先在阳角、阴角处吊垂直厚度控制线，标线一般选用不易挂 PF 材料的尼龙渔线或其他材质的线。对于墙面宽度≥2m 处，拉水平厚度控制线、水平线间距为 1～1.5m。

用浇注发泡机将 PF 发泡液料向阳角、阴角或门窗洞口的膜内分次浇注，浇注时控制好每次浇注量，防止出现胀模或空腔。

（3）在阳角、阴角或门窗洞口处采用直接喷涂 PF 找角时，调换专用喷枪，从门窗洞口外开始喷涂，并用木板等遮挡物在侧面进行遮挡，门窗框和易受污染部位必须预先遮盖严密，防止喷涂污染相邻部位。喷涂时留出相差部分由找平层处理，或完成的口角，用手锯修出设计角度和厚度。

4. 喷涂 PF 厚度的控制

控制喷涂 PF 厚度经验方法，是先在墙面上均匀喷涂首层泡沫层（约 5～10mm 厚度）后，按双向@500mm 间距（或按 300mm 间距）、梅花状分布垂直插入很细的 PF 厚度控制标杆（插入与 PF 最终所需厚度相等高度的控制标杆），每平方米内宜设 9～10 枝。

通过继续多遍均匀喷涂达到与所设置标杆头齐平或隐约可见标杆头，即达到了设计的最终厚度。在喷涂过程中，操作者用随身携带的钢针，可随时插入泡体对厚度检测，最终平均厚度不应出现负偏差。

窗套周边均宜粘贴 20mm 厚的 PF 保温预制件。女儿墙不小于 20mm 厚的 PF 保温层可喷涂，也可粘贴保温板（女儿墙泛水见个体工程设计），可用无机轻质保温浆料（或用胶粉聚苯颗粒保温浆料）找坡。

喷涂 PF 达到设计厚度的 4h 后，在其表面立刻均匀涂刷(或喷涂)界面剂(或界面砂浆)。

5. 喷涂 PF 保温层的找平处理

喷涂 PF 保温层平整度好坏，主要与喷涂操作者熟练程度有关。喷涂 PF 保温层平整度相对好，宜用弹性防水砂浆做找平、兼作界面层；平整度相对差宜用保温浆料作找平处理。

轻体保温浆料与 PF 均为保温材料，在温度发生变化时两种材料的热膨胀形变相近，不会造成很大的热应力差值，继而也不会导致找平保温浆料在 PF 上开裂。

保温浆料收缩率低，固化时收缩小，可变形性好，因其中含有大量纤维，具有明显的抗裂作用，具有粘结力强、自重轻的特性，减轻了保温体系的荷载负担，可与 PF 保温层形成一个整体。

轻质保温浆料机械喷涂或手抹施工找平层前，沿水平和垂直方向用保温浆料做找平的厚度控制层，即按保温层设计总厚度打点、粘饼，贴厚度控制灰饼作用是控制找平墙平整度。

找平用轻质保温浆料拌合用水量，掌握好浆料稠度，且找平层宜分二遍涂抹完成。

通过第一遍抹保温浆料修整后，使墙体平整度基本达到±5mm 要求，当第二遍再抹时的厚度可略高于灰饼厚度，然后用杠尺刮平，有凹处用抹子修补平整。在抹完找平层 2～3h 后，用抹子再赶抹墙面，用 2m 靠尺和托线尺检测墙面平整度、垂直度，要求墙面平整度、垂直度偏差控制在±2mm 范围内。

在阴阳角采用喷涂 PF 的处理方式时，用木方尺检查基层墙角的直角度，用线坠吊垂直线检查墙角的垂直度。用木方尺压住墙角浆料层上下搓动，使墙角保温浆料基本达到垂直，然后用抹子将阴阳角压光。

门窗口施工时应先抹门窗侧口、窗台和窗上口，再抹大面墙。施工前按门窗口的尺寸作口，应贴尺施工以保证门窗口处方正与内、外尺寸的一致性，并作好滴水槽。

7.1.4 工程质量要求

1. 主控项目

（1）所有材料品种、质量、性能、规格，必须符合设计要求和相关标准规定。

检验方法：观察、尺量检查；核查质量证明文件。

（2）保温层与墙体以及各构造层之间必须粘接牢固，无脱层、空鼓及裂缝，面层无粉化、起皮、爆灰。

检验方法：观察检查。

（3）涂层严禁脱皮、漏刷、透底。

检验方法：观察检查。

（4）PF保温层厚度必须符合设计要求，不允许有负偏差。

检验方法：按施工顺序，用钢针插入、尺量。

（5）防火隔离带与基层结合牢固，其宽度、厚度必须符合设计要求，不允许有负偏差。

检验方法：观察检查。

2. 一般项目

（1）表面平整、洁净，接茬平整、线角顺直、清晰，毛面纹路均匀一致。

检验方法：观察检查。

（2）护角符合施工规定，表面光滑、平顺、门窗框与墙体间缝隙填塞密实，表面平整。

检验方法：观察检查。

（3）孔洞、槽、盒位置和尺寸正确、表面整齐、洁净，管道后面平整。

检验方法：观察、尺量检查。

（4）防火隔离带与PF保温层间无缝隙、防火隔离带表面无被喷PUR。

检验方法：观察。

（5）允许偏差及检验方法，见表7-4。

表7-4　允许偏差及检验方法

项目	允许偏差（mm）	检验方法
立面垂直	4	用2m托线板检查
表面平整	4	用2m靠尺和楔尺检查
阴阳角垂直	4	用2m托线板检查
阴阳角方正	4	用20cm方尺和楔尺检查
分格条（缝）平直	3	拉5m小线和尺量检查
立面总高垂直度	$H/1000$ 且 $\not> 20$	用经纬仪、吊线检查
上下窗口左右偏移	$\not> 20$	用经纬仪、吊线检查
同层窗口上、下	$\not> 20$	用经纬仪、吊线检查
保温层厚度	不允许有负偏差	探针、钢尺检查
保温层平整度	1.5cm	用2m靠尺和楔尺检查

7.1.5　工程质量缺陷原因及防治措施

1. PF下垂、脱落和收缩原因及防治

155

（1）原因分析

1）基层或环境温度低，物料与环境温度低，物料散热快，造成泡体固化慢或久不固化，施工条件不符。

2）基层潮湿、有霜、有油污、灰尘过多，不仅底层泡沫酥、脆、粉沫状，而且造成喷涂 PUR 保温层与基层粘结强度大大降低。

3）喷涂 PF 在常温常湿、高温高湿、低温低湿条件影响其保温层尺寸稳定性。

4）在潮湿基层没有喷或刷专用防潮底漆，直接喷涂 PF 后，PF 保温层为闭孔结构、整体的保温层，没有排汽孔（不同于板材区别是板材间有缝、无机保温浆料可透气和含气），因基层潮湿所产生的气体胀力，胀力随环境温度增加而加大，最终导致 PUR 保温层与基层空鼓，甚至 PF 保温层出现脱落。

5）固化剂用量不够，使泡体固化过慢或久不固化，喷出料与发泡速度不同步。

6）喷涂压力过低或喷头（枪）物料混合不好。

（2）防治措施

1）基层必须洁净、干燥、牢固。

2）干燥基层应喷、刷 PF 专用防潮底漆，防止生活气体影响；潮湿基层必须喷、刷 PF 防潮底漆，彻底封闭气体。

3）保证喷涂物料的温度。

4）设法提高基层和环境温度，或料加温，达到施工条件。

5）适量提高发泡固（催）化剂用量。

6）调整喷涂设备压力，物料必须混合均匀。

2. 喷涂 PF 表面波纹太大原因及防治

（1）原因分析

1）喷涂机压力大。

2）喷枪与基层距离过近。

3）前后喷涂间隔时间短或泡体凝胶时间短即泡体固化过慢。

（2）防治措施

1）调好喷涂发泡机最佳机械压力。

2）控制喷枪与被喷基面距离。

3）待前遍泡体固化后再喷后遍。

4）PF 泡体固化时间过长，应补加一定的固化剂用量。

3. 抹面层裂纹原因及防治

在抹面层施工前，对 PF 表面处理有两种方法。一种是用弹性防水砂浆找平或作为界面层，另一种是涂界面剂后，保温浆料找平。

（1）原因分析

用界面剂、无机保温浆料找平，材料质量是重要因素之一，使用不合格材料对工程质量危害很大。

（2）防治措施

除采用无机保温浆料找平外，当采用胶粉聚苯颗粒保温浆料找平时，应采用相对小的聚苯颗粒，且不得降低干粉量，使聚苯颗粒得到全面包裹，保证胶粉聚苯颗粒保温浆料有良好稠度，控制用水量。

4. PF 保温层分层、密度不均匀和渗水原因及防治

（1）原因分析

1）PF 喷涂或保温浆料多遍涂抹间隔时间过长。

2）PF 密度低，发泡剂加入量随意变化。

（2）防治措施

1）控制 PF 喷涂间隔时间，防止间隔时间过长或表面落尘。

2）控制 PF 保温层间接茬不得有分层（接槎）的缝隙。

3）保证喷涂 PF 原料每个批次的稳定，PF 密度不得低于标准规定。

5. 热阻不符合设计要求

（1）原因分析

喷涂 PF 保温层薄了，人为偷工减料造成。

（2）防治措施

喷涂 PF 保温层可厚不可薄，保温层有高、低不平按加减平均算，在施工中随喷随检测泡体厚度。

7.2 喷涂酚醛泡沫与外挂板饰面系统

喷涂酚醛泡沫与外挂板饰面系统，是在新建建筑墙体（如幕墙、轻体夹芯墙、砌块或混凝土墙体等）基层的轻钢龙骨框架腔体内，喷涂酚醛泡沫。通过在酚醛泡沫表面涂刷防护层或防火层面层后，再在龙骨上安装外挂板材（如石材、水泥板等装饰板）。

在该系统使用喷涂酚醛泡沫技术，不但提高施工速度，而且克服了填充保温方法的不足。在墙体基层喷涂酚醛泡沫后，使墙体、墙体安设挂件部位整体达到保温、密封效果，可隔绝墙体基层因潮气、热桥引起腐蚀、霉菌等问题。

为防止酚醛泡沫长时间受紫外线照射降低性能，提高防火性能，应在泡体表面喷、刷，或涂抹具有防护和提高防火性能的面层材料。

7.2.1 设计要点

1. 酚醛泡沫保温层的导热系数修正系数按 1.15 选取。

2. 在外挂板材（如石材）与酚醛泡沫保温层之间设置的间隔空气层，不能形成流动气流。

3. 该系统构造可在泡体与外挂板间可留 10～20mm 空气层（包括吸声空气层、防潮空气层、去湿空气层、集热空气层、通风空气层等）。

在墙体结构中所设置的空气层，相当于用空气作为保温材料或作成保温空气层，空气层不仅降低泡沫用量，具有优良的热功能，而且空气层增加墙体热阻，既免于表面，也免于内部产生凝结水。

7.2.2 施工工艺流程

喷涂酚醛泡沫与外挂板饰面系统工艺流程如图 7-2 所示。

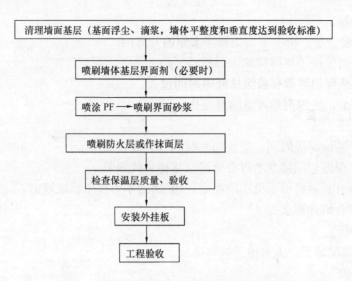

图 7-2　喷涂酚醛泡沫与外挂板饰面工艺流程

7.2.3　操作工艺要点

1. 喷涂酚醛泡沫前，承重结构部位已安装龙骨预埋件，要求埋设必须达到稳固。在龙骨预埋件上安装主龙骨，按设计布局及石材大小在外墙挂线、在主龙骨上安装次龙骨及挂件，以及墙体基层设有管线安装完毕、验收。

检查墙体基层，如有灰渣、尘土应彻底清除。如有严重凹陷应用同等墙体材料（或用水泥砂浆）抹平。

2. 喷涂酚醛泡沫施工，避开 3 级以上大风天，墙体基层湿度不大于 15％。施工环境温度宜在 25℃以上。

3. 发泡设备（输料管线长度、具备喷涂发泡机可用电源）调试完毕，达到喷涂操作条件。

4. 根据工作面设置安装数量，认真检查脚手架安装质量要求，必须达到上下运行安全使用。

5. 在喷涂酚醛泡沫前，通过试喷来确定喷枪嘴与墙体基层的最佳距离（喷距），试喷主要依据所选用喷涂发泡机的单位时间内的喷涂量、设定压力和施工现场风力大小等因素调整确定，通过各因素综合调整恒定喷距，在喷涂时应达到稳定状态。

6. 该工艺流程采用先安装完主龙骨和次龙后，后喷涂酚醛泡沫方式，可防止在完成喷涂酚醛泡沫后，再有动用电焊等高温作业。

7. 在喷涂中，喷枪嘴都应与墙体基层垂直。在墙体基层上可按泡体总厚度冲筋，最后喷涂到冲筋同厚度，也可按喷涂经验不设冲筋，边喷涂边检测厚度的方式进行连续施工到最终厚度。喷涂不得污染安装挂板部位，避免给安装挂板工序带来偏差。

8. 单元龙骨内连续喷涂，使龙骨与墙体连接的固定件同墙体共同喷涂成一体，前后喷涂泡体相互间不得有接茬，使墙体达到全面封闭系统。

9. 防火层或抹面层，在喷涂酚醛泡沫固化后即刻进行。在进行挂板等工艺安装时，严禁在无可靠消防措施准备的情况下进行任何产生明火的施工，严禁在其上凿孔打洞或受重物撞击。

10. 安装挂板

在石材上开设挂槽、利用挂件将石材固定在龙骨上、调整挂件紧固螺栓，对线找正石材外壁安装尺寸，挂槽内用云石胶满填缝。

7.2.4　工程质量要求

见 7.1.4 工程质量要求。

7.2.5　工程质量缺陷原因及防治措施

见 7.1.5 工程质量缺陷原因及防治措施。

第8章 现场模浇酚醛泡沫墙体保温系统

模浇酚醛泡沫外墙外保温系统，包括可拆模板浇注和免拆模板浇注酚醛泡沫两种施工方法，且分别构成涂料饰面和面砖饰面。

模浇法酚醛泡沫施工，是在模板固定支护的条件下，在现场向模板内浇注酚醛泡沫液态原料，根据设计泡沫厚度可自由调整模板位置，酚醛泡沫充满模板内整个空间，实现低损耗、零污染，泡沫稳固、不脱落、不开裂。

模浇酚醛泡沫的泡体在基层墙体与模具之间产生压力发泡，不但加强酚醛泡沫对基层墙体的附着力、形成泡沫断面密度均匀、泡体密度容易控制，而且酚醛泡沫表面平整度和线角精度可控制在 3~5mm。在阴阳角和窗口等特殊部位可一次浇注成形，减掉在酚醛泡沫表面找平、阴阳角和窗口等特殊部位采用酚醛泡沫预制件粘贴步骤。

模浇酚醛泡沫构造系统适用于新建、扩建、改建和既有的公共建筑、民用建筑节能工程；适用于砌体、混凝土和填充墙体的基层，如钢筋混凝土、混凝土空心砌块、页岩陶粒砌块、烧结普通砖、烧结孔砖、灰砂砖、炉渣砖等材料构成，以及抗震设防烈度≤8 度的地区的外墙保温工程。

8.1 可拆模浇酚醛泡沫保温系统

可拆模板浇注酚醛泡沫系统，在可重复使用的可拆滑模板（含滑轨）内在现场完成浇注酚醛泡沫，泡体固化拆除模板（脱模）后，形成表面平整的酚醛泡沫保温层，可分别完成涂料饰面和面砖饰面系统。

可拆模浇酚醛泡沫涂料饰面系统基本构造如表 8-1 所示。

表 8-1 可拆模浇酚醛泡沫真石漆饰面系统基本构造

基层墙体	构造示意图			
	界面层	PF 保温层	真石漆饰面层	
混凝土墙或砌体墙（砌体墙需用水泥砂浆找平）①	墙体基层界面剂 ②	浇注 PF ③	界面剂＋真石漆底涂层④ ＋ 真石漆中涂层⑤ ＋ 真石漆面漆层 ⑥	① ② ③ ④ ⑤ ⑥

8.1.1 可拆模板及系统材料性能

1. 专用可拆模板技术性能要求

专用可拆模板可选用胶合板复合高分子材料模板、金属复合高分子材料模板、竹质复合高分子材料模板、增强高分子材料模板等多种材质，要求模板承受酚醛泡沫发泡鼓胀力，表面应平整，达到安装方便、拆卸容易，而且酚醛泡沫应不粘模。

2. 酚醛泡沫、墙体基层界面剂（防潮底漆）、酚醛泡沫界面剂、抗裂砂浆，耐碱玻纤网格布技术性能、柔性耐水腻子技术性能，同前有关技术性能要求。

3. 单组分聚氨酯泡沫填缝剂是自身发泡、自身吸收潮湿熟化和粘接、密封间隙，用于窗框与墙体间、饰面板缝间等，其物理性能（JC 936—2004）见表 8-2。

表 8-2　物理性能指标

项　目			指　标
密度(kg/m³)			10～20
导热系数(35℃)[W/(m·K)]			≤0.050
尺寸稳定性(23±2℃，48h)(%)			≤5
燃烧性			B2 级
剪切强度(kPa)			≥80
拉伸粘结强度(kPa)	铝板	标准条件，7d	≥80
		浸水，7d	≥60
	PVC 塑料	标准条件，7d	≥80
		浸水，7d	≥60
	水泥砂浆板	标准条件，7d	≥60

4. 其他材料技术性能

（1）真石漆的主要技术性能应符合《合成树脂乳液砂壁状建筑涂料》（JG/T 24—2000）的要求。

（2）硅酮型建筑密封胶技术性能同表 3-21 要求。

（3）用作嵌缝背衬材料的聚乙烯泡沫塑料棒，其直径宜按缝宽的 1.3 倍采用。

（4）墙身变形缝盖缝板采用 1mm 厚带表面涂层的铁皮，或 0.7mm 厚镀锌薄钢板制作。

8.1.2　设计基本要求

1. 在墙体变形缝处（基层墙体的伸缩缝、防振缝）酚醛泡沫保温层应设分隔缝，缝隙内沿墙外侧满铺低密度聚苯乙烯泡沫塑料板或酚醛泡沫等弹性保温材料密封材料封口。

2. 变形缝温度修正系数 $n=0.7$ 对建筑物外墙的传热系数进行修正后，作为变形缝墙体的传热系数要求值，据此确定保温材料厚度。

3. 酚醛泡沫保温层沿墙体层高宜每层留设水平分隔缝，纵向以不大于两个开间并不大于 10m 宜设竖向分格缝。

4. 高层建筑和地震区、沿海台风区、严寒地区等应慎用面砖饰面。当必须采用面砖面时，应严格遵守本构造系统有关面砖饰面的各种配套材料的技术性能指标和施工要求。

5. 饰面涂料和面砖的品种、规格、颜色等，由个体工程设计决定。

6. 模浇酚醛泡沫的基层构造设计要结合实际工程的结构种类，提出具体的技术要求和基层处理方案及质量控制措施。

7. 验收合格标准的砌体墙体、混凝土墙体及各种填充墙体，可不用抹面砂浆找平，酚醛泡沫可直接浇注。

8. 模浇酚醛泡沫的基层为承重砌体墙的，块材的强度等级不应小于 MU10.0；填充砌体墙的，块材强度等级低于 MU5.0；锚栓间距 500mm，且梅花布置；进入基层的有效锚固长度应大于 25mm。

9. 砌体的砌筑砂浆应饱满，且应符合清水墙的技术质量要求。

10. 填充砌体与混凝土剪力墙、梁、柱的连接处，应铺设镀锌钢丝网，并抹水泥砂浆。

11. 水泥砂浆抹面的平整度的允许偏差（用 2m 靠尺检查）应小于 ±1.5mm，经验收合格后方可进行模浇酚醛泡沫保温层的施工。

既有建筑的砌体墙在进行模浇酚醛泡沫外保温前，均应先处理好基层（清除外墙表面涂料、脱皮、空鼓、粉化层），并通过施用墙体基层界面剂处理后，再抹 M10 水泥砂浆。

12. 细部构造

涂料饰面细部节点构造如图 8-1～图 8-5 所示。

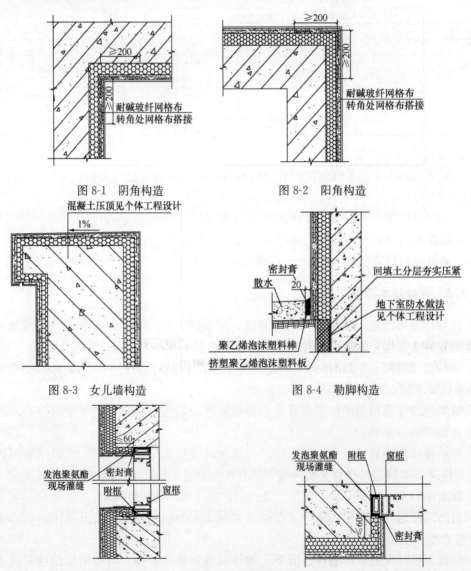

图 8-1 阴角构造　　　　　　图 8-2 阳角构造

图 8-3 女儿墙构造　　　　　　图 8-4 勒脚构造

图 8-5 窗口构造

8.1.3 施工工艺流程

可拆模浇酚醛泡沫涂料（真石漆）饰面施工工艺流程如图 8-6 所示。

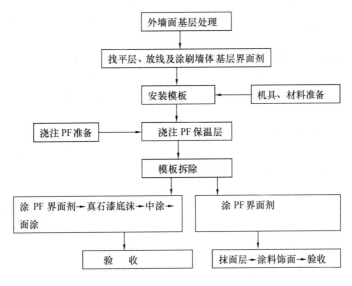

图 8-6 施工工艺流程

8.1.4 操作工艺要点

1. 施工准备

（1）施工应考虑现场温度、酚醛泡沫原（液）料在模具内流动指数及泡体固化时间。

（2）模板、机具及工具

1）平面浇注采用平模板，阳角、门窗洞口、凹凸装饰线采用角模板浇注。

2）模具应干净、干燥，板面外观平整，可拆模板与浇注酚醛泡沫不粘连，必要时可在模板内侧涂刷不影响下道工序施工的脱模剂。

3）酚醛泡沫浇注机系统达到正常运转条件，使用垂直运输机械、水平运输车、门式脚手架或钢管脚手架时，安装前进行逐个安全检查，达到使用安全。

4）剪刀、壁纸刀、常用抹灰工具、刮杠、检测工具、经纬仪、手电钻、手锤、探针、直尺、塞尺、钢叉、透明胶带等。

电动螺丝刀、射钉枪、砂浆搅拌机、手提电锯、手提压刨、电动砂布机等。

2. 基层处理

先在作业面的墙体吊垂线、水平线测平整度。彻底清理外墙基面的灰结、混凝土浮块及浮灰等所有附着物及混凝土梁外胀等缺陷修整合格，如有混凝土凸出物高度＞6mm，应处理到平整。

砌体与梁、柱间隙用钢网处理，钢网在缝两侧搭接≥200mm。门窗安装完毕并完成局部填平。

墙体基层必须处理到符合施工要求后，再在墙体基面上采用喷雾式（或辊涂式）均匀喷涂墙体基层处理剂。

先将墙体界面剂搅拌均后，再采用涂抹或雾喷方法，从始端向终端按顺序涂刷（或喷涂），不得有漏涂、欠喷和流淌等不良现象现象，最终要求界面层达到 0.3mm 均匀厚度，能够达到封闭墙体潮气和增强基层与泡体达到所规定粘结的效果。

3. 测量放线

根据每层放的水平线及墙大角阳角处的竖直线，确定模板位置，控制保温层的厚度。

4. 安装专用模板

在墙体基层界面剂施工结束 2h 后，安装模板。根据吊垂线、水平线测量墙面平整度。在建筑物外墙大角（阴角、阳角）及其他必要处挂垂直基准线。

支模板每层必需挂垂直、水平线，以控制垂直度和平整度，确定定型模板部位。在墙面上预先安装与酚醛泡沫保温层相同厚度的垫块，作为浇注酚醛泡沫的标准厚度。

支模板应从阴角（阳角）开始（采用角型模板），支模板顺序由下往上，TOX 尼龙套胀钉固定标准化防粘模板（600mm×2400mm）。角处的模板也可采用两块模板直接碰头，缝隙用胶带封口的方法，其他模板也采用直接拼接方法。

按模板定位孔钻孔，安装模板。用调节螺杆调正与基面的平行和垂直，支撑螺杆支撑在墙面上，确定保温层厚度，用锚栓钉拉紧模板，利用自胀锚栓 TOX 钉，使模板安装达到稳定、固定牢靠。

模板垂直度及平整度不大于 3mm，预调整好浇注酚醛泡沫保温层的厚度。

在浇注酚醛泡沫发泡中，泡体必然对模板产生膨胀作用，必要时为了抵抗对模板可能产生较大鼓胀作用力，可在模板外安装加强肋。

在浇注酚醛泡沫前，应按基层的部位，正确选择适用模板和配套支护工具。如在平面墙体浇注应采用平模板，在阳角部位浇注应采用阳角板浇注，在门窗洞口、凹凸装饰线部位浇注应采用角模板浇注。

5. 浇注酚醛泡沫

浇注酚醛泡沫的顺序由远至近，浇注中保持注料枪移动速度要均匀，以便保证浇注量的均匀，浇注料要全部浇注在墙面上。

单块模板应连续浇注，不得发生断层现象，并且单块模板浇注应沿高度方向分三次浇注，即后次浇注应在前次浇注达到充分发泡、固化后进行。

酚醛泡沫固化时间与墙体和模板温度有直接关系，因墙体和模板温度的高低直接影响反应热移走的速度。模板、墙体温度低，发泡倍数低，酚醛泡沫固化慢、泡体密度大且表皮厚。

通常一次浇注成型的高度宜为 300～600mm，或每次浇注的发泡量最多为单块模板的50%左右。

单块模板最终浇注深度比模板宽度小 100mm 左右，以利于安装下块模板再浇注时，避开泡体间接茬。

在浇注酚醛泡沫后，因受模板、墙体向上发泡阻力，而在模板、墙体与硬泡发泡间产生发泡影响，每次或最后浇料注意找平，如不慎浇注有冒出模板的泡体部分应清除。

女儿墙处保温层双面一直做到护顶，达到全部密封。

6. 拆除模板

在模浇酚醛泡沫固化后拆模，提前时间虽易拆模，但泡体熟化时过短，易损坏泡体。拆模时将支撑螺杆外旋转，使模板与酚醛泡沫脱开后，退出自胀锚栓钉（TOX 钉），把模板拆除，再周转支上层模板。

浇注的酚醛泡沫泡体不得有虚粘、空鼓、酥软等缺陷，表平整度≤3mm，表面局部裂纹长度＜50mm，宽度＜1mm，窗口上下左右偏移不大于 20mm。

拆模后的酚醛泡沫保温层，应充分熟化后再进行下道工序施工。

7. 喷或涂酚醛泡沫界面剂

为增加保护层对泡体表面粘接强度，在拆除模板后，酚醛泡沫保温层经验收合格后，喷或刮涂酚醛泡沫界面剂。

8. 涂真石漆饰面料

①喷涂底漆：为使底材的颜色一致，避免真石漆涂膜透底而导致的发花现象，底漆喷涂带色底漆，以达到颜色均匀的良好装饰效果。

基层着色处理材料应选用附着力、耐久性、耐水性好的外用薄涂乳胶漆。根据所确定天然石材的颜色或样板的颜色进行调色配料，尽可能使涂料的颜色接近真石漆本身的颜色。

②喷涂真石漆：为了达到仿石材的装饰效果，同时也利于施工操作，可以对真石漆进行分格涂喷，并且在分格缝上涂饰所选择的基层着色涂料，在大面喷涂时对分格缝部位应完全遮挡或进行刮缝处理。

喷涂真石漆的必要时，可加少量水调节，但喷涂时应严格控制材料施工黏度恒定，以及喷口气压、喷口大小、喷涂距离等应严格保持一致，遇有风的天气时，应停止施工。

真石漆施工如果控制不好，涂膜容易产生局部发花现象。因此在真石漆喷涂时应注意以下几个操作要点：

注意出枪和收枪不在正喷涂的墙面上完成；

喷枪移动的速度要均匀；

每一喷涂幅度的边缘，应在前面已经喷涂好的幅度边缘上重复 1/3，且搭界的宽度要保持一致；

保持涂膜薄厚均匀。

涂料的黏稠度要合适，第一遍喷涂的涂料略稀一些，均匀一致、干燥后再喷第二遍涂料。喷第二遍涂料时，涂料略稠些，可适当喷得厚些。

当喷斗的料喷完后，用喷出的气流将喷好的饰面吹一遍，使之波纹状花纹更接近石材效果。如果想达到大理石花纹装饰效果，可以用双嘴喷斗施工，同时喷出的两种颜色，或用单嘴喷斗分别喷出的两种颜色，达到颜色重叠、似隐似现的装饰效果。

③喷涂罩光清漆：为了保护真石漆饰面、增加光泽、提高耐污染能力，增强真石漆整体装饰效果，在真石漆涂料喷涂完成，且待真石漆完全干透后（一般晴天至少保持 3 天），可喷涂罩光清漆。

在罩光清漆施工时，为保持其适宜黏度，可适量添加稀释剂调配。在喷涂操作时注意保持气压恒定、喷口大小一致，防止罩光清漆出现流挂现象。

④在细部构造应做到：

在大面喷涂时对分隔缝部位，应完全遮挡或进行刮缝处理；

上窗口顶应设置滴水沿（槽或线）；

装饰造型、空调机座等部位必须保证流水坡向正确；

窗口阴角、空调机座阴角，落水管固定件等部位均留嵌密封胶槽，槽宽 4～6mm，深 3～5mm。嵌密封胶，不得漏嵌或不饱满。

8.1.5 工程质量要求

1. 主控项目

(1) 所用主体材料及配套用材料规格、质量、性能应合格。

检查方法：检查出厂合格证、近期检测报告和进入现场复试报告。

(2) 酚醛泡沫保温层的厚度符合设计要求，保温层平均厚度不允许出现负偏差。

检查方法：用尺测量和观察。

(3) 保温层与墙体以及各构造层之间必须粘接牢固，不应脱层、空鼓及裂缝。

检查方法：现场观察检查。

(4) 安装模板和自膨胀金属锚固螺栓，应使模板、钉与尼龙套准确对位，并安装牢固。

检查方法：用直尺测量和观察。

(5) 模板与塑料板之间不得有缝隙。

检查方法：用直尺测量和观察。

(6) 模板拆除后，模浇酚醛泡沫不应粘模板。

检查方法：现场观察检查。

(7) 酚醛泡沫的密度、厚度应符合设计要求。

检查方法：检查复验报告，用探针和直尺测量检查。

(8) 饰面嵌缝连续、饱满、均匀。

检查方法：现场观察检查。

2. 一般项目

(1) 基层应无脱层、空鼓和裂缝，基层应平整、洁净，含水率应符合施工要求。

检查方法：现场观察检查。

(2) 界面砂浆（剂）喷涂均匀，严禁有漏底现象。

检查方法：现场观察检查。

(3) 界面砂浆刮涂厚度均匀，严禁有漏底现象。

检查方法：现场观察检查。

(4) 穿墙套管、脚手架、孔洞等，按照施工方案要求施工。

检查方法：现场观察，全数检查。

(5) 阴（阳）角、门窗洞孔及与不同材料交界处等特殊部位，按设计要求施工，并应达到密封牢固、无空隙。

检查方法：现场观察检查。

(6) 酚醛泡沫保温层必须达到熟化时间后方可进行下道工序施工。

(7) 模板表面应平整、光洁。

检查方法：用靠尺、直尺、塞尺测量、观察检查。

(8) 模板的接缝不应有漏出酚醛泡沫。

检查方法：观察检查。

(9) 拆除模板后，已浇注成型的酚醛泡沫表面及棱角应无损伤。

检查方法：观察检查。

3. 模浇酚醛泡沫质量检查允许偏差

(1) 模浇酚醛泡沫的模板安装允许偏差值，见表 8-3。

表 8-3　模浇酚醛泡沫模板安装允许偏差值

项目		允许偏差（mm）	检验方法
轴线位置		≤5	钢尺检查
截面尺寸	柱、墙、梁	+4，−5	钢尺检查
层高垂直度	不大于 5m 时	≤6	经纬仪或吊线、钢尺检查
	大于 5m 时	≤8	经纬仪或吊线、钢尺检查
相邻两板表面高低差		≤2	2m 靠尺和直尺及塞尺检查
表面平整度		≤4	2m 靠尺和塞尺检查

(2) 模浇酚醛泡沫的外观质量允许偏差，见表 8-4。

表 8-4　模浇酚醛泡沫的外观质量允许偏差

项目		单位	允许偏差值	检验方法
外观质量			表面平整光滑	2m 靠尺、直尺和观察检察
酚醛泡沫厚度	厚度≤50	mm	−1，+5	用 ϕ1mm 钢丝探针和直尺检查
	50≤厚度≤100	mm	−2，+4	
	厚度≥100	mm	供需双方商定	
表面平整度		mm	±2	2m 靠尺和塞尺检查

(3) 模浇酚醛泡沫真石漆饰面系统允许偏差项目及检验方法，见表 8-5。

表 8-5　模浇酚醛泡沫真石漆饰面系统允许偏差项目及检验方法

项目	允许偏差	检查方法
立面垂直度	4	用 2m 托线板检查
表面平整	4	用 2m 靠尺及塞尺检查
阴阳角垂直	4	用 2m 托线板检查
阴阳角方正	4	用 2m 靠尺及塞尺检查
立面总高度垂直	H/1000 不大于 20	用经纬仪、吊线检查
上下窗口左右偏移	不大于 20	用经纬仪、吊线检查
窗口上下偏移	不大于 20	用经纬仪、拉通线检查
保温层厚度	不允许有负偏差	用针、钢尺检查
分格条（缝）平直	3	用 5m 小线和尺量检查

8.1.6　工程质量缺陷原因及防治措施

PF 模浇施工中所出现质量缺陷时，涉及原料质量、发泡配方设计和环境温度等几种因素，以及施工者的操作技术水平和选用浇筑发泡设备参数等方面因素。

1. PF 原料混合后不发泡原因及防治

（1）原因分析

1）料温过低，或基层、环境温度过低。

2）PF 各原料配比计量偏差太大。

（2）防治措施

1）PF 原料温度不得过低，应保证在合适的料温，发泡应达到适合发泡温度。

2）检查计量泵流量，严格控制各组分配比用量。

2. PF 出现收缩、尺寸不稳定原因及防治

（1）原因分析

1）浇筑混合物料不匹配。

2）环境温度过低，气温热胀冷缩变形。

3）固化剂选择或加入量不当。

4）匀泡剂失效或少加或漏加匀泡剂。

（2）防治措施

1）增大浇筑压力，并检查喷枪、设备。

2）保证施工现场环境温度。

3）调整固化剂并控制加入量。

4）调整匀泡剂、发泡剂适用牌号和用量。

3. PUR 导热系数偏大原因及防治

（1）原因分析

1）泡孔粗大：

①匀泡剂失效或漏加；

②硬化剂（催化剂、固化剂）用量小；

③初始发泡温度高；

④料混合不均匀、不充分；

⑤物料组分比例波动或变化大；

⑥发泡剂用量大。

2）泡沫容重不是最佳值，多数由泡沫容重偏大造成。

（2）防治措施

1）泡孔粗大防治措施

①补加质量合格匀泡剂的用量。

②适当增加硬化剂（固化剂）用量。

③控制适当发泡温度。

④增加搅拌时间，检查投料配方是否出现误差，检查计量器具是否准确，混合物中有无外来物的污染。

2）控制发泡剂用量，保持泡沫容重在最佳范围。

4. PF 中间有分层原因及防治

（1）原因分析

分次浇注时，间隔时间过长，期间落入过多灰尘、污物。

（2）防治措施

浇注期间，应保持底层的干净、干燥，施工温度适宜，缩短浇注间隔时间。

5. PF 密度偏大原因及防治

（1）原因分析

1）现场温度、料温低。

2）PF 树脂活性降低。

（2）防治措施

1）浇注应在适宜温度内。

2）选用合适树脂且能与固化剂适用。

6. PF 保温层与基层、模板（保温装饰复合板、饰面板）粘结性差原因及防治

（1）原因分析

1）基层或模板温度过低或湿度过大。

2）原料充模量不足，不能保持浇注后的 PF 与模板、基层表面良好的接粘结。

3）基层、模有油污、灰尘过大，粘板胶质量不合格，或采用后涂水泥纤维薄面复合层制板时，其浆料粘结强度不合格。

4）发泡体不能完全充满模具，甚至生产泡体厚度越大固化的越快，甚至导致 PF 出现分层现象。

（2）防治措施

1）在基层、模板温度适合下再浇注。

2）增加填充量或检查物料是否发泡剂漏加或不足。

3）粘结面应干净、干燥，保证粘板胶质量。

4）降低催化剂用量，控制好 PF 原料有最佳流动指数。

7. PUR 靠近模具边缘处密度小原因及防治

（1）原因分析

1）物料分布差或流动指数低，没充满边缘，出现空隙。

2）浇注料中催化剂量多固化过快。

（2）防治措施

1）控制好往返浇料速度，增加发泡混合物在边缘处沉积，达到饱满。

2）降低催化剂用量，调整配方提高物料流动指数。

3）注意浇注发泡速度、浇注量影响浇注饱满度和胀模力。

8.2 免拆模浇酚醛泡沫系统

免拆模板浇注酚醛泡沫技术系统，是利用各种清水板作为模板，如水泥基轻质板，或仿铝塑板饰面、仿面砖饰面等多种饰面风格装饰板作为模板。通过现场对模板内浇注酚醛泡沫后，模板与浇注酚醛泡沫连成无缝、无热桥、连续复合整体保温层构造。

在清水板保温构造外表面可按设计要求，进行涂料（真石漆）、面砖等进行面层装饰。而采用装饰板为模板，直接为面层饰面，在其装饰板内一次浇注成形的外墙外保温装饰系统。

清水板饰面或装饰板饰面，不变形、不褪色、不开裂、防水、耐候。本节介绍免拆水泥基轻质板模浇保温系统。

8.2.1 施工工艺流程

免拆模板浇注酚醛泡沫施工工艺流程，如图 8-7 所示。

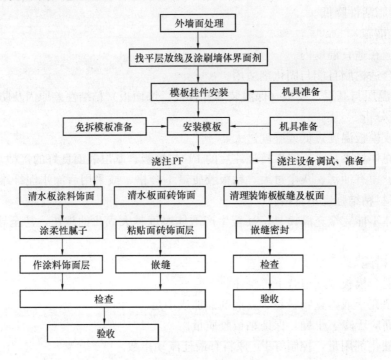

图 8-7 施工工艺流程

8.2.2 操作工艺要点

1. 基层处理

彻底清除掉外墙基面上灰结、混凝土浮块等，如有影响施工的混凝土凸出物，应剔平整，表面上不得有浮灰、油污等，墙体基层应干燥、干净、坚实、平整，必须处理到符合施工要求，涂刷墙体基层界面剂。

2. 免拆模板安装

将在工厂预制标准化生产的模板（清水板、保温板或装饰板）用锚钉固定在墙面，在模板与墙体间预留 15mm 空隙或按设计要求预留，以便在空隙内浇注酚醛泡沫。

安装模板时，先进行垂直、水平放线。严格按设计饰面要求安装装饰板，保证水平、垂直方向直线性要求和表面平整度要求。

支模板应从阴角（阳角）开始，支模板顺序由下往上。阴、阳角处的模板采用两块模板直接碰头，缝隙用胶带封口的方法，其他模板也采用直接拼接方法。

免拆模板即装饰板安装方法，分为在板面锚栓直接固定和在板对缝处挂接两种方式。分别用厚型板和薄型板对缝处采用 L 型企口隼连接，装饰模板（如仿铝塑幕墙饰面时）采用耐候硅酮胶密封对缝处理。

3. 浇注酚醛泡沫液料

浇注顺序由远至近。一块模板沿高度方向分多次浇注，不得一次浇注成型。浇注完成后，清理装饰板板缝及板面，然后按设计要求做饰面。

4. 涂料层饰面

模板之间的接缝用单组分酚醛泡沫填缝剂发泡剂密封，使用时不需要发泡机和电源，适当切开罐装大小管嘴，对准缝隙后借助罐内压力或借助外力边移动边挤出物料，做到施工速度与出料量同步。由于罐内压力发泡压力小，很容易控制操作，挤出物料在短时间内发泡、固化，达到填缝、粘结、密封、隔热等多种功能，能有效防止出现热桥。

酚醛泡沫填缝剂发泡剂密封后，将凸出部分处理平整。

涂装饰面做法，除减掉抗裂砂浆抹面层的施工步骤外，酚醛泡沫裸板为免拆模板时，应在其外表面涂抹酚醛泡沫界剂后，再按可拆模板饰面的施工方法进行后续饰面施工。

5. 装饰模板饰面

将模板之间的接缝清理干净后，用硅酮密封胶嵌缝，盖严膨胀钉，嵌缝达到连续、均匀、泡满。

6. 工程质量控制与标准

参照本节可拆模板工程质量控制与标准。

8.2.3 干挂饰面板模浇保温系统

该系统是将饰面板用三维金属组合挂件连接到基层墙体上，在饰面板与基层墙体间的整体空腔内，现浇酚醛泡沫发泡材料所构成的外墙外保温系统，三维金属组合挂件可以调节饰面板与基层墙体之间的距离，形成不同的保温层厚度，饰面板缝隙用建筑硅酮密封胶封闭。

该系统可选用多种饰面面材，如纤瓷板、氟碳板、铝塑板等，干挂饰面板浇注酚醛泡沫外墙外保温系统。

1. 细部构造及其要求

除在连接件处用浇注酚醛泡沫保温密封外，在收口、板缝间、拐角、窗口连接处、落水管固定部位、阳台、女儿墙、勒脚的保温饰面板与平面基层、变形缝及空调等外装设备安装部位都应采用密封胶达到有效密封。细部节点连接及密封，如图8-8～图8-12所示。

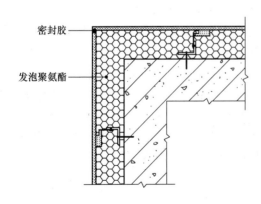 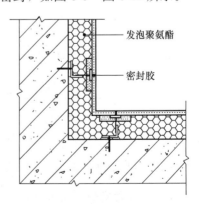

图8-8　外墙阳角保温饰面板连接节点　　　图8-9　外墙阴角保温饰面板连接节点

171

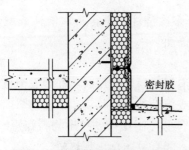

图 8-10　外墙勒脚连接节及密封

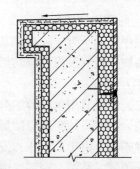

图 8-11　女儿墙构造连接及密封

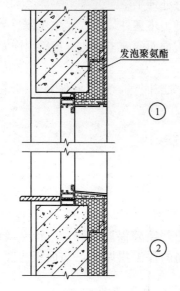

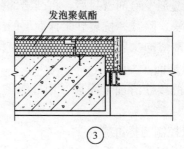

图 8-12　外墙窗口构造连接节及密封

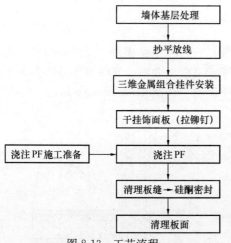

图 8-13　工艺流程

2. 干挂饰面板现场浇注酚醛泡沫的工艺流程，如图 8-13 所示。

3. 操作工艺要点

饰面为独立饰面而不含复合的保温层，因而在安装时更应仔细严格。严格控制饰面与饰面板间距（当设计为无缝节点时，根据饰面板加工的外形，可将饰面板与饰面板间节点缝隙缩到很小间距）。

饰面板与挂件之间的连接稳定，间距按设计要求严格控制。挂件应形成最终不可改变位置的固定程度，在浇注酚醛泡沫期间会对饰面还有一定膨力，必须保证饰面板连结牢固、安全可靠。

现场浇注酚醛泡沫、嵌硅酮密封胶，同本节 8.1 中有关内容。

8.2.4　工程质量缺陷原因及防治措施

工程质量缺陷原因及防治措施见 8.1.6 条。

第9章 干挂酚醛保温板保温系统

干挂 PF 保温板材保温系统，是作业在有龙骨系统或无龙骨外墙外保温系统（简称干挂系统），统称为保温防水装饰板一体化干挂系统。

无龙骨干挂系统适用于有实体墙的干挂系统，不宜用于框架填充轻骨料混凝土砌块墙体。在无龙骨干挂系统施工中，在墙体基层合格情况下，酚醛泡沫保温装饰复合板可直接作业于墙体。

有龙骨干挂系统是在龙骨固定保温装饰复合板系统。适用钢结构、混凝土框架结构干挂系统。

在有龙骨干挂系统施工中，在加工 PF 保温装饰复合板时，将预制槽口嵌件（或角件）埋设到板材中（或安装时后插入），使其具有三维调整能力，相当在面板与龙骨间实现弹性浮动连接，或在安装时采用三维可调金属龙骨构件、托板（托盘、）等连接方式直接与龙骨相连固定。

无龙骨或有龙骨干挂系统，采用隐蔽搭接式、槽式连接或长锁式连接，预制件采用隐蔽安装，无一螺钉、连接件外露。

干挂系统主要包括 PF 保温装饰复合板、镀锌金属组合挂件（固定件或粘结层）、嵌缝密封胶材料等，将各个材料、构件在工程上进行合理的组合应用。

干挂系统在具有安全、保温隔热、装饰、防火、防水功能效果和装饰一体化效果的同时，还具有施工简便、快捷特点。

施工完全为干法施工，不受季节气候影响，不需对墙面进行繁琐的预处理，施工方法简便、效率高。还可根据建筑结构特性、墙体基层及应用地区等各方面因素，根据设计酚醛泡沫厚度及饰面材质、外观、形状等，可构成多种类型的建筑外保温技术。

该系统广泛适用于有节能要求的钢筋混凝土、混凝土空心砌块、烧结普通砖、砖和炉渣砖等材料构成的砌体结构基层和有龙骨、无龙骨结构的外墙外保温工程，适用于严寒地区、寒冷地区、夏热冬冷、夏热冬暖等地区。

9.1 有龙骨干挂酚醛板保温系统

该系统构造由 PF 保温装饰复合板（简称保温复合板）、复合材料龙骨（简称复合龙骨）、连接件和空气层构成。PF 保温复合板由表面层（彩色铝板等）、非酸性 PF 保温层和内层（铝箔等）三部分组成。

在该外墙外保温系统构造上，保温复合板与外墙间安装形成 25mm 厚的空气层，可达到外墙整体双重保温隔热效果，既满足保温节能又防止外部湿气侵蚀墙体，且装饰性强。

9.1.1 材料要求

1. 保温复合板外表层经辊压制成规定纹理的 0.5mm 厚的铝板，在铝板面层进行表面聚酯漆或氟碳漆表面处理；内表层是 0.06mm 厚的铝箔。保温复合板规格、尺寸，如图 9-1 所示。

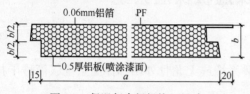

图 9-1 保温复合板规格、尺寸

2. 保温复合板芯材采用酚醛泡沫导热系数小于 0.035W/（m·K），密度为 40～55kg/m³。

3. 保温复合板规格，见表 9-1。

表 9-1 保温复合板规格（mm）

宽度 a	厚度 b	长度 h	备　注
300	25		
400	40	≤1200	板厚及长度可根据工程需要确定
500	50		

4. 保温复合板实测性能如表 9-2。

表 9-2 保温复合板实测性能指标

项　目	检测值	
抗风压性能（pa）	变形检验	正、负压 2000
	安全检验	正、负压 5000
燃烧性能（级）	A2	
铝板与保温材料粘结强度（MPa）	0.12	
漆面耐冲击性能	1kg 重锤 500mm 高度冲击，漆膜无裂纹、皱纹及剥落现象	

5. 配件材料性能

（1）龙骨：分为复合材料龙骨和木龙骨（经防火、防腐及防虫蛀处理）两种，矩形截面尺寸为 50×25。

复合材料龙骨是用植物纤维、轻质矿石粉、无机胶凝材料等按一定比例配合组成，用玻纤网格布增强。复合材料龙骨性能见表 9-3。

表 9-3 复合材料龙骨性能指标

项目	密度（kg/m³）	抗压强度（MPa）	浸水后抗压强度（MPa）	抗折强度（MPa）	浸水后抗折强度（MPa）	湿胀率（%）	螺钉拉拔力（N/mm）	导热系数〔W/m·k〕
指标	≥1000	≥22.0	≥17.0	≥18.0	≥32.0	≤0.27	≥147.0	≤0.280
项目	抗弯承载力							
指标	400N 时，挠度值≤0.32；500N 时，挠度值≤0.42							

（2）连接胀管螺丝及螺钉

龙骨与基层墙体采用胀管螺丝固定。胀管螺丝抗拉设计参考值：M10×100 采用 0.8kN；M8×80 采用 0.65kN。

保温复合板与龙骨连接采用 ϕ2.85×25 的特制钢钉或用自攻螺丝连接。在阳角、阴角、收口、无企口配有各类型 0.5～1.0mm 厚度的连接件。

（3）保温复合板用做外墙装板面层时需做防侧击雷电位联结。防侧击雷镀锌扁钢必须采用热镀锌，镀锌厚度 $50\sim70\mu m$。防侧击雷连接螺丝均用不锈钢平头螺丝。

（4）密封胶：选用优质硅酮耐候胶。

9.1.2 设计基本要求

1. 保温复合板保温材料厚度选用见表9-4。

表 9-4　厚度选用

酚醛泡沫厚度 b	基层墙体		
	180 厚钢筋混凝土墙 传热系数 $[W/(m^2 \cdot K)]$	190 厚砌块墙 传热系数 $[W/(m^2 \cdot K)]$	240 厚多孔砖 传热系数 $[W/(m^2 \cdot K)]$
25	0.76	0.74	0.62
40	0.54	0.53	0.46
50	0.45	0.44	0.40

注：酚醛泡沫修正系数1.1，导热系数按：$0.035\times1.1=0.039[W/(m\cdot K)]$ 计算。

2. 保温复合板的保温材料厚度应根据各地的气候条件确定。

3. 细部构造

（1）外墙外保温基本做法，如图9-2所示。

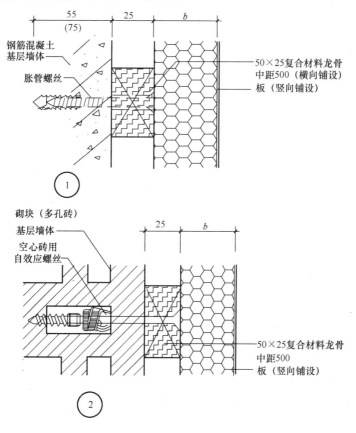

图 9-2　外墙外保温基本做法

175

（2）阴阳角构造，如图 9-3 所示。

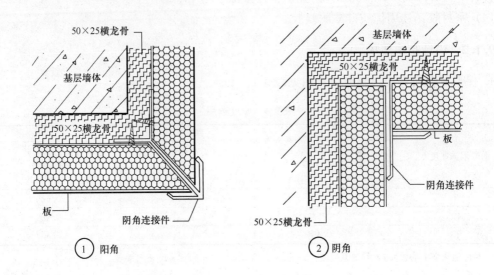

图 9-3 阴阳角构造

（3）收口、企口连接，如图 9-4～图 9-6 所示。

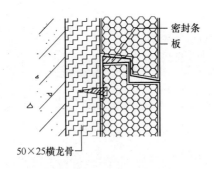

图 9-4 有企口连接

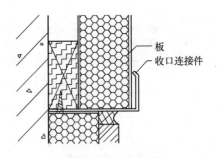

图 9-5 收口连接

（4）窗口基本做法

窗口板、流水板及其连接件由厂家配套供应。在流水板两端加配塑料封堵，连接件与板面相连处均打密封胶。窗口基本做法如图 9-7 所示。

（5）上人屋面女儿墙、雨水管，如图 9-8 所示。

（6）外墙身变形缝做法如图 9-9 所示。

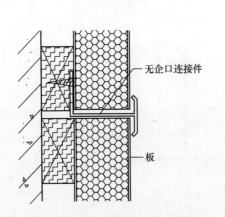

图 9-6 无企口连接

176

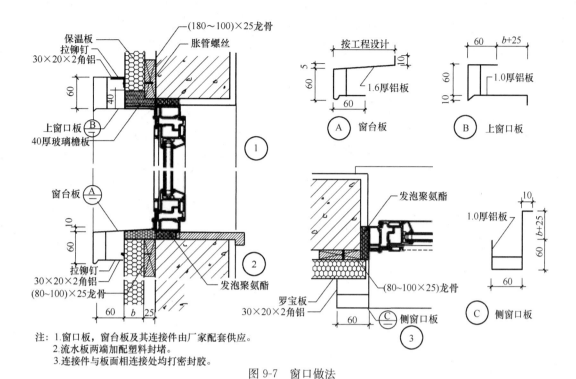

注：1.窗口板，窗台板及其连接件由厂家配套供应。
　　2.流水板两端加配塑料封堵。
　　3.连接件与板面相连接处均打密封胶。

图 9-7　窗口做法

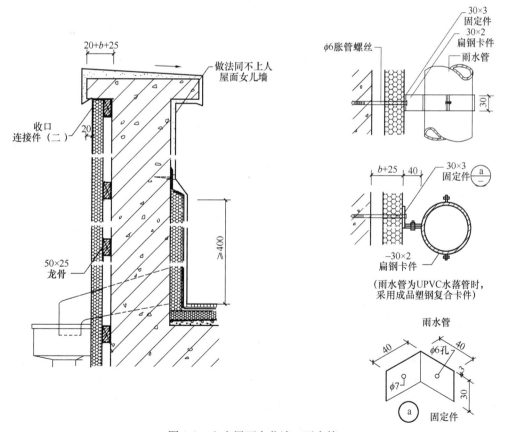

图 9-8　上人屋面女儿墙、雨水管

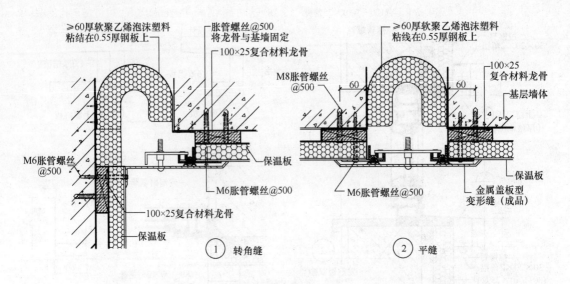

图 9-9　墙身变形缝

9.1.3　安装操作要点

1. 施工准备

施工前，对基层墙体的平整度进行检查，基层墙体不平整处，在龙骨和墙面之间加垫片或用水砂浆找平，以保证龙骨的平整。

准备经纬仪、电动单头锯、冲击钻、铁榔头、电动或气动改锥、铅坠。

2. 操作要点

（1）弹线：根据图纸要求定出龙骨位置和距离（龙骨端部的固定点距端头 150～180mm），标出其中心线并放出龙骨的边线，然后根据已打孔的龙骨定出基层墙体上孔圆心。

（2）打孔、连接胀管螺丝及螺钉：龙骨与基层墙体采用胀管螺丝固定（保温复合板与龙骨的连接采用 Φ2.85×25 的特制钢钉或用自攻螺丝连接），间距≤500mm。胀管螺丝抗拉设计参考值：M10×100 采用 0.8kN；M8×80 采用 0.65kN。根据弹线确定的基础墙体上的孔圆心打孔，将膨胀螺栓的塑料塞子塞进孔内。

（3）安装龙骨：预先在龙骨上用台钻打孔，再将龙骨横放紧贴在墙体上，使龙骨上的孔与墙体上的孔对齐，将胀钉从龙骨的孔内用气动改锥打入，使钉顶部与龙骨外表面平齐。可采用自上而下的顺序安装。

（4）安装保温复合板

保温复合板排列可分竖排和横排两种：

1）竖排方式：复合龙骨横向布置，间距 500mm，在阴阳角（1000mm 范围内）部位，横向龙骨加密，间距 250mm；

2）横排方式：复合龙骨竖向布置，间距 500mm，并在每一楼层（或≤3000mm）处布置一道横向龙骨，以便将空气层竖向分隔。

按设计图纸规格裁切好保温复合板，先安装墙体阴阳角，从一侧开始拼装，一般按自上而下，自左而右的顺序装板。板就位后用特制钢钉将保温复合板上伸出的铝单板与龙骨连接，并固定在龙骨上，保温板间缝用硅酮胶密封，依次重复施工步骤安装完毕。

9.1.4　工程质量要求

1. 无龙骨干挂工程质量要求

（1）主控项目

1）三维可调镀锌金属组合挂件产品进入施工现场应按设计或合同约定进行验收，并按规定进行抽检、记录。

2）锚钉钉应符合设计要求，锚固应正确、牢固。

（2）一般项目

1）三维可调镀锌金属组合挂板层表面应均匀，无起皮现象，金属件无翘曲现象。

2）基层墙面的抄平、放线应正确，垂直控制允许偏差应不大于10mm，水平控制允许偏差应不大于±3mm。

3）饰面板的颜色、品种、规格、水平缝、缝宽等应符合设计要求。

2. 有龙骨干挂工程质量要求

（1）主控项目

1）干挂的组装材料、加工板材后应符合设计要求，挂件连接必须牢固，安装固定后不得位移。

2）板缝密封不得有开裂、脱层等不良现象。

（2）一般项目

1）龙骨在竖向、水平可调量的允许偏差应不大于±2mm。

2）挂件的可调量不大于10mm，允许偏差应不大于±0.5mm。

9.2　无龙骨干挂酚醛板保温系统

在无龙骨压花装饰复合酚醛板与基层锚固干挂系统中，压花面装饰复合板，由外表面的彩色铝合金花板、镀铝锌钢板等金属面板和非酸性酚醛泡沫复合而成。

该类板可以用机械锚固法单独用作墙体保温，也可以通过与其他保温材料复合用于外墙保温，在板与板之间连接以及与主体结构的连接采用独特的插口（接）镶入和锚固的安装形式。通过阴角、阳角、连接件、扣边、窗套、装饰线条等形成外保温体系，该系统安装包括机械锚固做法、填充复合做法和轻钢骨架做法。

装饰复合板材插接口及板端企口连接牢固、防水严密，保证系统安全性，避免产生热桥。

彩色金属板通过辊压而成各种凹凸纹理，既增加质感和表面强度，又增加抗热胀冷缩性，墙板拆除后可重复使用或再生利用。

金属压花面装饰复合板单件和截面分别如图9-10、图9-11所示。

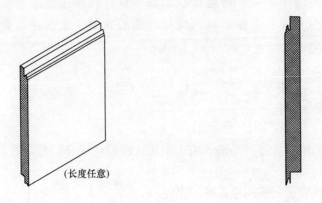

图 9-10 · 金属压花面复合板单件示意　　　图 9-11　金属压花面复合板型截面图

9.2.1　材料要求

1. 板材规格尺寸

板宽为 383mm、483mm；厚度 d 根据热工设计要求选用，长度根据外墙立面设计排板裁切。复合保温板规格尺寸，如图 9-12 所示。

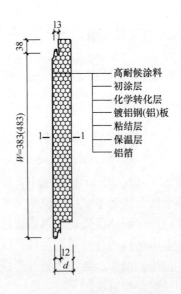

图 9-12　复合保温板规格尺寸

2. 板材（铝型材）配件

铝型材配件（金属压型阴阳角及接口用材料 1mm 镀锌钢板、不锈钢板或铝板。卡件为 0.5mm 镀锌钢板压型）如图 9-13 所示。

3. 胀管螺丝抗拉力值要求如表 9-5 所示。

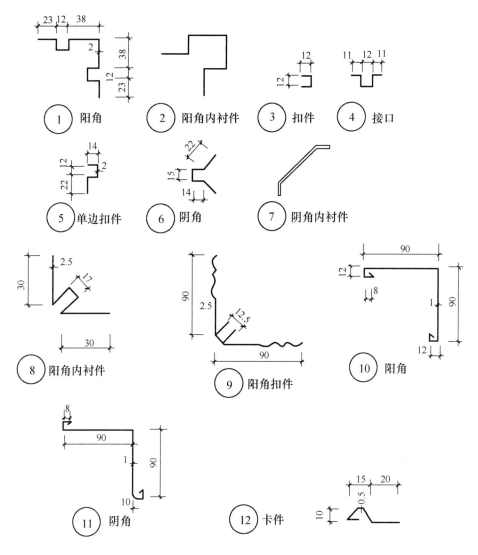

图 9-13 铝型材配件

表 9-5 胀管螺丝抗拉力值

项目 墙体材料	胀管螺丝尺寸	埋入墙体深度 （mm）	平均拉力值 （kN）	设计参考值 （kN）
钢筋 混凝土墙	$\phi 8 \times 80$ 胀管，$\phi 5 \times 100$ 螺丝	50	1.74	0.65
	$\phi 10 \times 80$ 胀管，$\phi 6.5 \times 100$ 螺丝	50	1.91	0.80
混凝土小型空心砌块 （壁厚 26～36）	$\phi 8 \times 80$ 胀管，$\phi 5 \times 100$ 螺丝	50	1.26	0.65
	$\phi 10 \times 80$ 胀管，$\phi 6.5 \times 100$ 螺丝	50	1.97	0.80
轻集料（陶粒）小型 空心砌块（壁厚 25～38）	$\phi 10 \times 80$ 胀管，$\phi 5 \times 100$ 螺丝	50	1.64	0.65
	$\phi 10 \times 80$ 胀管，$\phi 6.5 \times 100$ 螺丝	50	1.99	0.80
烧结多孔砖	$\phi 10 \times 80$ 胀管，$\phi 5 \times 100$ 螺丝	50	1.37	0.65
	$\phi 10 \times 80$ 胀管，$\phi 6.5 \times 100$ 螺丝	50	1.97	0.80

9.2.2 细部构造及其要求

1. 勒脚、插接口构造如图 9-14 所示。

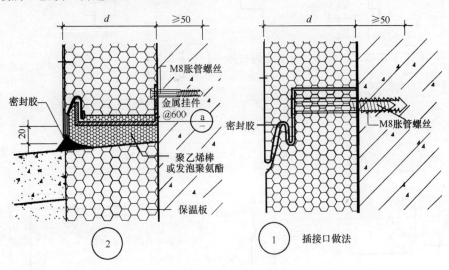

图 9-14 勒脚、插接口构造

2. 垂直插接口构造构造如图 9-15 所示。

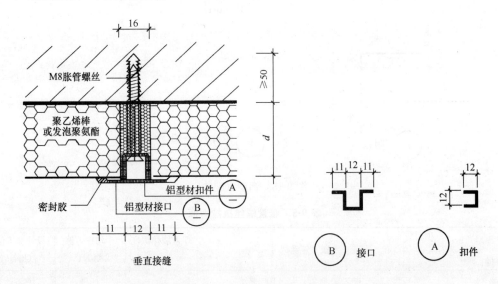

图 9-15 垂直插接口构造

3. 窗口保温构造如图 9-16 所示。

4. 女儿墙、空调外机板保温构造如图 9-17～图 9-19 所示。

5. 阴阳角构造

金属压型阴阳角及接口用材料 1mm 镀铝锌钢板、不锈钢板或铝板铝塑板等。卡件为 0.5mm 镀锌钢板压型。

安装卡件时，将卡件插入金属压花板与保温材料中间用拉铆钉锚固。伸缩缝用 10mm

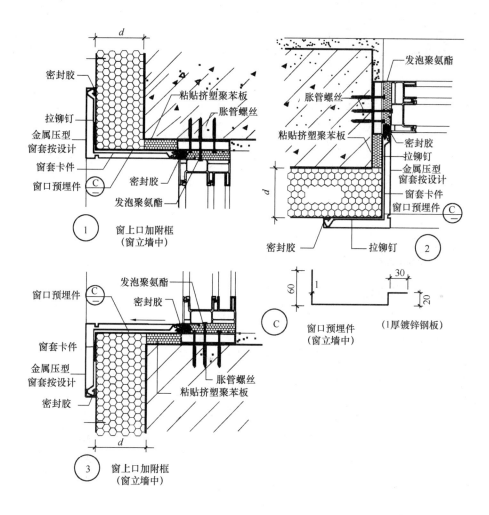

图 9-16　窗口保温构造

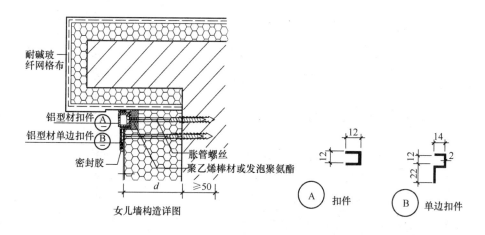

图 9-17　女儿墙构造详图

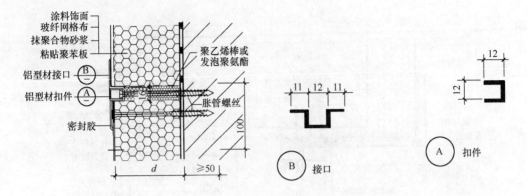

图 9-18　复合板与涂料饰面混合做法

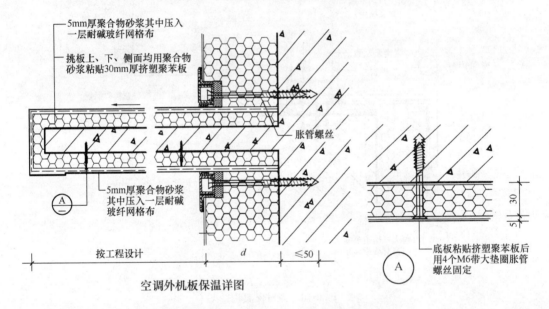

空调外机板保温详图

图 9-19　空调外机板保温构造

聚乙烯片材填入，最后用密封胶封口。阴阳角构造如图 9-20、图 9-21 所示。

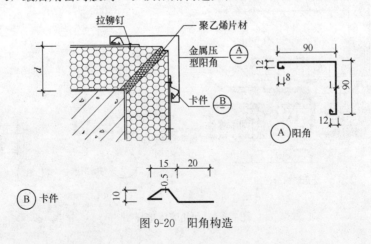

图 9-20　阳角构造

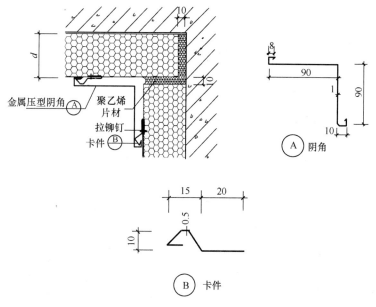

图 9-21　阴角构造

6. 复合板避雷措施设置构造

在建筑物外墙顶部、底部及中间部位（中距 18～20m）设置水平通长热镀锌扁钢 50×3（镀锌厚度≥50～70μm）。

用胀管螺丝与建筑主体固定，并与建筑设计中的避雷引下线焊接，金属饰面板通过胀管螺丝与扁钢连接，扁钢又与避雷引下线焊接，形成闭合的避雷系统。复合板避雷措施设置构造如图 9-22 所示。

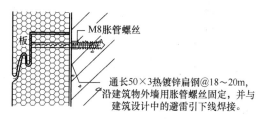

图 9-22　复合板避雷措施设置构造

9.2.3　安装要点

用胀管螺丝将板材锚固于墙体上（墙面不平时，应用水泥砂浆找平），锚固墙体有效深度≥50mm。楼层高度在 40m 以下时，锚固中距为 500mm；楼层高度在 40m 以上时，板材与墙体固定采用粘、钉结合，粘贴面积应大于 40%，锚固中距为 400mm。

在伸缩缝处，在板收头处留有 10mm 填充缝内，填充聚乙烯泡沫棒或酚醛泡沫，填密封胶后锚固金属构件。

安装外墙安装阳台护拦、空调支架、装饰线条及室外进线等构件开孔时，应使用专用工具开孔。

安装避雷措施设置时，可在建筑物外墙顶部、底部及中间部位设置水平通长热镀锌扁钢并用胀管螺丝与建筑主体固定，金属饰面板通过胀管螺丝与扁钢连接，形成闭合的避雷系统。

酚醛泡沫保温装饰复合板也可以在其他轻钢龙骨结构，采用锚栓均能进行很方便的安装。

9.2.4　工程质量要求

工程质量要求参见 9.1.4。

第 10 章　夹芯酚醛泡沫复合墙体保温系统

夹芯墙保温系统，是指在墙体的内叶墙和外叶墙之间设置保温层，墙体的内叶和外叶之间用防锈的金属拉结件连接形成墙体保温系统。

砌体材料包括烧结多孔砖、烧结普通砖、非烧结砖，普通混凝土空心砌块、硬矿渣混凝土空心砌块，以及火山渣混凝土空心砌块、轻质混凝土空心砌块等。

夹芯墙体保温构造是属于"二硬夹一软"的三明治的作法，即将 PF 保温材料设置在外墙中间。用 PF 保温板材为保温层时，保温板与外叶墙间留有空气层，用浇注 PF 为保温层时，则无空气层。

混凝土空心砌块本身具有强度高、重量轻、墙体薄、结构荷重小特点，同时具有多种强度（包括承重、非承重等）等级和配块，砌筑方便灵活。

保温复合墙综合造价较低、施工快捷方便、整体性好，夹芯墙体复合保温系统，施工快捷方便、抗震性能强。

饰面选用类型不受限制，适用地区广。饰面施工质量比较可靠，发生饰面脱落而导致质量事故相对少。另外，复合墙体采用承重墙体与高效保温材料组成能承重，又有良好保温隔热效果。

在内外叶墙有连接件进行拉结部位、钢筋混凝土圈梁、过梁、柱、构造柱等的外侧在墙体存在热桥，即对外墙上的混凝土部件进行保温，防止这些部件的内表面在冬季出现结露。

夹芯墙体保温构造，有利于较好地发挥墙体本身对外部环境的防护作用，且发生饰面脱落的质量事故相对少。保温材料不易与明火直接接触，有利于安全防火。

夹芯墙保温主要适用于严寒地区和寒冷地区，抗震设防烈度≤8 度地区，框架结构、普通民用建筑外围护墙体结构。

10.1　砌体夹芯酚醛泡沫板复合墙体系统

10.1.1　材料要求与设计要点

1. 材料要求

（1）酚醛泡沫板材技术性能应符合设计要求。

（2）外叶墙块体材料的强度等级不应小于 MU10，且软化系数及碳化系数应不小于 0.9。块材用强度等级不低于 M5.0 的砂浆砌筑（其中混凝土块材必须采用专用砂浆砌筑）。

（3）内外叶墙体的拉结件必须进行防腐处理，即热浸镀应≥290g/m²。对安全等级为一级或使用年限大于 50a 的房屋内外叶墙宜用不锈钢拉结件。

2. 设计要点

（1）基本要求

1）酚醛泡沫保温层与外叶墙间应设置空气间层、其厚度不应小于20mm（这是排除夹层内湿气及水分的必要措施，否则造成保温层失效和外叶墙开裂，严重影响墙体质量，造成夹芯复合墙的室内结露、墙上长毛，墙外侧开裂渗水），且在楼层处采取排湿构造措施。

2）多层及高层建筑的夹芯墙，其外叶墙应由每层楼板托挑。在严寒和寒冷地区，外露托挑板应采取有效的外保温措施。

3）外叶墙上不得吊挂重物及承托悬挑构件。

4）当内、外叶墙竖向变形相差较大或内、外叶墙为不同材料时，应在每层外叶墙顶部设置水平控制缝；墙体高度或厚度突变处应在门窗洞口的一侧或两侧设置竖向控制缝。

5）房屋阴角处的外叶墙（除建筑物尽端开间外）宜设置竖向控制缝。三层及三层以上的房屋可在一至二层和顶层墙体设置控制缝。

6）楼、地面和屋面的竖向定位在结构面标高，即圈梁顶面与楼、屋面板取平。

7）在屋盖及每层楼盖处的各层纵横墙设置现浇钢筋混凝土圈梁，且圈梁应闭合，遇有洞口时应上下搭接。

8）夹芯保温墙设置的芯柱、构造柱，在圈梁交接处，纵筋应穿过圈梁，与各层圈梁整体现浇，保证上下贯通。芯柱、构造柱可不单设基础，但应伸入室外地面以下500mm，或与埋深小于500mm的基础圈梁连接。

9）墙体应设计耐火极限。夹芯墙酚醛泡沫保温板紧密衔接、紧贴内叶墙墙。外叶墙内侧的空气层厚度不宜小于20mm，拉结钢筋网片或拉结件应压入保温板内（夹芯墙采用现场注入酚醛泡沫发泡保温材料时，夹芯层不设空气层）。

10）在严寒及寒冷地区外窗不宜设计成飘窗形式，尽量减少热损失。

（2）结构设计

1）内叶墙可采用各种砌体墙或混凝土墙，外叶墙可采用烧结砖或混凝土多孔砖、混凝土小型空心砌块、蒸压砖等块材。

2）中高层建筑外叶墙上所承受的风荷载，应按高层建筑维护构件所受的风压进行计算。

3）应考虑内、外叶墙变形不协调的影响，多孔（空心）块材墙体内拉结筋的锚固长度，应按实际情况进行计算。

4）在砖砌体夹芯外保温墙体结构中，由于建筑结构的需要，需设置一定直径的拉接钢筋把内、外叶墙拉接成稳固的整体。这些拉接钢筋都穿透夹芯板保温层，因钢筋的导热系数比夹芯保温板导热系数高1000多倍，因拉接钢筋的存在而导致降低酚醛泡沫保温板原有的保温性能。

当对面积为3.6m×2.8m的薄壁混凝土岩棉复合墙体（墙中有$\phi 8$的56根钢筋拉接）冷桥影响能耗的分析时，经实际测试得出结论是：采用拉接钢筋所产生冷桥的能耗比无冷桥的能耗约增加35.6%。

5）我国南、北方气候差异较大，在砖砌体夹芯体保温墙体构造中，设同一酚醛泡沫材料取不同厚度进行建筑热工计算，并把内、外叶墙和其抹灰层的热阻，以及内表面空气的换热阻和外表面空气的换热阻，一并计入对应的保温层（厚度）的传热阻中，再求出相应的传热系数选用。

　　6）酚醛泡沫材料的导热系数与其修正系数的乘积，就是该保温材料的计算导热系数。酚醛泡沫材料的计算导热系数是按《民用建筑热工设计规范》取值，再乘以穿透钢筋的影响系数后，再进行最后计算。

　　（3）细部构造

　　1）细部构造示意如图 10-1～图 10-4 所示。

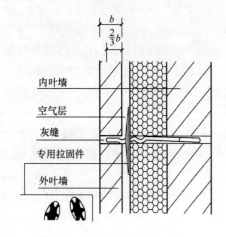

图 10-1　酚醛泡沫板拉固示意

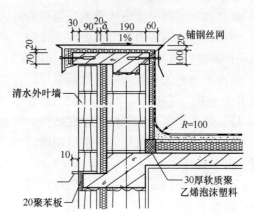

图 10-2　女儿墙节点

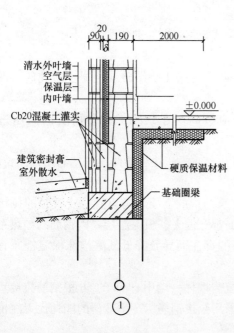

图 10-3　勒脚

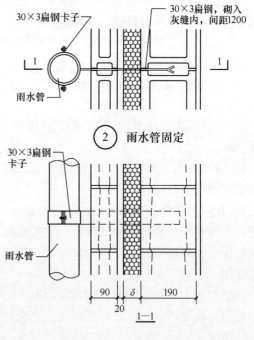

图 10-4　雨水管固定

　　2）窗口节点如图 10-5 所示。

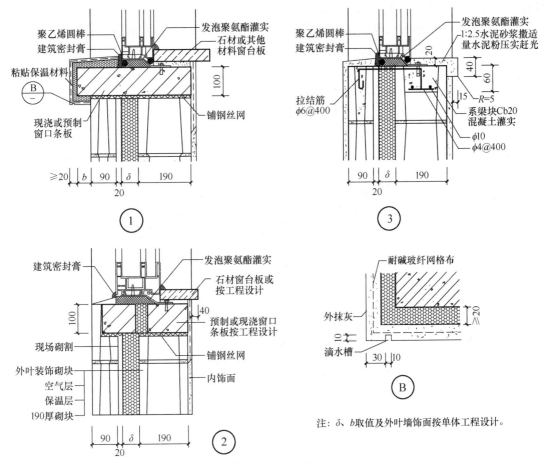

图 10-5 窗口节点

10.1.2 施工工艺流程

在砖砌体夹芯酚醛泡沫墙体工程的施工中,墙体上不宜预留孔洞,不应设置脚手架眼。砌筑时应按设计要求的层高、块型、灰缝厚度、门窗洞口等进行皮数杆设计,其有效间距不宜大于15m,且在阴、阳角处应增设皮数杆,确保挂线砌筑的准确性。

砌筑外叶墙时,应在外侧挂线;砌筑内叶墙时,应在内侧挂线。砖砌体夹芯外保温墙体的外叶墙和内叶墙必须同步砌筑,并保证砂浆饱满。

砌筑高度应按设计构造要求及保温板的规格等因素沿高度方向分段砌筑。每段砖砌体夹芯保温墙体施工顺序应按相应操作技术规程进行。

工艺流程:先砌内叶墙,粘贴酚醛泡沫板(留空气层),再砌外叶墙至内叶墙齐平,后放置防锈拉结钢筋网片或拉结件。每段夹芯保温墙体按施工工艺流程连续进行,各道工序必须连续作业施工,使内、外叶墙达到同一标高,保证砂浆饱满,再设置拉接钢筋。即:砌内叶墙→安保温板→砌外叶墙→作钢筋拉结。

10.1.3 施工准备

熟悉设计图纸,掌握复合墙体各部分的构造和门窗洞口的位置、尺寸、标高以及拉接钢筋设置等方面的具体要求等，确定保温板的规格尺寸。

按设计酚醛泡沫板的技术性能、规格尺寸准备，按工程计划组织进场。运进施工现场的砖，必须按品种、规格和强度等级分别堆放，以免发生用错。

酚醛泡沫保温板在装车、运输、存放过程中，板下应垫平、垫实，分层摆放，防止雨淋。装卸时应轻搬轻放，堆放应整齐，避免破损、受潮或雨水浸泡。

在水泥砂浆中所用的水泥，应使用近期生产的水泥砌筑，不得使用过期或结块水泥。砌筑砂浆强度级别必须满足设计要求。

内、外叶墙的拉结钢筋必须具有可靠的防腐能力。应对预应力混凝土空心板两端外露的预应力钢筋进行修整，防止损坏保温板。

除砌筑必用常规瓦工工具外，准备在现场用裁切酚醛泡沫刀具等。

施工环境温度宜在 5℃以上，在负温下砌筑施工时应采取防冻措施，当日最低气温高于或等于-15℃施工时，采用抗冻砂的强度等级应按常温施工提高一级，气温低于-15℃时，不得进行施工。

10.1.4 操作工艺要点

1. 砌内叶墙

砌快砌筑 1 小时前不得浇水，气候异常炎热干燥时，可在砌前稍喷水湿润。多孔砖砌前 1～2d 浇水湿润。

砌筑内叶墙时，应在内侧挂线。砌筑从转角定位开始，砌内叶墙采用"一顺一丁"的形式，各皮砖的标高应与外叶墙相应皮数的标高一致。拉结件不应置于竖缝处，内外叶墙片间的水平缝和竖缝应随砌随原浆刮平勾缝，防止砂浆、杂物落入两片墙的夹缝中。

在砖砌体夹芯外保温墙体工程的施工中，墙体上不宜预留孔洞，不应设置脚手架眼。砌筑时应按设计要求的层高、块型、灰缝厚度、门窗洞口等进行皮数杆设计，其有效间距不宜大于 15m，且在阴、阳角处应增设皮数杆，确保挂线砌筑的准确性。

内叶墙与非重墙(外叶墙)应同时砌筑，并按设计要求沿墙高设置拉结钢筋，当内叶墙与非重墙不能同时砌筑时，应在连接处的内叶墙设置构造柱，可防止外墙甩出或隔墙倒塌的有效措施。

2. 安装 PF 保温板

安装 PF 保温板时，竖向缝应错开，上下保温板应压槎错缝搭接，保温板应保持连续，避免产生热桥，使板缝紧密。

PF 保温板按墙面尺寸及拉结件竖向间距裁割，现场裁切保温板时，必须用专用刀具裁切，严禁用灰铲砍切。

PF 保温板由一侧开始从下至上进行安装，上下保温板间竖缝应错开不小于 100mm 错缝，板缝处用拉固件拉固或保温板端面涂胶与邻板粘牢后，用胶带粘贴固定。PF 保温板与内叶墙采用拉固保温板如图 10-6 所示。

3. 砌外叶墙

砌筑外叶墙时，应在外侧挂线。外叶墙宜采用顺墙形式砌筑，竖缝应错开，在门窗洞口转角应设阳槎与内叶墙搭接。

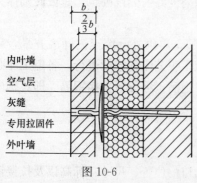

内叶墙
空气层
灰缝
专用拉固件
外叶墙

图 10-6

砌外叶墙应先砌筑好摞底砖，务使拉结件在外叶墙的灰缝中，外叶墙砌筑宜比内叶墙滞后一个拉结件的竖向间距。

砌体施工分段位置宜设在伸缩缝、沉降缝、防震缝、构造柱或门窗洞口处。相邻施工段的砌筑高度差不得超过一个楼层高度，也不能大于4m。

砌筑水平和竖向灰缝的饱满度不应低于90%。砌筑或调位时，砂浆应处塑性状态，严禁用水冲浆灌缝。

洞口、槽沟和预埋件等，在砌筑时预留或预埋，严禁在砌好墙体上剔凿或钻孔。固定膨胀螺栓的部位应采用混凝土灌实。

在门窗洞口转角处应设阳槎与内叶墙搭接。外叶墙竖向灰缝应采用挤浆法和加浆法，使竖缝砂浆饱满密实。每段外叶墙砌完后，应达到墙面的垂直度和平整度。

夹心墙的外叶墙为清水墙面时，外露墙面应由装饰砌块所组成；门窗洞口的现浇（或梁上的挑板）应适当凹入墙面，使其表面贴饰面砖后与相邻墙面平齐。

4. 作钢筋拉结

砌外叶墙至内叶墙齐平，后放置防锈拉结钢筋网片或拉结件。

设置在内、外墙间的拉结钢筋直径为6mm，形状为Z形。拉接筋在墙面上应为梅花形设置，其竖向和水平向的间距不宜大于500mm和1000mm；拉接筋的直钩应水平搁置在内、外叶墙上，其搁置长度宜分别为180mm和60mm（不含直钩长度）；拉接筋距墙面不应小于25mm；内外叶墙间的拉接钢筋不应与墙、柱拉接筋搁置在同一条缝内；在砖墙上的所有拉接筋均应埋置在砂浆层中。

每日宜砌筑一步脚手架的高度，内外叶墙片间的水平缝和竖缝应随砌随用原浆刮平勾缝。

5. 墙体特殊部位施工技术要求

底层保温板应从防潮层上开始安放。门窗洞口边，外叶墙应设阳槎与内叶墙搭接，且应沿竖向每隔300mm设置"匚"型拉结钢筋。

外墙窗台下应做好防水、防渗处理，宜设高为40～60mm、宽度与外墙一致、长度为窗洞宽加2mm×250mm、强度等级为CL15的轻骨料混凝土现浇板带。

外墙上的圈梁及过梁的挑耳外侧应采用保温条板进行保温，且在浇灌混凝土前设置，避免事后填塞。

檐口、线脚部位保温构造，应采取外保温方式（如粘贴PF保温板或挤塑板），防止产生热桥，如图10-7所示。

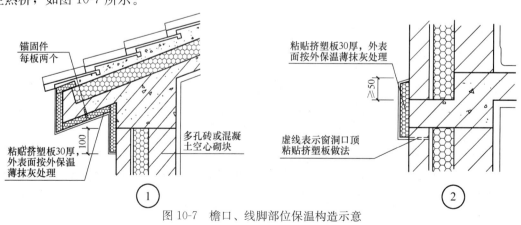

图10-7 檐口、线脚部位保温构造示意

在过梁内侧应抹 30mm 左右厚度的保温砂，代替该处的石灰水泥砂浆。

砌体施工分段位置宜设在伸缩缝、沉降缝、防震缝、构造柱或门窗洞口处。相邻施工段的砌筑高度差不得超过一个楼层高度，也不能大于 4m。

洞口、槽沟和预埋件等，在砌筑时预留或预埋，严禁在砌好墙体上剔凿或钻孔。固定膨胀螺栓的部位应采用混凝土灌实。

在混凝土构件外边缘凹进外叶墙面，应粘贴或抹压高效保温材料后再作保护层。

10.1.5 工程质量要求

1. 主控项目

（1）块材和砂浆的品种、规格、强度等级必须符合设计要求及有关规定。

检查方法：检查块材出厂合格证、性能检测报告和砂浆试块试验报告。

（2）块体（包括接槎部位）的水平和竖向灰缝密实饱满，无瞎缝、无透亮及明显空隙，块砌体和砖砌体的水平灰缝砂浆饱满度分别不得低于 90％和 85％，竖向灰缝砂浆饱满度不得低于 80％。

检查方法：用百格网检查块材底面砂浆的粘结痕迹面积，每处检测 3 块（每步架子抽检不少于 3 处，每处不应少于 3 块），取其平均值。

（3）连接内、外叶墙的拉结件，其规格、品种、尺寸及防腐处理。必须符合设计要求和有关规定。

检查方法：在检验批中抽检 20％，且不应少于 5 处。

（4）PF 保温板的规格、密度、导热系数及其他必须符合设计要求和有关标准规定。

检查方法：尺量、检查出厂合格证及复试报告单。

（5）安装的每块 PF 保温板，其水平、竖向接缝必须严密，接触面无错位；现浇料无空腔、平整。

检查方法：观察、查看施工隐蔽验收记录。

2. 一般项目

（1）同一墙体内不应用两种或两种以上不同材料的块材混砌。

检查方法：外观检察。

（2）连接内、外叶墙的拉接钢筋应置于灰缝砂浆中，其规格、型号、水平及竖向间距、埋入叶墙长度必须符合设计要求。

检查方法：观察和用尺检查。

（3）砌体水平灰缝的厚度和竖向灰缝的宽度宜为 10mm，不应大于 12mm，也不应小于 8mm。

检查方法：用尺量 5 皮块材的高度和 2m 砌体长度折算。

（4）施工中产生的墙体缺陷（如穿墙套管、孔洞等），应采取隔断热桥措施，不得影响墙体热工性能。

检查方法：对照施工方案观察检查。

（5）保温板应平直规方，无破损、坡棱、圆角。保温板与砖墙应靠紧、稳固、接缝处应无杂物；现浇料保温层的密度应均匀，接槎应平顺密实。

检查方法：观察、尺量检查。

（6）允许偏差项目

1）砖砌体夹芯保温墙体中的砖砌体，应符合《建筑工程质量检验评定标准》（GBJ 301）中的允许偏差项目的要求。

2）保温板的接缝局部缝隙宽度不大于 2mm。

10.1.6 工程质量缺陷原因及防治措施

1. 钢筋混凝土圈梁、过梁、柱、构造柱等的外侧出现结露

（1）原因分析

在砖砌体夹芯外保温墙体结构中，由于建筑结构的需要，需设置一定直径的拉接钢筋把内、外叶墙拉接成稳固的整体。在内外叶墙有连接件进行拉结部位、钢筋混凝土圈梁、过梁、柱、构造柱等的外侧在墙体存在热桥，这些部件的内表面在冬季出现结露。

这些拉接钢筋都穿透夹芯板 PF 保温层，因钢筋的导热系数比夹芯 PF 保温板导热系数高 1000 多倍，因拉接钢筋的存在而导致降低保温板原有的保温性能。

当对面积为 3.6m×2.8m 的薄壁混凝土岩棉复合墙体（墙中有 φ8 的 56 根钢筋拉接）冷桥影响能耗的分析时，经实际测试得出结论是：采用拉接钢筋所产生冷桥的能耗比无冷桥的能耗约增加 35.6%。

如在热桥部位处理不当，这种砌体夹芯外保温墙体结构在严寒地区达不到 65% 的节能率。

（2）防治措施

1）在内外叶墙有连接件进行拉结部位、钢筋混凝土圈梁、过梁、柱、构造柱等的外侧在墙体上的混凝土部件进行保温。

2）保温层与砌体施工同时进行，并保证砂浆饱满。外叶墙的内侧面应随砌随用原浆勾缝刮平，方可安装保温板。

2. 在墙体内或阴阳角出现结露

（1）原因分析

保温板拼接不严密，缝隙大而导致热桥、结露的现象。

（2）防治措施

安装 PF 保温板按序拼接严密，不得有缝隙。安装保温板时，竖向缝应错开。每块保温板两侧边必须用专刀具裁割成 45°坡口，确保保温板四周接缝挤紧严密，在安装保温板时，还应采取临时固定措施，以防止保温板歪斜或倾倒。

3. 节能率不达标

（1）原因分析

内、外叶墙和保温层厚度低于限值。

（2）防治措施

内、外叶墙和保温层厚度不应低于设计限值。其中保温材料层不宜过厚，否则对结构的安全不利，应选择导热系数小的高效保温材料，以控制保温层的厚度又能保证保温效果。

10.2 空心墙体浇注酚醛泡沫复合墙体系统

现浇 PF 发泡（或浆料）夹芯墙保温系统，是在墙体中预留的连续空腔内浇注保温隔热

材料，以浇注 PF 为保温层的外保温夹芯墙。

主要用于工业与民用建筑混凝土砌块和空砖（或实心砖）等砌筑成的，双层墙空腔以及混凝土空心砌块空腔（如：普通混凝土空心砌块、硬矿渣混凝土空心砌块、钢筋混凝土复合墙，以及火山渣混凝土空心砌块、轻质混凝土空心砌块和黏土多孔砖复合墙）的发泡保温。

在建筑外墙的夹层空腔中浇注 PF 保温材料后为全封闭系统，浇注料在墙体空腔中自由流动或膨胀填充任意缝隙、空间，达到密封、无接缝和结构性能。

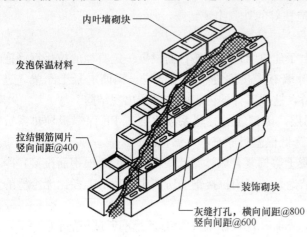

隔热保温性能优越，可减少保温层厚度。在同样节能标准的前提下、用同类施工方法，比使用其他类保温材提高建筑物的使用面积。

现浇 PF 保温材料能充满任何不规则的空间，密封性好，不存在任何缝隙，整体保温工程造价低，保温隔热效果长久，施工简便快速，综合经济效益相对好。

可增强建筑墙体的保温、隔热和隔声性能，而不损坏原建筑墙体。

空心墙体浇注 PF 复合墙体构造示意，如图 10-8 所示。

图 10-8　空心墙体浇注 PF 复合墙体构造示意

内叶墙砌块
发泡保温材料
拉结钢筋网片竖向间距@400
装饰砌块
灰缝打孔，横向间距@800竖向间距@600

10.2.1　材料要求与设计要点

1. 内、外叶墙所用材料的要求

（1）内、外叶墙所用块材可采用混凝土小型空心砌块、轻集料混凝土小型空心砌块、粉煤灰小型空心砌块、混凝土三孔砖、混凝土多孔砖和烧结普通砖。填充夹芯墙所用块材可采用烧结空心砖和烧结空心砌块。

承重砌体内、外叶墙所用材料的强度等级不应低于表 10-1 的要求：

表 10-1　块材和砂浆的强度等级

类　别	非烧结类		烧结类	
	块材	砂浆	块材	砂浆
非抗震设计	MU10	M7.5	MU10	M5
抗震设计	MU10	M10	MU10	M7.5

（2）用夹芯墙做混凝土结构围护墙时，内、外叶墙所用材料的强度等级要求：

1）外叶墙用块材强度等级不应低于 MU10、砂浆强度等级不宜低于 M7.5。

2）内叶墙用块材强度等级，非烧结类块体不应低于 MU7.5；烧结类块体不应低于MU5。砂浆强度等级不应低于 M5。

3）内、外叶墙所用块材的密度不宜大于 1200kg/m³，不应大于 1400kg/m³。

（3）拉结件质量要求

1）拉结件宜采用直径为 5mm 的阴极电泳环氧涂层 550 级冷轧带肋钢筋，可采用直径为

6mm 并经防腐处理的 HPB300 级热轧钢筋。

2）对安全等级为一级或设计使用年限大于 50 年的房屋，宜采用不锈钢拉结件。

采用阴极电泳环氧涂层带肋钢筋制作的拉结件，其力学性能见表 10-2。

表 10-2　拉结件力学性能

项　　目		单位	指标	检验方法
抗拉强度		MPa	≥550	
伸长率 $\delta 10$		％	≥8.0	GB 13788
弯曲试验	钢筋公称直径	mm	5	《冷轧带肋钢筋》
（冷弯 180°）	弯心直径	mm	15	

3）阴极电泳环氧涂层的性能应符合表 10-3。

表 10-3　阴极电泳环氧涂层的性能

项　　目	单位	指　　标
外观	—	平整、光滑、无异常
柔韧性	mm	≤1
耐水性/40℃×500h	—	无变化
耐碱性/0.1mol/NaOH×8h	—	无变化

（4）PF 技术性能符合设计要求。

2. 设计要求

（1）热桥部位内表面温度不应低于室内空气露点温度。

（2）现浇 PF 夹芯墙体保温系统，应包覆门窗框外侧洞口、女儿墙、阳台以及外墙出挑构件。如雨篷、挑板、空调外机搁板等热桥部位，当采用 PF 浇注墙体保温构造无法实现对上述部位的包覆时，需采用保温材料进行补充。

（3）外门窗框与门窗口之间的缝隙内应挤满闭孔结构的保温材料，外墙保温材料与外门窗框之间应有防水隔断构造。

（4）墙体变形缝内应填塞一定厚度保温材料并按建筑构造设计要求封闭。

（5）PF 浇注墙体墙体保温工程应考虑内外叶墙间的拉结件或钢筋网片的热桥影响。

（6）伸缩缝、沉降缝和防震缝的保温处理：在距外墙外侧 1000mm 范围的缝内，应沿缝高通长设置保温层，保温层的厚度宜为缝宽。

（7）墙体的外叶墙宜在建筑墙体适当部位设置变形缝，其间距不大于 5～8m。

（8）底层地坪以及地坪以下的周边 PF 浇注墙体保温层应采用有效地防潮措施。地下室也可以采用 PF 浇注夹心墙保温。

（9）PF 浇注墙体导热系数的修正系数可取 1.10。

（10）PF 浇注墙体外保温夹芯墙砌体房屋，宜以内叶墙为计算单元进行内力计算和承载力验算；PF 浇注墙体夹芯墙多层砌体房屋可采用刚性方案进行静力计算。

（11）PF 浇注墙体夹芯墙多层砌体房屋可采用底部剪力法计算地震作用。建筑的重力荷载代表值应取结构配件自重标准值和各可变荷载的组合值之和。

（12）水平地震作用效应，宜按各墙体的层间等效侧向刚度比例分配。夹芯墙的层间等效侧向刚度可取内叶墙的层间等效侧向刚度。当墙段水平截面净面积与毛截面面积之比大于或等于 0.6 时，夹芯墙的抗震抗剪承载力应取内叶墙抗震抗剪承载力的 1.15 倍。

（13）PF 浇注墙体夹芯墙多层房屋的外叶墙应以基础（基础梁）顶面、每层标高楼板处设水平挑板为横向支承；框架、框架—剪力墙房屋的 PF 浇注墙体外保温夹芯墙的外叶墙应以基础（基础拉梁）顶面、每层框架梁为横向支承；剪力墙房屋的 PF 浇注墙体外保温夹芯墙的外叶墙应以基础（基础梁）顶面、每层标高处的楼板为横向支承。外叶墙的横向支承间距为：非抗震设计和抗震设防烈度 7 度（0.10g）及以下时不宜大于 6m，8 度（0.20g）时不宜大于 3m。

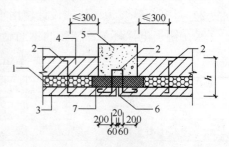

图 10-9　控制缝构造

1—PF 保温层；2—拉结件；3—外叶墙；4—内叶墙；5—框架柱或构造柱；6—弹性密封材料；7—预制保温块

（14）当外叶墙的长度大于 40m（非烧结类块材）、50m（烧结类块材）时，外叶墙上应设 20mm 宽竖向控制缝，控制缝宜设在有框架柱、构造柱的部位，缝内用弹性密封材料填塞。控制缝的构造如图 10-9 所示。

（15）框架柱、构造柱、抱框柱与外叶墙之间应设拉结筋连接，沿柱高每 400mm（非烧结类块材）或 500mm（烧结类块材）设置直径为 4mm 的"U"型拉结筋，如图 10-10 所示。

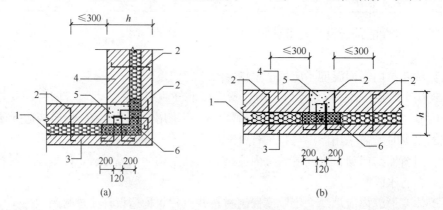

图 10-10　框架柱、构造柱与外叶墙连接构造

（a）柱在墙转角部位；（b）柱在墙体中部

1—PF 保温层；2—拉结件；3—外叶墙；4—内叶墙；5—构造柱或框架柱；6—预制保温块

（16）内外叶墙的拉接

1）叶墙应采用经防腐处理的拉结件连接；拉结件可采用 Z 型拉结筋、卷边 Z 型拉结筋和环型拉结筋，如图 10-11 所示。

2）拉结件的水平和竖向最大间距应符合表 10-4 的要求，拉结件沿竖向应呈梅花形布置，见图 10-12。

表 10-4　拉结件的水平和竖向最大间距（mm）

墙体类型	水　平		竖　向	
	非抗震	抗震	非抗震	抗震
烧结类块体墙	1000	800	800	500
非烧结类块体墙	800	600	600	400

196

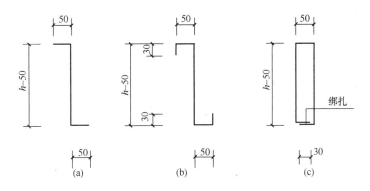

图 10-11　拉结筋形式

(a) Z 型筋；(b) 卷边 Z 型筋；(c) 环型筋

3）拉结件在叶墙上的搁置长度不应小于叶墙厚度的 2/3，并不应小于 60mm；拉结件在叶墙上的部分应全部埋入砂浆层中或锚固在混凝土内，拉结件的端部应弯折 90°，弯折端的长度不应小于 50mm；拉结件距墙外皮宜为 25mm。

（17）夹心墙在门窗洞口处的构造

1）在洞口边的空腔范围内应沿洞高设置预制保温块，其宽度不宜小于 40mm，厚度宜与空腔厚度相同。当门窗洞口处的内叶墙设有构造柱或抱框柱时，保温块的宽度不应小于柱截面尺寸；

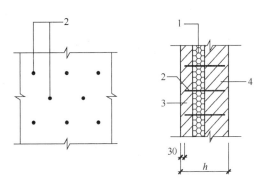

图 10-12　拉结筋布置

1—PF 保温层；2—拉结件；3—外叶墙；
4—内叶墙（含混凝土墙）

2）沿竖向的洞高范围内应设门型拉结件，拉结件的间距不宜大于 400mm（非烧结类块材）或 500mm（烧结类块材）（图 10-13）。

（18）楼梯间墙体槽口的背面，应在混凝土边框施工前按图 10-14 设置预制保温块。

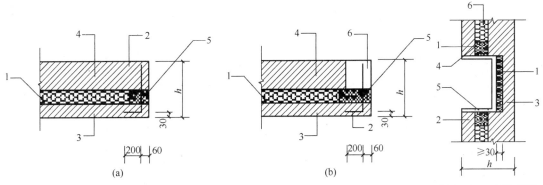

图 10-13　门窗洞口边构造示意

(a) 洞边无构造柱、抱框柱；(b) 洞边有构造柱或抱框柱

1—PF 保温层；2—拉结件；3—外叶墙；4—内叶墙；
5—预制保温块；6—构造柱或抱框柱

图 10-14　表箱背面保温构造

1—预制保温块；2—外叶墙；3—内叶墙；4—混凝土框；5—灌浆孔

10.2.2 施工工艺流程

夹芯墙浇注 PF 施工工艺流程，见图 10-15。

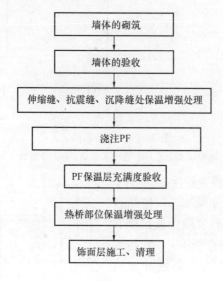

```
┌─────────────────────┐
│      墙体的砌筑       │
└─────────────────────┘
          │
┌─────────────────────┐
│      墙体的验收       │
└─────────────────────┘
          │
┌──────────────────────────────┐
│ 伸缩缝、抗震缝、沉降缝处保温增强处理 │
└──────────────────────────────┘
          │
┌─────────────────────┐
│        浇注PF        │
└─────────────────────┘
          │
┌─────────────────────┐
│   PF保温层充满度验收    │
└─────────────────────┘
          │
┌─────────────────────┐
│    热桥部位保温增强处理   │
└─────────────────────┘
          │
┌─────────────────────┐
│    饰面层施工、清理     │
└─────────────────────┘
```

图 10-15　施工工艺流程

10.2.3 操作工艺要点

1. 施工准备

在浇（灌）注施工时，酚醛泡沫原料必须有很好的流动性能，因而在配料时必须有足够的流动指数，使灌入发泡原料流满整体空间后，在常温膨胀发泡。

按实际保温的体积计划好 PF 泡沫用量，掌握当天环境温度和 PF 泡沫原料流动指数、发泡时间、固化时间，注料方式。

首先了解保温墙体构造，按实际保温的体积计划好酚醛泡沫用量，掌握当天环境温度和 PF 泡沫原料流动指数、发泡时间、固化时间，注料方式。

调试好浇（灌）注发泡机（空压机）、备用多根 PVC 管、手电钻等必须工具。

2. 作业条件

（1）墙体按设计构造砌筑或已按设计要求砌筑完毕，外墙中预留的空腔宽度、内外墙拉接筋等都应符合设计要求，墙体夹层不应有建筑垃圾和溢出砂浆，灌料空腔应干燥。

1）墙体按设计构造砌筑或已按设计要求砌筑完毕，外墙中预留的空腔宽度、内外墙拉接筋等都应符合设计要求，预埋管线、预埋件等留设符合要求，墙体夹层内不应有建筑垃圾和溢出砂浆。墙体完整无孔洞，伸缩缝、抗震缝、沉降缝处保温已完成。

2）现场应有整洁工作区域和安全工作环境，对±0.00 线以上的墙体进行浇筑时，现场应有安全通道，以便施工人员顺利操作。电线及设备安全畅通、安全。

3）砌筑砂浆强度等级应达到设计的要求。确定墙面钻孔位置，钻孔应尽量布置在横竖缝交叉点位置。封堵可能漏浆的孔洞与缝隙，不得在浇注物料时出现漏料。

（2）现场应有整洁工作区域和安全工作环境，应有安放发泡机位置。现场应有动力电源，电线及设备应安设漏电保护器。

198

（3）对±0.00线以上的墙体进行发泡填充时，现场应有安全通道，以便施工人员顺利操作。

（4）现场应搭设脚手架等设施，便于墙体顶部保温作业。

（5）PF浇（灌）注夹芯墙体前，按PF使用说明书要求备料，必须对PF发泡时间、发泡体尺寸稳定性、潮湿发泡性能、低温发泡性能（气温低于5℃）、高温发泡性能（气温高于30℃）等进行检验并记录，合格后方可灌注。

3. 墙体砌筑

（1）小砌块墙体砌筑时宜根据使用地区条件控制砌块的收缩率和相对含水率，砌筑前不得浇水，气候异常炎热干燥时，可在砌筑前稍喷水湿润。多孔砖砌筑时，在常温状态下应提前（1～2）d浇水湿润。

（2）墙体的砌筑应从转角定位处开始，内外叶墙片之间的水平缝和竖缝应随砌随刮平勾缝，防止砂浆，杂物落入两片墙的夹缝中，影响后期PUR浇注墙体保温材料的浇筑连续性。

（3）正常施工条件下，每砌筑一层就浇注一层，尽量避免多层浇注，如果进行多层浇注，则每层每面墙均需预留出浇注口（通过浇注口要能清晰观察到每面墙的浇注情况）。

（4）砌体施工段的分段位置宜设在伸缩缝、沉降缝、防震缝、构造柱或门窗洞口处。相邻施工段的砌筑高度差不得超过一个楼层高度，也不能大于4m。

墙体砌筑灰缝应横平竖直、饱满、密实。水平和竖向灰缝的饱满度不应低于90%；灰缝厚度宜为10mm±2mm，砌筑或调位时，砂浆应处于塑性状态以得到较好的粘结，严禁用水冲浆灌缝。

4. 管线敷设与设备固定

（1）对设计规定的洞口、沟槽和预埋件等，应在砌筑时预留或预埋，严禁在砌好的墙体上剔凿或用冲击钻钻孔。

（2）小砌块砌筑的电气管线可在砌块竖向芯孔敷设，接线盒或开关处由施工现场按要求切割完成。

（3）电气管线的水平敷设，可沿空心板的芯孔或挂镜线、踢脚板线槽及楼板板缝等处设置，不得在墙体内水平设置。靠墙管线或轻型设备的固定，可在砌体灰缝内预留预埋。

（4）固定膨胀螺栓的部位应采用混凝土灌实。

5. 浇注PF

根据砌筑墙体高度，PF原料可从墙体顶部注入墙体夹层。浇注时，施工人员在墙体顶部，用出料枪将物料从墙体底部一直浇注到墙体顶部。

必要时可用一根直径为25mm的PVC管与软管做中间连接到墙体夹层底部，将该PVC管插入夹层中，以控制最大浇注高度，将所有的空间充满保温材料。视工程具体情况，尽可能缩短或不用PVC管注料，减少管壁挂料或发泡堵管现象。

另一种浇注PF方式，是利用在砌墙时预留孔或施工时用电钻打孔，作为PF原料浇注孔。电钻打孔时，钻孔位置应设在砂浆灰缝中，在墙角处应增设孔洞，孔距不应过大，以免产生空隙或死角。

（1）如果已经完成的墙体，可以采用墙面钻孔的方式浇注：钻孔→PF原料配制→现场检验→浇注PF→验收→堵孔→清理。

1）预留或改造浇注孔，浇注宜从上自下进行，浇注孔应能观察到每面墙浇注发泡情况。钻孔在墙底部高 500～600mm 的灰缝处钻孔。孔洞直径为 18～20mm，间距为 1000mm±100mm，孔洞沿墙面呈菱形排列，墙角处需加密孔洞，间距为 500～600mm；

2）浇注施工，PF 材料浇注在两叶墙之间，充满密实；如果通过浇注孔浇注施工时应从墙最下方的孔洞开始，沿水平方向逐个孔洞平行浇注。当下一层孔洞浇注完成后，再逐层向上移动，直至完成全部浇注。每个孔要持续浇注，直至泡沫从上一层孔溢出，方可换孔；

浇注施工完成后，应按照验收要求进行密实度检查。经检查浇注不密实的部位，必须补浇；

3）封堵浇注孔，所有发泡浇注孔或检查孔在验收合格后，应用砂浆等材料进行封闭并找平。施工结束后，应将发泡作业面及现场残留的废弃保温材料等清理干净。

（2）如正在施工的墙体，可以采用分层浇注的方法，每完成一层浇注一层：墙体清理→PF 原料配制—现场检验—浇注施工—验收—清理。

1）浇注从上自下进行，清理后的墙体，要保证能看到墙体空腔的底部，并且没有完全堵死的遮挡物，以便观察到发泡情况；

2）PF 浇注在两叶墙之间，充满密实；每次浇注应根据原材料发泡倍率计算（一般约在40～50 倍），发泡体高度不宜超过 600mm，如果墙体高度超过 600mm，则分为多次浇注；浇注施工完成后，应按照验收要求进行检查。经检查浇注有不密实的部位，应补浇；

3）PF 浇注发泡完成后，在验收合格后，应用砂浆等材料将浇注 PF 面进行封闭并找平；施工结束后及时清理施工现场。

4）从墙体顶部浇注墙体保温层

① 将施工设备固定到位，接通管线、电源，调试到能正常工作状态。

② 检查墙体夹层的清洁度，应达到作业要求的条件。

③ 检查墙体夹层密封度，是否在浇注物料时出现漏料。

④ 检查墙体夹层宽度，操作时心中有数。

⑤ 检查墙体高度，对整体工程进度、操作心中有数。

⑥ 将 PVC 喷枪放置在墙体中间，且在夹层底部以上约 1m 的位置。

⑦ 将 PF 物料浇注到夹层内，如发现 PF 材料从墙体中溢出，则将浇注枪沿着夹层向上移动，以缓解局部膨胀压力。如在夹层内遇有障碍物时，应避开后再施工，灵活控制出料枪浇注。

⑧ 当全部物料浇注完毕后，清理现场，清除多余的保温材料。

⑨ 根据质量控制步骤进行质检。

5）钻孔式浇注物料进入墙体夹层

① 将施工设备固定到位，接通管线、电源，调试到能正常工作状态。

② 在地坪线上 1.1～1.5m 处开始沿墙体方向每隔 1m 钻一个孔（孔距为 1m），孔径为 16mm。

③ 垂直向上每隔 3m 作为一个工作区域，并重复上述步骤，直至到达墙体顶部。

④ 钻孔时必须注意孔心的水平位置，并不得破坏墙体表面。

⑤ 孔洞应清晰，确保物料能通过孔洞注入夹层。首先从底排的中间孔洞处开始注射保温材料，直至物料从孔洞中溢出。

移至第一个注射的孔洞右边第一个孔洞，重复上述步骤。移至第一个注射孔洞左边第一个孔洞，重复上述步骤。

移至第一个注射孔洞右边第二个孔洞，重复上述步骤。移至第一个注射孔洞的左边第二个孔洞，重复上述步骤。直至地坪线上 1.2～1.5m 处所有的墙体都注满保温物料。

⑥ 向上移动 3m，进行另一个区域施工，重复上述浇注顺序和步骤。

⑦ 酚醛泡沫物料全部注射完毕，完成夹层保温后，将多余的保温料清除。

⑧ 注料口的孔洞用水泥砂浆进行填充，并勾缝，将墙体表面清理干净。

⑨ 按质量监控步骤进行质量检查。

6. 施工注意事项

（1）设计的钻孔位置必须准确。

（2）钻孔角度应正确。

（3）夹层内不得有建筑垃圾，避免影响发泡效果，从而导致增加热桥和保温材料导热系数。

（4）应按泡沫凝固速度，控制好浇注枪移动速度和每个区域的浇注时间。

（5）对墙体开口处周密检查，发现有渗漏应及时将其封闭。

（6）墙角应增设孔洞，视具体情况，一般孔距宜为 0.5m 左右，避免发泡产生空隙或死角。

（7）当选用钻孔式浇注施工时，应连续浇（灌）注发泡物料，直至从洞中溢出为止。

在浇（灌）注中应沿墙体空腔连续进行，当中有间断浇注时，在关闭出料枪后，立刻开通空压机气体，将管道内物料吹扫干净，以免在管壁上余料在管内发泡，减少 PVC 管的浪费数量。

10.2.4　工程质量要求

1. 主控项目

（1）PF 浇注墙体保温体系的性能指标应符合设计要求。

检验方法：检查施工图、施工方案和隐蔽记录。

检查数量：全数检查。

（2）PF 浇注墙体保温体系的材料、构件等，其品种、规格应符合设计要求和相关标准的规定。

检验方法：观察、尺量检查；核查质量证明文件。

检查数量：按进场批次，每批随机抽取 3 个试样进行检查；质量证明文件应按照其出厂检验批进行核查。

（3）PF 浇注墙体保温工程使用的 PF 浇注墙体保温材料的导热系数、密度、燃烧性能应符合设计要求。

检验方法：核查质量证明文件及进场复试报告。

检查数量：全数检查。

（4）现场应对 PF 进行复试，复试为见证取样，应检测下列参数：

导热系数、密度、燃烧性能。

检验方法：随机抽样送检，核查复试报告。

检查数量：同一厂家同一种品种的产品，当单位工程建筑面积在 20000m² 以下时各抽查不少于 3 次；当单位工程建筑面积在 20000m² 以上时各抽查不少于 6 次。

（5）PF 浇注墙体保温工程各层构造做法应符合设计要求，并应按经过审批的施工方案施工。

检验方法：对照设计和施工方案观察检查；核查隐蔽工程验收记录。

检查数量：全数检查。

（6）PF 浇注墙体保温工程的验收，应在完成浇注 24h 后进行。验收应包括现场检验记录、浇注充满度检查、保温层厚度检查和材料出厂合格证及现场复试报告。

（7）PF 浇注充满度、保温层厚度检查：检查面积应不少于施工总面积的 5%；检查点数应为每 10 平方米不少于 1 个点，但总检查点数不应少于 5 个。检查点位置应包括墙面的四角及有可能成为死角的部位。

PF 充满度检查方法：选点后进行钻孔，用手电筒直接照射孔洞内是否有白色保温材料或用专用工具（长度大于钻孔墙的厚度）伸入孔内夹捏，如有保温材料被夹出，证明此部位已密实（如有条件可采用针孔摄像探头伸入孔中查看）。

PF 保温层厚度检查方法：墙体砌筑时按照图纸要求直接测量夹层厚度。

2. 一般项目

（1）进场材料的外观和包装应完整无破损，并应符合设计要求和产品标准的规定。

检验方法：观察检查。

检查数量：全数检查。

（2）施工产生的墙体缺陷（脚手眼、孔洞、穿墙套管等）应按施工方案采取隔断热桥措施，不得影响墙体整体性能。

检验方法：对照施工方案观察检查。

检查数量：全数检查。

10.2.5　工程质量缺陷原因及防治措施

参见 10.1.6 条工程质量缺陷原因及防治措施。

第11章　面砖饰面酚醛板外墙外保温系统施工

面砖层、PF 保温层和主体墙之间构造的合理性，是影响面砖层可靠性的重要因素，通常对 PF 保温层的约束有刚性约束、柔性约束。

在面砖饰面外墙外保温系统中，用于 PF 保温板外墙饰面工程的外墙饰面砖包括陶瓷砖、玻璃马赛克等材料。

面砖饰面外保温系统内置密度小、强度低的保温层，所形成的复合墙体呈现软质基底特性，加之热应力、火、水（水蒸气）、风压、地震作用等外界作用力直接作用于面砖粘结层的表面。又因面砖重量和抹面层厚度的增加，造成外保温面砖饰面系统的自重增加；面砖自重弹性模量大，与抗裂砂浆抹面层变形不一致；在冻融循环和自然力作用下，容易引起面砖脱落；温度应变容易造成特殊节点位置产生应力集中。

因此，为了保证面砖粘贴质量，施工前应做样板，并应对面砖做现场拉拔试验，试验结果应符合设计和有关规程的规定。

当采用粘贴面砖时，当基层的抗拉强度小于面砖粘结的强度时，必须进行加固处理。

粘贴面砖的基层是覆盖在保温层上面的抗裂抹面层，它的抗拉强度大于面砖粘结强度，即粘贴面砖必须满足面砖粘结强度达到 0.4MPa 的要求。

采用镀锌钢网的刚性约束时，与各种墙体的可靠连接而对保温层形成刚性约束，同时对面砖层形成刚性支撑，有效分散面砖层荷载对保温层悬垂剪切作用。由于抗裂抹面层下面是软质保温层，应该把从面砖到抗裂抹面层承受的水平拉力直接传递到基层墙体，由基层墙体来承担，因此设置锚栓将增强网与基层连接的增强构造，以保证其安全性。

面砖饰面外墙外保温系统构造，如图 11-1 所示。

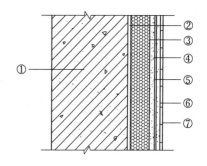

图 11-1　面砖饰面外墙外
保温系统构造

①基层；②胶粘剂；③PF 保温层；
④界面层与抹面胶浆层；⑤双层玻
纤网或热镀锌钢丝网增强层；⑥面
砖胶粘剂；⑦面砖饰面层

11.1　面砖饰面外墙外保温系统性能与材料性能

11.1.1　面砖饰面外墙外保温系统性能

面砖饰面外墙外保温系统性能考虑面砖吸水、温度变形、正负风压作用、台风作用、急冷急热和耐候作用影响。面砖饰面外墙外保温系统性能除符合表 11-1 外，尚应符合 JG 158 要求。

203

表 11-1　面砖饰面外墙外保温系统性能指标

项　目		性能指标
耐候性	外观	无可渗水裂缝，无粉化、空鼓、剥落现象
	面砖与抗裂层拉伸粘结强度（MPa）	≥0.4
吸水量（g/m²）		≤1000
水蒸气透过湿流密度［g/（m²·h）］		≥0.85
耐冻融	外观	无可渗水裂缝，无粉化、空鼓、剥落现象
	面砖与抗裂层拉伸粘结强度（MPa）	≥0.4
不透水性		抗裂层内侧无水渗透

11.1.2　面砖饰面外墙外保温系统材料性能

1. 面砖技术性能

面砖在Ⅰ、Ⅵ、Ⅶ区应用，吸水率不应大于 3%；在Ⅱ区应用，吸水率不应大于 6%；在Ⅱ、Ⅳ、Ⅴ区应用，冰冻期一个月以上的地区吸水率不宜大于 6%。

面砖吸水率越小，表明面砖烧结程度越好，其弯曲程度、强度、耐磨性、耐急热急冷性、耐化学腐蚀等性能越好，反之则差。

（1）外墙面砖吸水率大小划分为以下几类：

1）$E \leqslant 0.5\%$；

2）$0.5\% \leqslant E \leqslant 3\%$；

3）$3\% \leqslant E \leqslant 6\%$；

4）$6\% \leqslant E \leqslant 10\%$。

（2）外墙饰面砖应采用背面（粘结面）带有燕尾槽的产品并不得带有脱模剂，提倡使用有透气性的面砖。面砖性能除应符合表 11-2 外，尚应符合《陶瓷砖》GB/T 4100、《陶瓷马赛克》JC/T 456、JG1 58 等饰面砖相关标准要求。

表 11-2　饰面砖技术性能

项　目			指　标
尺寸	单块面积（cm²）		≤150
	边长	mm	≤240
	厚度		≤7
单位面积质量（kg/m²）			≤20
吸水率	Ⅰ、Ⅵ、Ⅶ气候区	%	0.5～3.0
	Ⅱ、Ⅲ、Ⅳ、Ⅴ气候区		0.5～6.0
抗冻性	Ⅰ、Ⅵ、Ⅶ气候区		50 次冻融循环无破坏
	Ⅱ气候区		40 次冻融循环无破坏
	Ⅲ、Ⅳ、Ⅴ气候区		10 次冻融循环无破坏

注：气候区划分级按《建筑气候区划标准》GB 50178—1993 中一级区划分。

2. 面砖粘结砂浆技术性能应符合表 11-3 要求外，尚应符合 JG 158 等相关标准要求。

表 11-3　粘结面砖砂浆技术性能

项　　目		单位	指　　标
拉伸粘结强度		MPa	≥0.60
压折比		—	≤3.0
压剪胶结强度	原强度	MPa	≥0.60
	耐温 7d	MPa	≥0.50
	耐水 7d	MPa	≥0.50
	耐冻融 30 次	MPa	≥0.50
线性收缩率		%	≤0.3

3. 面砖勾缝料技术性能应符合表 11-4 要求外，尚应符合 JG 158 等相关标准要求。

表 11-4　面砖勾缝粉技术性能

项　　目		单位	指　　标
外观		—	均匀一致
颜色		—	与标准样一致
凝结时间		h	大于 2h，小于 24h
拉伸粘结强度	常温常态 14d	MPa	≥0.60
	耐水（常温常态 14d，浸水 48h，放置 24h）	MPa	≥0.50
压折比		—	≤3.0
透水性（24h）		mL	≤3.0

4. 陶瓷墙地砖填缝剂类型和技术性能

适用于填充墙地砖间接缝的材料。有水泥基填缝剂和反应性树脂填缝剂，其中水泥基填缝剂是由水硬性胶凝材料、矿物集料、有机和无机外加剂等组成的粉状混合物，现场与适量水拌合均匀后使用。

（1）水泥基填缝剂（CG）有多种类型：

1——普通型填缝剂；

2——改进型填缝剂；

F——快硬性填缝剂；

W——低吸水性填缝剂；

A——高耐磨性填缝剂。

填缝剂的分类和代号见表 11-5。

表 11-5　填缝剂的分类和代号

分　类	代　号	说　　明
CG	1	普通型—水泥基填缝剂
CG	1F	快硬性—普通型—水泥基填缝剂
CG	2A	高耐磨—改进型—水泥基填缝剂
CG	2W	低吸水—改进型—水泥基填缝剂
CG	2WA	低吸水—高耐磨—改进型—水泥基填缝剂
CG	2AF	高耐磨—快硬性—改进型—水泥基填缝剂
CG	2WF	低吸水—快硬性—改进型—水泥基填缝剂
CG	2WAF	低吸水—高耐磨—快硬性—改进型—水泥基填缝剂
改进型水泥基填缝剂是指至少具有低吸水性和高耐磨性两项性能中的一项的水泥基填缝剂		

（2）水泥基填缝剂填缝剂的技术性能除应符合表 11-6 要求外，尚应 JC/T 1004—2006 规定。

表 11-6　水泥基填缝剂的技术要求

项　　目			指　　标	
			CG1	CG1F
耐磨损性/mm²		<	2000	
收缩值/mm/m		<	3.0	
抗折强度/Mpa	标准试验条件	>	2.50	
	冻融循环后	>	2.50	
抗压强度/MPa	标准试验条件	>	15.0	
	冻融循环后	>	15.0	
吸水量/g	30min	<	5.0	
	240min	<	10.0	
标准试验条件 24h 抗压强度/MPa		>	—	15.0

5. 陶瓷墙地砖胶粘剂类型和技术性能

（1）陶瓷墙地砖胶粘剂有五种类型：

普通型胶粘剂（1）；

增强型胶粘剂（2）；

快速硬化胶粘剂（F）；

抗滑移胶粘剂（T）；

加长晾置时间胶粘剂（E）仅用于增强型水泥基胶粘剂和增强型膏状乳液胶粘剂。

（2）陶瓷墙地砖胶粘剂技术性能除应符合表 11-7～表 11-9 外，尚应符合 JC/T 547—2005 要求。

表 11-7　水泥基普通型胶粘剂技术要求

项　　目		单　位	指　　标
拉伸胶粘强度	原强度	MPa	≥0.5
	浸水后		
	热老化后		
	冻融循环后		
	凉置时间，20min 后		
	压折比	—	≤3.0

表 11-8　水泥基快速硬化胶粘剂技术要求

项　　目		指　　标
早期拉伸胶粘强度/MPa	≥	
凉置时间，10min 拉伸胶粘强度/MPa	≥	0.5
热老化的拉伸胶粘强度/MPa	≥	

表 11-9　饰面砖胶粘剂技术性能

项　目		指　标
与饰面砖拉伸粘结强度，MPa	原强度	≥0.5
	浸水后	≥0.5
	热老化后	≥0.5
	冻融循环后	≥0.5
晾置时间 20min 的拉伸强度，MPa		≥0.5
横向变形，mm		≥1.5
28d 的线性收缩值，mm/m		<3

6. 热镀锌钢丝网技术性能

热镀锌电焊钢丝网技术性能除应符合表 11-10 要求外，尚应符合 QB/T 3897—1999、JG 158 要求。

表 11-10　热镀锌电焊钢丝网技术性能

项　目	指　标	检验方法
丝径（mm）	0.9±0.04	
焊点抗拉力（N）	＞65	QB/T 3897
镀锌层质量（个 g/m²）	≥122	
网孔大小（mm）	12.7～12.7	

7. 水泥抗裂砂浆性能

粘贴面砖不仅要求水泥抗裂砂浆在满足柔性的同时，还应突出一定强度指标。当抗裂砂浆压折比≤3.0，抗压强度≥10MPa 时，抗裂防护层既具有良好的抗裂作用，又具有粘贴面砖需要的基层强度指标。水泥抗裂砂浆的性能，见表 11-11。

表 11-11　水泥抗裂砂浆的性能

项　目		单　位	指　标
可操作时间		h	≥2
拉伸粘结强度	原强度		≥0.7
	浸水后	MPa	≥0.5
	冻融循环后		≥0.5
压折比		—	≤3.0

8. 面砖勾缝砂浆主要性能

勾缝砂浆以水泥为胶凝材料，并掺入可再分散乳液粉末等材料，其中勾缝砂浆的压折比受到可再分散乳液粉末掺量影响较大。压折比随聚灰比的增加而下降，当聚灰比达到 0.3 时，勾缝砂浆的压折比小于 3.0；当聚灰比达到 0.4 以上时，压折比变化趋于平稳。

面砖勾缝砂浆应具有柔韧性要求，能有效释放面砖及粘结材料的热应力，避免面砖脱落，同时应具有防水性。面砖勾缝砂浆主要性能见表 11-12。

表 11-12　面砖勾缝砂浆主要性能

项　　目		单　　位	指　　标
收缩值		mm/m	≤3.0
抗折强度	原强度	MPa	≥2.50
	冻融循环后		≥2.50
透水性（24h）		mL	≤3.0
压折比		—	≤3.0

11.2　面砖饰面外墙外保温系统施工

11.2.1　施工工艺流程

热镀锌钢丝网或玻纤网布增强粘贴面砖施工工艺流程如图 11-2 所示。

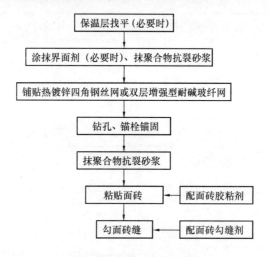

图 11-2　施工工艺流程

11.2.2　操作工艺要点

1. 抹面层施工

（1）在 PF 保温板或复合 PF 保温板的保温层验收后，应先在保温层上涂抹 2～3mm 厚度聚合物抗裂砂浆。

（2）按结构尺寸裁剪热镀锌电焊钢丝网，其长度不应超过 3m，预先用钢网展平机、液压剪网机、钢网液压成型机将边角处的热镀锌电焊钢丝网折成直角，但不得将网形成死折。

（3）分段铺贴热镀锌电焊钢丝网，铺贴中不应形成网兜，应顺方向依次平整铺贴，随即用 14 号钢丝制成的 U 形卡子卡住，使其紧贴抗裂砂浆层表面，然后用尼龙胀栓将热镀锌电焊钢丝网锚固在基层墙体上，锚固双向间隔 500mm 梅花状分布，要求有效锚固深度不得小于 25mm。

外墙阳角部位锚固点距墙角水平距离应为 100～150mm，垂直点距离应≤500mm。

（4）热镀锌电焊钢丝网之间搭接宽度不应小于 40mm，搭接层数不得大于 3 层，搭接处用 U 形卡子、钢丝或胀栓固定。热镀锌电焊钢丝网、玻纤网搭接宽度，如图 11-3 所示。

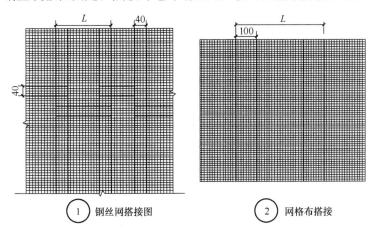

① 钢丝网搭接图　　② 网格布搭接

图 11-3　热镀锌电焊钢丝网、玻纤网搭接宽度

（5）窗口内侧面、女儿墙、沉降缝等热镀锌电焊钢丝网起始和收头处用水泥钉加垫片或尼龙胀栓使热镀锌电焊钢丝网固定在主体结构上。

（6）热镀锌电焊钢丝网铺设检查合格后，抹第二遍抗裂砂浆，应将热镀锌电焊钢丝网包覆于抗裂砂浆中，抗裂砂浆总厚度控制在 10mm±2mm，抗裂砂浆面层应达到平整度和垂直度要求。

根据设计锚栓布置图的要求，先用电锤或冲击钻孔到墙面有效深度，然后将塑料膨胀锚栓（配套的塑料膨胀锚栓有一个压盘和一片盖板，压盘既压 PF 板，又垫起热镀锌钢丝网，盖板则压住钢丝网）的压盘（带套管）置于钻孔中压住 PF 板。将钢丝网铺设于 PF 板表面（因塑料锚栓的压盘垫起钢丝网，使钢丝网与 PF 板之间控制所需距离），用螺丝钉穿过盖板压住钢丝网，用橡皮锤敲入锚栓套管孔内，最后用螺丝刀将螺钉拧紧。

面砖饰面固定热镀锌钢丝网时，平均锚固件数量不少于 6 个/m²，靠近墙面阳角部位适当增多。

用 U 型钉固定热镀锌钢丝网时，所用数量与分布，可根据钢丝网伏贴的程度而定，使钢丝网基本平行于水泥层复合板表面。

钢丝网裁剪应保证最外一边网格完整，保证钢丝网相互搭接宽度，搭接部位用铝线固定，间隔距离不大于 300mm 并有膨胀锚栓固定。左右搭接接茬应错开，防止局部接头钢丝网层超过 3 层而影响抹面层质量。

收头部位或搭接部位外侧钢丝网端部宜先向内侧折弯，避免向外凸起，控制局部凸起不高出钢丝表面 2mm。阴阳角、窗口、女儿墙、墙身变形缝等部位网的收头处均应固定。

热镀锌钢丝网在水泥层复合板表面平行，无翘曲现象。

2. 粘贴面砖

（1）粘贴面砖应在抗裂砂浆层完工 7d 后进行。粘贴面砖前，确定饰面砖的排列和勾缝方式：如对缝排列、错峰排列、菱形排列、尖头形排列等几种形式，勾缝通常有平缝、凹平缝、凹圆缝、倾斜缝、山型缝等几种形式。

根据设计图纸要求进行分段分格弹线，以控制面砖出墙尺寸和垂直度、平整度。注意每个立面控制线应一次弹完。每个施工单元的阴阳角，门窗口，柱中柱角都要弹线。

（2）面砖粘贴应按照《外墙饰面砖工程施工及验收规程》JGJ 126 规定执行，面砖粘结砂浆层厚度宜控制 3～5mm，面砖缝宽度不应小于 5mm，面砖缝每六层宜设一道 20mm 宽度。

（3）排砖

1）阳角、窗口、大墙面、通高的柱垛等主要部位都要排整砖，非整砖要放在不明显处，且不宜小于 1/2 整砖；

2）墙面阴阳角处最好采用异型角砖，如不采用异型砖，宜留缝或将阳角两侧砖边磨成 45°角后对接；

3）外墙饰面砖粘贴应设置伸缩缝，竖向伸缩缝宜在洞口两侧或与墙边、柱边对应的部位，横向伸缩缝可设置在洞口上下或与楼层对应处，伸缩缝应采用柔性防水材料嵌缝；

4）女儿墙、窗台、檐口、腰线等水平阳角处，顶面砖应压盖立面砖，立面底皮砖应封盖底平面面砖，可下凸 3～5mm 兼作滴水线，底平面面砖向内翘起以便于滴水；

5）确定接缝宽度、分格，弹出控制线，作出标记。

（4）吸水率大于 0.5％的瓷砖应浸泡晾干后使用，吸水率小于 0.5％的瓷砖不需要浸砖。

（5）粘贴基层应充分用水润湿，粘贴时背面打灰要饱满，粘结层厚度控制 8～12mm，在粘结层初凝后，严禁振动或移动面砖。使面砖的垂直平整应与控制面砖一致。

（6）墙面凸出的卡件、水管或线盒处宜采用整砖套割后套贴，套割缝口要小，圆孔宜采用专用开孔器来处理，不得采用非整砖拼凑镶贴。

粘贴纸面砖饰应事先制定与纸面砖相应的模具，将模具套在纸面砖上，然后将模具后面刮满粘结砂浆厚度为 2～5mm，取下模具，从下口粘贴纸面砖，并压实拍平，应在粘结砂浆初凝前，将纸面砖纸板刷水润透，并轻轻揭去纸板，应及时修补表面缺陷，调整缝隙，并用粘结砂浆将未填实的缝隙嵌实。

使用纸张砖作业时，宜先在墙上薄抹粘结砂浆，再在纸张砖上薄抹粘结砂浆，最后把面砖揉按于胶粘剂中并压实。不宜在纸张砖上薄抹粘结砂浆直接粘贴于墙面上，否则粘结砂浆厚度达不到要求，也避免粘结面积不够。

（7）粘贴面砖间宜用尼龙十字架控制间隔一致。粘贴面砖必须保证面砖粘结面积的 100％。施工可使用锯齿抹灰刀往墙面涂抹柔性瓷砖胶粘剂，然后把面砖揉按于胶粘剂中并压实。

随可操作时间延长，瓷砖胶的粘结性能大幅下降。超过规定时间继续使用，其抗拉强度急剧下降，造成粘砖失败。

3. 勾面砖缝

根据瓷砖表面的吸水性和光洁程度选择合适的施工方法，勾面砖缝常采用湿勾法勾缝剂和干勾法勾缝剂（高层瓷砖填缝不建议采用此法）。

面砖勾缝应选用有柔性憎水性的勾缝胶。饰面砖一般采取"卧（凹）缝"，深度低于砖面 2～3mm，可增加勾缝胶的密实度，预防饰面砖表面雨水渗透。严禁擦缝，必须用专用工具勾缝，要压实拉平，确保灰缝不渗水。

（1）面砖的填缝应在面砖胶固定至少 24h，且面砖已经稳定粘结并有一定强度后进行

（或确认瓷砖粘贴已达到牢固要求）。

按照样板墙确定的勾缝材料、缝深、勾缝形式及颜色，使用适用勾缝工具进行勾缝。勾前去除瓷砖缝隙松散的粘结剂、浮灰。

（2）专用勾缝材料应按厂家要求加水搅拌均匀制成勾缝砂浆。配制填缝剂不得太干或太稀，拌合填缝剂的施工时间很大程度上受到空气温度和湿度的影响，搅拌后的产品必须在规定时间内用完，已硬化的填缝剂严禁二次加水搅拌后再次使用。

（3）釉面砖缝干勾（或称半干填缝）法施工要点

干勾法适用于麻面、空隙较大的劈开砖等。

使用面砖勾缝粉时，先将填缝剂倒入洁净的水中搅拌成半干状，填缝剂∶水＝10∶1，严格控制水灰比在 0.10 左右（经验测定以手握成团、轻触即散为准），然后用与砖缝差不多粗的铁质填缝溜子将搅拌成半干状的填缝剂压入缝中填实，先勾横缝再勾竖缝，面砖缝应凹进面砖外表面 2～3mm，待稍干后把瓷砖表面多余的勾缝剂清除干净。

（4）釉面砖缝湿勾（或称水洗填缝）法施工要点

湿勾填缝法适用于表面致密、空隙较小的瓷砖、釉面砖等。

按填缝粉∶水＝5∶1，即湿勾法严格控制水灰比在 0.20 左右（可根据具体施工要求适当调整水灰比）比例配制水泥基填缝剂，先将填缝粉倒入适量洁净的水中，用低速电动搅拌机搅拌均匀、没有块状为止，静置几分钟使填缝剂水化，然后再次重新搅拌使材料中的有机成分充分发挥作用后既可使用。

用专用橡胶抹刀或海绵板抹刀，以 45°角用力将填缝剂填充到釉面砖缝隙中，填缝剂必须填满缝隙（见图 11-4），约 15～20min 后，填缝剂干透之前，用海绵（聚氨酯软泡）或毛巾擦拭砖面，并起到按压填缝剂作用，再隔约 15～20min 后，用干净海绵或毛巾将残留瓷砖表面的填缝剂擦拭干净为止。

图 11-4

（5）面砖饰面与涂料饰面交接部位宜采用抗裂聚合物砂浆或填缝剂进行密封处理，交接部位抹面层应为 45°角，并达到密实、粘结牢固、无空隙、不滞水。

勾缝宜先勾水平缝再勾竖缝，纵横交叉处要过渡自然，不能有明显痕迹。砖缝要在一个水平面上，缝深符合要求、连续、平直、深浅一致、表面压光。

11.2.3 工程质量要求

（1）保温层应达到设计厚度，墙面平整，阴阳角、门窗洞口垂直、方正。

（2）涂料饰面抗裂砂浆层厚度为 3～5mm，墙面无明显接茬、抹痕，墙面平整，门窗洞口、阴阳角垂直、方正。

（3）热镀锌四角钢网（或增强玻纤网）铺设平整，阳角部位钢网不得断开，搭接网边应被角网压盖，胀栓数量、锚固位置符合要求。

（4）面砖饰面抗裂砂浆层厚度为 8～12mm，墙面无明显接茬、抹痕，墙面平整，门窗洞口、阴阳角垂直、方正。粘贴面砖尺寸允许偏差及检验见表 11-13。

表 11-13 面砖工程尺寸允许偏差及检验

项 目	允许偏差（mm）	检验方法
立面垂直	3	用 2m 托线板检查
表面平整	2	用 2m 靠尺、楔形塞尺检查
阳角方正	2	用方尺、楔形塞尺检查
墙裙上口平直	2	拉 5m 线（不足 5m 时拉通线）
接缝平直	3	用尺检查
接缝深度	1	用尺量
接缝宽度	1	用尺量

11.3 工程质量缺陷原因及防治措施

在面砖饰面外墙外保温系统中，主要由保温层、抗裂砂浆保护层（热镀锌网增强）和面砖饰面构成。该系统为湿作业过程，涉及材料质量、系统组合、环境气候、操作等因素，其中面砖饰面出现质量缺陷多于涂料饰面。

11.3.1 面砖开裂、起鼓、渗漏、脱落原因及防治

1. 原因分析

面砖脱落有三种形式：一是面砖自身脱落，说明瓷砖胶无法满足粘结面砖的要求；二是面砖与瓷砖胶一同脱落，说明瓷砖胶无法满足与抗裂砂浆的粘结要求；三是面砖勾缝剂被挤压开裂，说明勾缝剂无法消纳面砖饰面的变形。

外墙外保温系统粘贴面砖与重质墙体基层不同，外保温系统由于内置密度小、强度低的保温材料，其形成的复合墙体往往呈现软质基底的特性，这种柔性基底—刚性面层结构所造成的体系的变化更大，面砖与抗裂防护层、外饰面层之间产生更大的温湿剪切应力，影响面砖与抗裂防护层、外饰面层之间的附着安全性。

常见面砖掉落通常是成片发生，且多在墙边缘和顶层建筑女儿墙沿屋面板的底部，以及墙面中间大面积空鼓部位，主要受温度影响而发生胀缩时，产生累加变形应力将边缘（阳角）面层的面砖挤掉或中间部分挤成空鼓、裂缝，某楼面砖饰面在阳角部位出现空鼓开裂现象，如图 11-5 所示。

图 11-5 阳角部位面砖出现空鼓开裂

特别当面砖粘接砂浆为刚性不能有效释放温度应力时，发生更普遍。主要是因为高水蒸气阻力形成的瓷砖背面的冷凝水即冻融循环造成。

（1）材料的物理力学性能的差异，而复合夹芯墙体是温度变形应力。

（2）严寒和寒冷地区复合夹芯保温墙体面层开裂、脱落除受温度应力影响外，墙体内部冷凝水冻胀也会引起面层裂纹、脱落。

（3）面砖不适用于：

1）采用透气性不好的釉面砖；

2）使用了不带槽的平板面砖不易粘贴牢固而脱落；

3）使用了吸水率大的面砖，吸水后易遭受冻融破坏引起开裂、空鼓、脱落。

（4）外墙装饰采用陶瓷面砖时，面砖背面无法填实，防水效果较差；保温层（浆体）未完全固化、未达到终凝正常强度时，过早进行面砖施工。

（5）在标准型耐碱玻纤网格布作为增强材料的抗裂防护层上粘贴面砖，由于玻纤网孔小，与砂浆握裹不好，玻纤网会形成隔离层，引起面砖饰面层开裂、脱落。

（6）使用了水泥砂浆或聚灰比达不到要求的聚合物砂浆粘贴面砖，砂浆柔韧性小满足不了柔性渐变释放应力的原则，面砖饰面层则易开裂、空鼓、脱落。

使用了水泥砂浆或聚灰比达不到要求的聚合物砂浆进行面砖勾缝，砂浆柔韧性小无法释放面砖及砂浆本身由于温湿变化产生的变形应力，勾缝砂浆处也可能开裂，从而造成环境水或雨雪水渗漏，使面砖饰面层开裂、脱落；面砖勾缝及粘贴面砖所用的聚合物砂浆柔性不匹配，面砖粘结砂浆质量低劣；面砖的勾缝处出现开裂，雨水通过该处渗入保温系统。

（7）冬天室内水分、水汽随同热一起从外墙的内表面通过墙体向室外迁移，由于粘贴饰面砖的砂浆和饰面砖的蒸汽渗透阻很大，湿迁移至饰面砖附近受阻，水、汽在负温区冻结、体积膨胀。并经数次冻融循环作用，造成饰面砖、保护层脱落。外墙外保温围护墙体内部冷凝冻胀致使面砖脱落。

（8）设计施工未设面层抗裂变形缝，当面砖与保温层受温度影响时，在同样温度环境条件下，其变形及温度应力相差较大而造成面砖脱落。

（9）根据不同季节，墙体内外由于温差的变化，饰面砖会受到三维方向温变应力影响，在饰面层会产生局部应力集中，如在纵横体交接处；墙或屋面与墙体连接外；大面积墙中部等位置应力集中，饰面层开裂引起面砖脱落，也有相邻面砖局部挤压变形引起面砖脱落。

（10）面砖浆抹灰层变形空鼓，造成大面积面砖脱落。

（11）组合荷载作用、地基不均匀沉降的外力作用，引起结构墙体变形、错位造成墙体严重开裂、面砖脱落，还可能由风压、地震应力等引起的机械破坏等。

（12）浆体保温层粘贴面砖时，钢丝网和主体墙连接不当形成无效连接，引起面砖脱落。

（13）采用空心或轻质砌块的墙体，外墙外保温为面砖饰面时，锚固钢网选择射钉类锚固技术易产生无效连接，形成隐患。已粉化或碳化的既有建筑实施节能改造时，选择面砖饰面的外墙外保温技术更易发生质量和安全事故。

（14）外力（如地基）沉降不均匀造成墙体开裂、错位变形，不可抗拒导致面砖开裂。如在阳台与主体结构结合处，在整块面砖中间从阳台上部到下部都出现纵向开裂，而在面砖接缝间均未出现面砖开裂，如图 11-6 所示。

2. 防治措施

外墙外保温系统粘贴面砖，首先考虑面砖自重，另外粘贴面砖应考虑保温层材料的粘结强度是否满足要求。

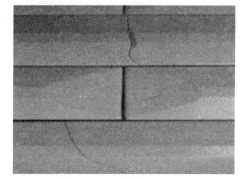

图 11-6　面砖饰面开裂现象

抗裂防护层是保护系统中的非常重要部分，发挥着承上启下的功效，它将密度小、强度低的保温层与面砖装饰层结合起来。

由于外保温系统置于主体结构的外层，温度应力、雨水或水蒸气、风压、地震等外界作用力直接作用于其表面。需采取相应安全加固措施，使建筑物和保温系统本身保持必要的安全性，要针对材料的物理性能以及如何消除温度应力和水蒸气冷凝造成的冻胀，以及从构造设置措施上，防止饰面出现开裂、起鼓、渗漏、脱落等质量事故。

（1）PF 板胶粘剂应用低碱或硫铝酸盐水泥为主体材料，严禁使用普通硅酸盐水泥、矿渣硅酸盐水泥。

1）保温板与基层采用点条（框）粘结，有效粘贴面积不得小于 60%，随建筑高度增加，应加大效粘贴面积；

2）PF 板使用必须达到规定密度和足够的陈化时间；

3）面砖宜用点粘，以提高面层的透气性能和分散面砖面层的温度应力，提高面层抗裂性能；

4）瓷砖面层应设抗裂温度伸缩变形缝即分格缝，且间距不宜大于 7m；

5）面砖面层的勾缝胶粘剂应具有柔韧性、透气性、且必须设温度变形缝和蒸汽渗透转移扩散的构造；

6）面砖面层的勾缝胶浆应具有柔韧、透气性能，并应设置抗裂温度伸缩变形缝和留有部分面砖缝隙（不勾缝），使冷凝水蒸气能从不勾缝的"通道"有效转移出去。

（2）复合墙体必须进行内部的冷凝验算，如内部出现冷凝现象应做隔气处理。

（3）按设计要求选用槽面砖，且面砖质量不应大于 $20kg/m^2$。

（4）应在热镀锌钢丝（增强型玻纤网）为增强材料的抗裂防护层上粘贴面砖，锚栓应在热镀锌钢丝（增强型玻纤网）外侧锚固，其抗裂砂浆层厚度在 8～12mm 之间。

保证抗裂砂浆抹灰与保温层的粘结强度，抹后不空不裂，要对保温层全封闭，应分两次进行。第一遍厚度应控制在 2～4mm，要求满抹，不得有漏抹之处，按楼层分段施工，抹完一层待抗裂砂浆固化后，开始进行铺钉网施工。

钢丝网安装检验合格后进行第二遍抗裂砂浆面灰施工，控制两遍抹灰总厚度，末层抹灰要用力，使其具有最好的密实度，也是防止砂浆面层不出现裂缝增强抗渗能力的重要措施，并增强与钢丝网的粘结力。

（5）粘贴面砖、勾缝聚合物砂浆（料）柔性砂浆性能必须按设计要求选用。

（6）在保温构造设计中不应忽视墙体内部冷凝。严寒地区节能建筑外墙外保温饰面不宜粘贴面砖，多层、高层建筑不应粘贴面砖。

（7）面层应设计抗裂变形缝，且面砖间勾缝宽度不应小于规定值；面砖饰面抹面层中的热镀锌钢丝网按规定施工外，面砖缝及面砖饰面与涂料饰面的交接处，必须达到有效合格密封。

（8）为了克服外墙抹灰因加气混凝土砌块与砂浆粘结性差而引起空鼓裂缝，抹灰前应先清除影响砂浆与墙面粘附力的松散物，浮尘和污物。随后浇水润湿墙面，含水率保持在 10%～15% 左右，抹灰前可选用 1∶1 水泥浆或建筑用胶水泥浆拉毛墙面，或者采用专用界面剂作基层处理，抹灰稍干后应检查有无裂缝现象，抹灰完成后要做好防雨遮盖，避免雨水直接冲淋墙面、受日照直射，并应进行喷水养护。

（9）外墙饰面砖镶贴时，基层应保持湿润状态，饰面块材在使用前清洗干净，用水浸泡、晾干应再使用，外墙镶贴饰面块材之前，应检查底灰空鼓裂缝，凡空鼓面积超过 $200cm^2$，灰厚小于 20mm，收缩裂缝大于 100mm，深大于 15mm 者均为渗漏隐患处，必须进行修补合格后方可进行镶贴。

（10）根据不同墙体使用专用尼龙钢钉，使用具有可靠连接效果的配套产品；高层建筑大厚度保温层粘贴面砖宜安装角钢横担。

（11）根据使用地区要求，考虑外保温材料的抗渗性以及保温系统的通气性，避免冻融破坏而导致面砖脱落，为达到良好透气构造，可按适当间距留有不勾满缝的面砖或每三层设置透气管等措施。

此外，外墙外保温粘贴面砖还应考虑关键技术因素：

（1）在保护保温层的前提下，使外保温系统形成一个整体，转移面砖饰面层负荷作用体，改善面砖粘贴基层的强度，达到标准规定要求；

（2）考虑外保温粘结材料的压折比、粘结强度、耐候稳定性等指标以及整个外保温系统材料变量的匹配性，以释放和消纳热应力或其他应力；

（3）提高外保温系统的防火等级，以避免火灾等意外事故后产生空腔，外保温系统丧失整体性在面砖饰面的自垂直力的影响下大面积塌落；

（4）要提高外保温系统的抗震和抗风压能力，以避免偶发事故出现后的水平作用方向作用力对保温系统的巨大破坏；

（5）考虑外保温系统的面层荷载。

11.3.2 瓷砖胶柔韧性低造成空鼓或脱落的原因及防治

1. 原因分析

影响面砖粘结质量最大的因素是粘结砂浆的聚灰比。不含聚合物的普通水泥砂浆粘结砂浆，强度高、变形量小，即瓷砖胶柔韧性低，当用于外保温粘贴面砖时，在基层受到热应力作用发生形变时，粘结砂浆不能通过相应的变形抵消这种做用，很容易发生空鼓或脱落。

2. 防治措施

在保证瓷砖胶粘结强度情况下，为保证具有适当柔韧性，使面砖能够与保温系统整体统一，并消纳热应力带来影响，以满足外墙外保温粘贴面砖要求。

一般来说：聚灰比较小时，水泥的性能起决定作用；聚灰比在 0.1～0.3 时，水泥与聚合物的作用趋于相对平稳；当聚灰比达到 0.3 以上时，符合外墙外保温粘贴面砖要求。

11.3.3 面（瓷）砖泛碱原因及防治措施

1. 原因分析

（1）使用不合格胶粘剂，或当施工基层、环境湿度过大时，面砖施工后在面砖表面出现明显泛碱，如图 11-7 所示。

（2）水泥中主要成分是硅酸钙，它是弱酸强碱盐，在遇水的情况下，硅酸钙水解呈碱性，其碱性的高低与硅酸钙的含量成正比。

（3）水泥的水化产物氢氧化钙[$Ca(OH)_2$]溶解在沿孔壁的水膜中形成钙离子和氢氧离子。空气中的二氧化碳（CO_2）气体弥散在孔隙内并溶解在相同的水膜中，部分形成碳酸

图 11-7　面砖饰面泛碱现象

（H_2CO_3）。所有溶解在水中的氢氧化钙与碳酸发生中和反应，形成几乎不溶于水的碳酸钙（$CaCO_3$）沉淀。

（4）在大量水存在的情况下，水便成为流动载体，将大量的钙离子、氢氧离子通过面层（石材、面砖）的毛细孔和缝隙渗透到面砖表面，当水分蒸发后，在表面形成白色粉末的盐类结晶（有时呈灰黑色），即通称为泛碱。

2. 防治措施

（1）尽可能减少勾缝粉配方中水泥用量，使用硅灰、粉煤灰等酸性细填料；尽量采用低碱水泥进行施工。

（2）尽量减少水泥中水分的含量，可在水泥中加入减水剂。

（3）面砖施工完成后，尽快用填缝剂将所有缝隙密封。

（4）基层湿度不得过大，避开雨天和雨后即刻施工。

（5）必要时，宜在面（瓷）砖胶粘剂中加入抗泛碱剂。

另外，为避免面（瓷）砖接缝间产生色差，填缝剂必须每次兑取等量的水，且涂抹的深度和宽度须一致，嵌缝施工应用专用工具进行施工。

第 12 章　建筑屋面保温防水系统

12.1　建筑屋面保温系统

12.1.1　保温防水屋面构造

屋面酚醛泡沫保温可用 PF（复合）保温板，也可用喷涂 PF 为保温层。屋面保温系统与屋面防水系统，共同构成屋面保温防水系统。屋面分为上人屋面和不上人屋面。

屋面保温防水系统一般由结构层、找坡层、找平层、隔汽层、保温层（防火隔离带）、防水层、隔离层、保护层等构成。

在平屋面保温防水系统构造中，防水层设在保温层以上，习惯称为正置式（法）防水保温屋面。相反，将正置屋面构造中的防水层与保温层颠倒设置应用的方法，即防水层设在保温层之下，习惯称为倒置式（法）防水保温屋面。

1. 倒置式屋面保温防水系统特点

（1）具有良好隔热、保温效果

倒置式屋面保温是屋面为外隔热保温形式，当在高温季节时，防水层上面保温材料、卵石隔热的热阻作用，对室外综合温度进行了衰减，减少太阳光的直接照射，屋面所蓄有的热量始终低于传统屋面保温隔热方式，向室内散热也小，降低空调费用。

倒置式屋面保温在冬季时，处在外冷内热状态，热能由内向外传导，因防水材料上层有保护层的保护，阻挡室内热量损失，外冷的低温又被保温层阻挡而不能进入室内，减少能耗。

（2）可有效延长屋面防水层寿命

保护层（保温层）设在防水层之上，减少防水层受太阳直接照射的影响，使其表面温度变化明显减小、不易老化，并免受紫外线照射及外界撞击等因素而破坏，防水层基本长期处于相对恒定柔软状态，因而延长使用年限。

应用在湿度的结构保温屋面，可取消传统保温屋面内加设的排汽道及排汽孔。

（3）倒置式屋面保温构造简单、维修容易，板材施工不受季节、环境温度限制。

适用民用住宅、工业建筑，也用于特别重要、重要的高层建筑屋面的防水保温工程，特别适合在我国南方地区采用。

2. 正置式和倒置式保温防水屋面构造层次，见表 12-1。

表 12-1　保温防水屋面构造层次

类　别	正置防水保温屋面构造层次
防水、保温上人屋面	1. 使用面层；2. 隔离层；3. 防水层；4. 找平层；5. 找坡层；6. 保温层；7. 结构层

类　别	正置防水保温屋面构造层次
防水、保温、隔汽上人屋面	1. 使用面层；2. 隔离层；3. 防水层；4. 找平层；5. 找坡层；6. 保温层；7. 隔汽层；8. 找平层；9. 结构层
防水、保温不上人屋面	1. 保护层；2. 隔离层；3. 防水层；4. 找平层；5. 找坡层；6. 保温层；7. 结构层
防水、保温、隔汽不上人屋面	1. 保护层；2. 隔离层；3. 防水层；4. 找平层；5. 找坡层；6. 保温层；7. 隔汽层；8. 找平层；9. 结构层
保温层在防水层上防水、保温不上人屋面	1. 保护层；2. 保温层；3. 防水层；4. 找平层；5. 找坡层；6. 结构层
防水、保温、架空隔热屋面	1. 架空隔热层；2. 保护层；3. 隔离层；4. 防水层；5. 找平层；6. 找坡层；7. 保温层；8. 结构层
防水、保温、蓄水隔热屋面	1. 蓄水隔热层；2. 保护层；3. 隔离层；4. 防水层；5. 找平层；6. 找坡层；7. 保温层；8. 结构层
防水、保温、种植隔热屋面	1. 种植隔热层；2. 保护层；3. 隔离层；4. 防水层；5. 找平层；6. 找坡层；7. 保温层；8. 结构层
混凝土瓦或烧结瓦保温屋面	1. 瓦材；2. 挂瓦条；3. 顺水条；4. 防水垫层；5. 持钉层；6. 保温层；7. 结构层
沥青瓦保温屋面	1. 沥青瓦；2. 防水垫层；3 持钉层．；4 保温层；5. 结构层
单层金属板保温屋面	1. 压型金属板；2. 固定支架；3. 防水垫层；4. 保温层；5. 隔汽层 6. 承托网；7. 型钢檩条
双层金属板保温屋面	1. 上层压型金属板；2. 保温层；3. 隔汽层；4. 型钢附加檩条；5. 底层压型金属板；6. 型钢主檩条
类　别	倒置防水保温屋面构造层次
防水、保温上人屋面	1. 铺块材（防滑地砖、仿石砖、水泥砖等）；隔离层（必要时）2. 保温层；4. 防水层；找平层；6. 找坡层；7. 结构层
防水、保温不上人屋面	1. 保护层（隔离层）；2. 保温层；4. 防水层；找平层；6. 找坡层；7. 结构层

3. 在平屋面保温系统中，以 PF 复合板做保温层为例，倒置式和正置式保温防水屋面构造示意，见表 12-2～表 12-4、图 12-1。

表 12-2　倒置式平屋面保温防水基本构造

基层①	找坡层②	找平层③	防水层④	保温层⑤	隔离层⑥	保护层⑦	构造示意图
钢筋混凝土屋面板	材料按工程设计选用（结构找坡无此层）	水泥抹灰砂浆	防水材料	保温材料（PF复合保温板）	按工程设计选用	构造及材料按工程设计选用	

表 12-3　正置式平屋面保温防水基本构造

基层 ①	找坡层 ②	保温层 ③	找平层 ④	防水层 ⑤	隔离层 ⑥	保护层 ⑦	构造示意图
钢筋混凝土屋面板	材料按工程设计选用（结构找坡无此层）	保温材料（PF复合保温板板）	水泥抹灰砂浆	防水材料	按工程设计选用	构造及材料按工程设计选用	

表 12-4　坡屋面保温防水基本构造

基层 ①	防水层 ②	粘结层 ③	保温层 ④	保护层 （持钉层） ⑤	结合层 ⑥	瓦面层 ⑦	构造示意图
钢筋混凝土屋面板（水泥抹灰砂浆找平处理）	防水材料	胶粘剂	PF复合保温板板	配筋细石混凝土	挂瓦条、顺水条（或按工程设计选用）	构造及材料按工程设计选用	

12.1.2　屋面保温系统施工

板状保温材料在平屋面保温施工时，采用干铺或粘贴方式施工，而在坡屋面保温施工时应采用粘贴方式施工。喷涂 PF 保温施工，可分别适用于平屋面和坡屋面保温。

1. 屋面保温工程施工条件

（1）雨天、雪天和五级风及其以上时不得施工；当施工中途下雨、下雪时应采取遮盖措施。

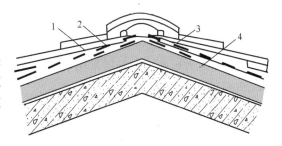

图 12-1　坡屋面屋脊保温构造
1—瓦；2—防水层；3—满粘防水垫层；
4—PF 复合保温板

（2）干铺的保温层可在负温度下施工。

（3）用有机胶粘剂粘贴的板状材料保温层，在气温低于−10℃时不宜施工。

（4）用聚合物水泥砂浆粘贴的板状材料保温层，在气温低于5℃时不宜施工。

（5）喷涂 PF 时，施工环境气温宜为 15～30℃，风速不宜大于三级，相对湿度宜小于 85%。

（6）基层应平整、牢固、干净、干燥。弹线找坡（拉线），按设计坡度及流水方向，找出屋面坡度走向，确定保温层的平整度、厚度范围。

（7）在保温层或大面积防水层施工前，应对屋面出口（管根、排气孔、排水口）、屋面热桥部位等细部构造进行防水密封处理。

12.1.3 施工

1. 平屋面板状保温材料施工工艺流程

（1）平屋面板状保温材料施工工艺流程，如图 12-2 所示。

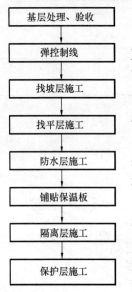

图 12-2 施工工艺流程

2. 平屋面板状保温材料操作工艺要点

（1）相邻板块应错缝拼接，分层铺设的板块上、下层接缝应相互错开，板间缝隙应采用同类材料嵌填密实，表面应与相邻两板的高度一致。

（2）PF 板状保温材料采用干铺法（板状）施工时，板状保温材料应紧靠在需保温的基层表面上，并应铺平垫稳。

采用 PF 复合保温板保温时，在 PF 复合保温板相邻板的对接缝处，应密封，且在其板缝处作不小于 150mm 宽度的附加防水层盖缝，如图 12-3 所示。

（3）板状保温材料粘结法施工时，胶粘剂应与保温材料相容，板状保温材料应贴严、粘牢，在胶粘剂固化前不得上人踩踏。

（4）用于倒置式屋面时，保温层上应用混凝土等块材、水泥砂浆或卵石做保护层；卵石保护层与保温层之间，应干铺一层无纺聚酯纤维布做隔离层。

3. 倒置式屋面板状保温工程施工要点

检查防水层施工无渗漏或积水现象，确认防水层施工完全达到标准并经验收后，方可进行施工。

（1）保温层施工

1）在非上人屋面可在基层采用干铺或粘贴保温板，在上人屋面应采用粘贴方式铺设保温板。

2）保温板不需留伸缩缝，遇到屋面凸出处应将泡沫板量好尺寸并切割后再铺设。为避免在后续施工中发生走位影响整体施工，可以在保温板与防水层间采用适当点粘固定。

3）保温板拼缝处可以灌入密封材料或用同类材料碎屑使其连成整体，拼缝要严密、表面平整、找坡正确。

（2）保护层施工

1）非上人屋面

采用抗裂水泥砂浆抹面：砂浆厚度宜为 2cm，分格缝间距 2m，缝宽 3～5mm，在保温层上直接铺到所设计的厚度，在所设置的分格缝嵌填密封材料。

采用走道板或砾石做覆盖保护：采用干铺卵石粒径宜在 10mm 以上，分布均匀，檐口边做 500×500×40 预

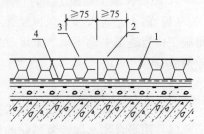

图 12-3 复合保温板板缝处理
1—密封材料；2—板缝填充防水密封胶；
3—粘贴防水卷材盖缝；4—防水卷材

制混凝土挡板，四角用水泥砂浆固定。

使卵石单位面积内的荷载量符合设计要求，防止过载。在卵石与保温层之间应加铺耐穿刺、耐久性及防腐性能好的纤维织物衬垫材料为隔离层。

在穿屋面管、女儿墙泛水的竖向防水层，收头高度超过镇压层 25cm。非上人屋面保温隔热防水构造，如图 12-4 所示。

2）上人屋面

在上人屋面作保护层可采用两种方式，一种是铺砌块，如石材、瓷砖、预制混凝土砖等，另一种为现浇细石混凝土内加钢筋。

采用不配筋的细石混凝土为保护层时，应设置分格缝，厚度 4cm，留分格缝，间距 1.2～1.5m，缝宽 5mm，最后将分格缝用密封胶密封。

捆钢筋时保护层厚度按设计要求确定，并在灌浆时钢筋网应适当垫高，确保抗拉作用；采用混凝土块材为保护层时，应用水泥砂浆坐浆平铺，板缝用砂浆勾缝处理。上人屋面保温防水构造，如图 12-5 所示。

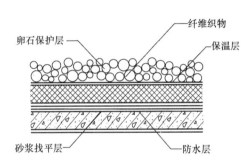

图 12-4 倒置式非上人屋面保温防水构造

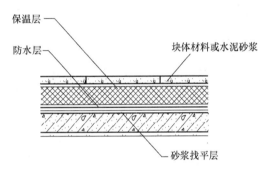

图 12-5 倒置式上人屋面保温防水构造

4. 喷涂 PF 保温工程施工

（1）施工前应采取防止污染的遮挡措施，并对喷涂设备进行调试，喷涂 PF 原料应按配比准确计量，确定喷枪（嘴）与施工基面合适的距离。

（2）根据设计厚度，一个作业面应分遍喷涂完成，每遍喷涂厚度不宜大于 15mm，保证施工后发泡层厚度均匀一致，在落水口周围喷涂应找坡。

喷涂 PF 施工完成 24h 并固化后，应及时进行保护层施工。

5. 坡屋面保温工程施工要点

保温板的粘结面积不应小于被粘结板面积的 60％。施工工艺流程如图 12-6 所示。

12.1.4 工程质量要求

1. 主控项目

（1）保温材料密度、导热系数、吸水率、压缩强度或抗压强度、燃烧性能必须符合设计要求和质量标准的规定。

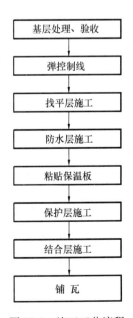

基层处理、验收

弹控制线

找平层施工

防水层施工

粘贴保温板

保护层施工

结合层施工

铺瓦

图 12-6 施工工艺流程

检验方法：检查出厂合格证、技术性能报告、进场验收记录和现场抽样复验报告。

（2）保温板缝间隙用同类材料嵌填密实，上下板块接缝是否错开。保温板铺设方式、保温层的厚度、缝隙和热桥部位做法，必须符合设计要求。

检验方法：观察检查、保温板或保温层采取针刺法或剖开用尺量。

（3）严寒和寒冷地区外保温使用的粘结材料，其冻融试验结果应符合该地区最低气温环境的使用要求。

检验方法：核查质量证明文件。

2. 一般项目

（1）保温板材粘贴牢固、铺平垫稳、缝隙严密、表面平整、找坡正确。

检验方法：观察检查，检查施工记录。

（2）保温层厚度符合设计要求

检验方法：用钢针插入和尺量检查。

（3）保护层做法应符合设计要求。

检验方法：观察检查，检查施工记录。

（4）整体现浇保温层：拌合均匀，分层铺设，压实适当，表面平整，找坡正确。

检验方法：观察检查。

当倒置式屋面保护保温系统采用卵石铺压时，卵石应分布均匀，卵石的质（重）量应符合设计要求。

检验方法：观察检查和按堆积密度计算其质量。

12.1.5 工程质量缺陷原因及防治措施

1. 老虎窗根部与坡屋面的交接处产生热桥原因及防治

（1）原因分析

1）老虎窗处的线条过多，在做保温时因为用混凝土浇筑成的线条比例关系已经确定，在上面加做保温层，势必导致线条既定比例关系的失调，为不破坏建筑的立面表现方式，只能放弃对该部分的保温处理，由于未对裸露部位的混凝土采取处理，在老虎窗或阁楼局部热桥易出现保温断点、热桥，导致室内出现返霜、结露现象。

2）设计中容易忽视外窗框传热对耗热指标的影响，出现没有对外窗洞口周边窗框采取保温设计处理现象。

（2）防治措施

必须考虑洞口周边保温合理、达到无热桥。同时考虑窗根部上口的滴水处理和窗下口、窗根部的防水处理，防止水从保温层与窗根的连接部位进入保温系统的内部而造成破坏。

另外，复合保温板用于钢结构屋面时，应考虑保温板材与檩条连接部位防水和热桥措施，缝隙处应采取保温材料填充。

2. 女儿墙内侧的根部靠近室内的顶板部位产生热桥原因及防治

（1）原因分析

女儿墙内侧的根部靠近室内的顶板，极易引起因为热桥通路变短，在顶层房间的顶板棚根处产生热桥，导致室内返霜、结露现象。

（2）防制措施

女儿墙的内侧按设计要求采取保温措施，使得因温度变化引起应力作用都发生在保温层内，在屋面与女儿墙交接处保温层应无缝隙，同时重点考虑女儿墙保护层结合的耐久性，避免女儿墙墙体裂缝发生。

保温层施工后应通过质量验收，与屋面防水处理做好质量交接。以屋面结构层与防水层之间沿女儿墙四周保温层来消纳找平层的变形应力，防止女儿墙沿找平层处被顶裂。

3. 保温层产生气体膨胀后使防水层鼓泡而破坏原因及防治

（1）原因分析

使用浇注型无机保温材料，不但含水率过大，保温性能降低，达不到设计要求，而且当气温升高，水分蒸发，产生气体膨胀后，使防水层鼓泡而破坏。

（2）防治措施

保证材料的干湿程度与导热系数关系很大，限制含水率是保证工程质量的重要环节。当采用有机胶结材料时，保温层的含水率不得超过 5％；当采用无机胶结材料时，保温层的含水率不得超过 20％。

保温层应干燥，封闭式保温层的含水率应相当于该材料在当地自然风干状态下的平衡含水率。屋面保温层干燥有困难时，应采用排汽措施。

在 Ⅰ、Ⅱ、Ⅵ、Ⅶ 气候区且室内空气湿度大于 75％，或其他地区室内空气湿度常年大于 80％时，若采用吸湿性保温材料做保温层，应选用气密性、水密性好的防水卷材或防水涂料做隔汽层。

4. 保温层出现塌陷原因及防治

（1）原因分析

1）保温材料密度低，或没有达到陈化时间，不符合设计要求。

2）施工防护（保护）层时，保温层局部反复重力受压。

（2）防治措施

1）必须按照设计要求规定保温层的密度。

2）做防护（保护）层时，在保温层上铺设木板或其他做专用便道，便于行人或手推车运送工程用小料，大面施工后再施工便道。

12.2 建筑屋面防水系统

屋面保温离不开防水，防水与保温互补。屋面不仅防水，且已逐步向绿色屋面发展、种植屋面发展，特别需要屋面能够起到减少城市"热岛"的作用。

12.2.1 防水材料性能

防水（密封）材料的物理性能，应符合《屋面工程技术规范》GB 50345、《坡屋面工程技术规范》GB 50693 等现行国家标准的规定。

1. 常用防水卷材（涂料）性能，见表 12-5～表 12-8。

表 12-5 高聚物改性沥青防水卷材物理性能

项 目		性 能 要 求				
		聚酯毡胎体	玻纤毡胎体	聚乙烯胎体	自粘聚酯胎体	自粘无胎体
可溶物含量（g/m²）		3mm 厚≥2100		—	2mm 厚≥1300	—
		4mm 厚≥2900			3mm 厚≥2100	
拉力 (N/50mm)		≥450	纵向≥350 横向≥250	≥100	≥350	≥250
延伸率 （%）		最大拉力时 ≥30	—	断裂时 ≥200	最大拉力时 ≥30	断裂时 ≥450
耐热度 （℃，2h）		SBS 卷材 90， APP 卷材 110， 无滑动、流淌、滴落		PEE 卷材 90， 无流淌、起泡	70，无滑动、 流淌、滴落	70，无起泡、 滑动
低温柔度 （℃）		SBS 卷材-20，APP 卷材-7，PEE 卷材-10			—20	
		3mm 厚，r＝15mm；4mm 厚，r＝25mm；3s，			r＝15mm，3， 弯 180℃无裂纹	φ20mm，3s， 弯 180°无裂纹
不透水性	压力 （MPa）	≥0.3	≥0.2	≥0.3	≥0.3	≥0.2
	保持时间 （min）	≥30				≥120
接缝剥离强度（N/mm）		SBS 卷材≥1.0，APP 卷材≥1.5				

注：SBS 卷材——弹性体改性沥青防水卷材；

APP 卷材——塑性体改性沥青防水卷材；

PEE 卷材——高聚物改性沥青聚乙烯胎防水卷材。

表 12-6 合成高分子防水卷材物理性能

项 目		性 能 要 求			
		硫化橡胶类	非硫化橡胶类	树脂类	纤维增强类
断裂拉伸强度（MPa）		≥6	≥3	≥10	≥9
扯断伸长率（%）		≥400	≥200	≥200	≥10
低温弯折（℃）		—30	—20	—20	—20
不透水性	压力（MPa）	≥0.3	≥0.2	≥0.3	≥0.3
	保持时间(min)	≥30			
加热收缩率（%）		<1.2	<2.0	<2.0	<1.0
热老化保持率 （80℃，168h）		断裂拉伸强度	≥80%		

表 12-7 合成高分子防水涂料（反应固化型）物理性能（JGJ/T 235—2011）

项 目	性能要求	
	Ⅰ 类	Ⅱ 类
拉伸强度（MPa）	≥1.9（单，多组分）	≥2.45（单，多组分）

项　目		性能要求	
		Ⅰ类	Ⅱ类
断裂伸长率（%）		≥550（多组分）≥450（多组分）	≥450（单、多组分）
低温柔性（℃，2h）		−40（单组分），−35（多组分）， 弯折无裂纹	
不透水性	压力（MPa）	≥0.3（单，多组分）	
	保持时间（min）	≥0.3（单，多组分）	
固体含量（%）		≥80（单组分），≥92（多组分）	

注：产品按拉伸性能分Ⅰ、Ⅱ两类。

表12-8　速凝机械喷涂（刮涂）橡胶沥青防水涂料性能

项　目		指　标
固体含量（%）		≥55
耐热度（℃）		≥100
		无流淌、滑动、滴落
不透水性（0.30MPa，30min）		无渗水
粘结强度（MPa）	干燥基面	≥0.04
	潮湿基面	≥0.04
凝胶时间（s）		≥5
实干时间（h）		≤24
弹性恢复率（%）		≥75
吸水率（%）		≤2.0
钉杆水密性		无渗水
低温柔度（℃）	标准条件	−20℃，无裂纹，斯裂
	碱处理	−15℃，无裂纹，斯裂
	热处理	
	酸处理	
	盐处理	
	紫外线处理	
拉伸性能	拉伸强度（MPa）	标准条件	≥0.80
	断裂伸长率（%）	标准条件	1000
		碱处理	≥800
		热处理	
		酸处理	
		盐处理	
		紫外线处理	

注：1. 供需双方可以商定更高温度的耐热度指标。

2. 粘结卷材可以根据供需双方要求采用其他卷材。

3. 供需双方可以商定更低温度的低温柔性指标。

2. 防水密封材料性能

防水密封材料性能，见表 12-9～表 12-11。

表 12-9　合成高分子密封材料的物理性能

项　目		性　能　要　求						
		25LM	25HM	20LM	20HM	12.5E	12.5P	7.5P
拉伸模量	23～20℃	≤0.4 和 ≤0.6	>0.4 或 >0.6	≤0.4 和 ≤0.6	>0.4 或 >0.6		—	
定伸粘结性		无破坏					—	
浸水后定伸粘结性		无破坏					—	
热压冷拉后粘结性		无破坏					—	
拉伸压缩后粘结性							无破坏	
断裂伸长率							≥100	≥20
浸水后断裂伸长率							≥100	≥20

注：合成高分子密封材料按伸拉模量（LM）和高模量（HM）两个次级别；按弹性恢复率分为弹性（E）和塑性（P）两个次级别。

表 12-10　改性石油沥青密封材料物理性能

项　目		性能要求	
		Ⅰ类	Ⅱ类
耐热度	温度（℃）	70	80
	下垂值（mm）	≤4.0	
低温柔性	温度（℃）	−20	−10
	粘结状态	无裂纹和剥离现象	
拉伸粘结性（%）		≥125	
浸水后拉伸粘结性（%）		125	
挥发性（%）		≤2.8	
施工度（mm）		≥22.0	≥20.0

注：改性石油沥青密封材料按耐热度和低温柔性分为Ⅰ类和Ⅱ类。

表 12-11　非固化单组分刮涂型橡胶改性沥青防水（密封）材料物理力学性能

项　目		技术指标	
		Ⅰ型	Ⅱ型
固含量（%）		≥98	
粘结性能	干基面	≥100%，内聚破坏	
	潮湿基面		
延伸性（mm）		≥4	≥15
低温柔性		−20℃，无裂纹	
耐热性/℃		60	65
		无流动、滑动、滴落	无流动、滑动、滴落

项　　目		技术指标	
		Ⅰ型	Ⅱ型
热老化 70℃×168h	延伸性（mm）	≥2	≥15
	低温柔性（−15℃）	无裂纹	
耐酸性、耐碱性、 耐盐性	外观	无变化	
	延伸性（mm）	≥4	≥15
	质量变化（%）	±2.0	
自愈性		无渗水	
渗油性		≤2	
剪切状态下的 蠕变性能（N/mm）	标准条件	0.1～1.0	
	热老化		
抗窜水性能（0.6MPa）		无窜水	

注：摘录辽宁沈阳国建精材科技发展有限公司企标。

12.2.2　防水层、保护层和细部节点构造要求

1. 防水层要求

1）屋面防水等级和防水层设防，见表 12-12。

表 12-12　屋面防水等级和防水层设防

防水等级	建筑类别	防水层设计使用年限	防水层设防
Ⅰ级	重要建筑和高层建筑	20年	二道设防
Ⅱ级	一般建筑	10年	一道设防

注：1. 在Ⅰ级屋面防水设防中，如仅作一道金属板材或单层卷材时，应符合相关技术规定。

2. 防水等级为Ⅱ级时，防水层应按复合防水、单层卷材或涂膜防水一道设防。

3. 防水等级为Ⅰ级时，防水层应按卷材与卷材或卷材与涂膜二道防水设防。

4. 防水层厚度应满足要求。

（2）二道防水设防要求

1）二道防水设防可采用叠层设置和分开设置。

2）当采用叠层设置时，涂膜防水层或适应基层变形能力强的卷材防水层应设置在下面，二道防水层材料应彼此相容，否则应设置隔离层。

3）当采用分开设置时，二道防水层均设置在保温层下面或上面，且防水层材料不相容时，中间应设置隔离层；或者是保温层上、下各设置一道防水层，每道防水层应满足单层防水层设防要求。

4）当二道防水层结合在一起，且一道为涂膜防水层，一道为卷材防水时，要求复合防水选用的防水卷材和防水涂料的材性应相容；涂膜防水层宜设置在卷材防水层的下面；挥发固化型防水涂料不得作为防水卷材粘结材料使用；水乳型或合成高分子类防水涂料不得与热熔型防水卷材复合使用；水乳型或水泥基类防水涂料应待涂膜实干后方可铺贴卷材。

（3）防水材料的选择

1）根据当地历年最高气温、最低气温、屋面坡度和使用条件等因素，应选择耐热性、柔性相适应的卷材（或耐热性和低温柔性相适应的涂料）；

2）根据地基变形程度、结构形式、当地年温差、日温差和振动等因素，应选择拉伸性能相适应的卷材（或选择延伸性能相适应的涂料）；

3）根据防水卷材的暴露程度，应选择耐紫外线、耐穿刺、耐老化、耐霉烂性能相适应的卷材（或热老化保持率相适应的涂料）；

4）种植屋面防水层应采用耐腐蚀、耐霉烂、耐根穿刺、耐水性好的卷材；防水卷材上部宜设置刚性保护层。屋面排水坡度大于25％时，不宜采用干燥成膜时间过长的涂料。

（4）防水材料厚度

1）卷材防水层最小厚度见表12-13。

表 12-13　卷材防水层最小厚度（mm）

屋面防水等级	设防道数	合成高分子防水卷材	高聚物改性沥青防水卷材	自粘聚酯胎改性沥青防水卷材	自粘橡胶沥青防水卷材
Ⅰ级	二道设防	1.5	3.0	2.0	1.5
Ⅱ级	一道设防	1.5	4.0	3.0	2.0

2）涂膜防水层最小厚度见表12-14。

表 12-14　涂膜防水层最小厚度（mm）

屋面防水等级	设防道数	合成高分子防水涂料聚合物水泥防水涂料	高聚物改性沥青防水涂料
Ⅰ级	二道设防	1.5	3.0
Ⅱ级	一道设防	2.0	3.0

3）复合防水时卷材和涂膜防水层的最小厚度见表12-15。

表 12-15　复合防水时卷材与涂膜防水层的最小厚度（mm）

合成高分子防水卷材＋合成高分子防水涂料	自粘橡胶沥青防水卷材＋合成高分子防水涂料	高聚物改性沥青防水卷材＋高聚物改性沥青防水涂料	聚乙烯丙纶卷材＋聚合物水泥防水胶结材料
1.2＋1.2	1.5＋1.2	3.0＋1.5	0.7＋1.3

（5）附加防水层

1）屋面平面与立面交接处以及水落口、伸出屋面管道根部、预埋件等易渗漏部位，应设置宽度不小于250mm的卷材或涂膜附加层；

2）天沟、檐沟与屋面交接处以及檐口部位和屋面找平层分格缝部位，应设置宽度不小于250mm的卷材附加层。

3）附加层最小厚度要求，见表12-16。

表 12-16　附加层最小厚度（mm）

防　水　材　料	附加层最小厚度
合成高分子防水卷材	1.2
高聚物改性沥青防水卷材（聚酯胎）	3.0
合成高分子防水涂料	1.2
改性沥青防水涂料	2.0

（6）防水卷材接缝和涂膜防水层设置胎体增强要求

1）屋面防水卷材接缝应采用搭接缝，卷材搭接宽度要求，见表 12-17。

表 12-17　卷材搭接宽度

卷材类别		搭接宽度（mm）
高聚物改性沥青防水卷材		100
合成高分子防水卷材	胶粘剂	80
	胶粘带	50
	单缝焊	60，有效焊接宽度不小于 25
	双缝焊	80，有效焊接宽度 10×2＋空腔宽

2）涂膜防水层设置胎体增强材料时，长边搭接宽度不应小于 50mm，短边搭接宽度不应小于 70mm。

2. 保护层要求

（1）上人屋面保护层可采用块体材料、水泥砂浆、细石混凝土等材料，非上人屋面保护层可采用浅色涂料、铝箔、粒砂等材料。

（2）在卷材、涂膜防水层与块体材料、水泥砂浆或细石混凝土保护层之间应设置隔离层，隔离层宜采用干铺塑料膜、土工布或卷材，也可采用低强度等级的砂浆等。

（3）采用水泥砂浆做保护层时，表面应抹平压光，并设表面分格缝，分格面积宜为 $1m^2$。

（4）采用块体材料做保护层时，块材应离缝铺设，缝宽宜为 2～5mm，不做嵌缝处理。

（5）用细石混凝土做保护层时，应留设分格缝，其纵横间距不宜大于 6m，分格缝宽度宜为 20mm。

（6）保护层材料适用范围和技术要求，见表 12-18。

表 12-18　保护层材料适用范围和技术要求

保护层材料	适用范围	技术要求
浅色涂料	非上人屋面、金属屋面	丙烯酸系反射涂料
铝箔	非上人屋面	铝箔反射膜
粒砂	非上人屋面	粒砂胶粘剂粘牢
卵石	非上人屋面	30～50mm
水泥砂浆	非上人屋面、架空屋面	2.5mm 1：2.5 或 M15 水泥砂浆
面砖	非上人屋面、上人屋面、架空屋面	面砖 1：2.5 水泥砂浆粘贴
块体材料	非上人屋面、上人屋面、架空屋面	30mm C20 细石混凝土预制块

保护层材料	适用范围	技术要求
聚合物水泥砂浆	非上人屋面、上人屋面、架空屋面	1.5～2.5mm 0.2∶2.5聚合物水泥砂浆
细石混凝土	上人屋面、种植屋面、蓄水屋面	40mm C20细石混凝土
配筋细石混凝土	上人屋面、种植屋面、蓄水屋面、设施屋面	40～60mm C20细石混凝土
	停车、行车屋面	80～100mm C30细石混凝土

（7）需经常维护的设施周围和屋面出入口至设施之间的人行道应铺设刚性保护层。

12.2.3　屋面细部节点防水构造

（1）无组织排水檐口800mm范围内的卷材应采用满粘法，卷材收头应固定密封。当涂膜防水层收头，应用防水涂料多遍涂刷或用密封材料封严。檐口下端应做鹰嘴和滴水线。如图12-7所示。

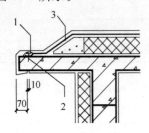

图12-7　挑檐防水示意

1—密封材料；2—水泥钢钉；
3—卷材防水层或涂膜防水层
涂刷或用密封材料封严。

（2）檐沟和天沟的防水构造

1）檐沟沟底纵向坡度应不小于1%，沟底横向坡度应不小于5%。

2）天沟和檐沟的防水层下应增设厚度不小于2mm的附加层。

3）卷材附加增强层在檐沟、天沟与屋面的交接处宜空铺，空铺宽度不应小于200mm。

4）檐沟防水层应由沟底翻上至外侧顶部。卷材收头应用金属压条钉压，并用密封材料封严；涂膜收头应用防水涂料多遍涂刷或用密封材料封严。

5）檐沟外檐板顶部及外侧面均应抹聚合物水泥砂浆，其下端应做成鹰嘴或滴水槽。

6）檐沟外檐板高于屋面结构板时，应设置溢水口。

7）天沟、檐沟铺贴卷材应从沟底开始，当沟底过宽、卷材需纵向搭接时，搭接缝应用密封材料封口。檐沟和天沟如图12-8所示。

（3）平瓦伸入天沟、檐沟的长度应为50～70mm，檐沟部位应增设防水垫层附加层且应延展铺设到檐沟内。如图12-9所示。

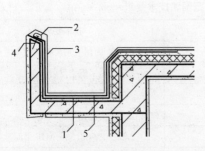

图12-8　檐沟

1—附加增强层；2—密封材料；3—保
护层；4—水泥钉；5—防水层

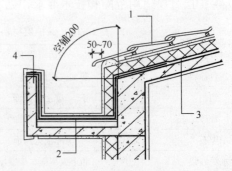

图12-9　平瓦屋面檐沟

1—平瓦；2—附加防水层；3—防水层；
4—水泥钢钉

（4）女儿墙和山墙的防水构造

1）女儿墙和山墙的泛水处应增设附加层；涂膜附加层的厚度不宜小于2mm；附加层在平面和立面上的宽度不小于250mm。

2）女儿墙、山墙可采用现浇混凝土或预制混凝土压顶，也可采用金属制成品。压顶向内排水坡度不应小于5%，压顶内侧下端应做滴水处理。

3）泛水和立面的卷材应满粘。砌体女儿墙和山墙上的卷材收头可直接铺压在压顶下，压顶应做防水处理；卷材收头也可用金属压条钉压固定在墙体凹槽内，并用密封材料封严，凹槽上部的墙体应做防水处理。

4）混凝土女儿墙和山墙上的卷材收头应采用金属压条钉压固定，并用密封材料封严。

5）女儿墙和山墙的涂膜应直接涂刷至压顶下，涂膜收头应用防水涂料多遍涂刷，压顶应做防水处理。

高女儿墙和山墙防水构造设计如图12-10所示；低女儿墙和山墙防水构造设计如图12-11所示。

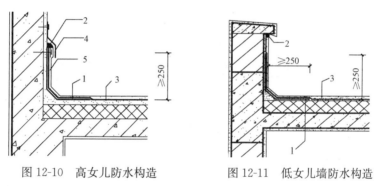

图12-10　高女儿防水构造　　　　图12-11　低女儿墙防水构造

1—附加增强层；2—密封材料；3—防水层；4—金属盖板；5—保护层

（5）水落口防水构造

1）水落口宜采用防锈处理金属或塑料制品，且水落口应牢固地固定在承重结构上。

2）水落口杯必须设在沟底最低处，水落口埋设标高，应考虑水落口设防时增加的附加层和柔性密封层的厚度及排水坡度加大的尺寸。

3）水落口周围直径500mm范围内坡度不应小于5%，并应用防水涂料涂封，其厚度不应小于2mm。水落口杯与基层接触处，应留宽20mm、深20mm凹槽，嵌填密封材料如见图12-12、图12-13所示。

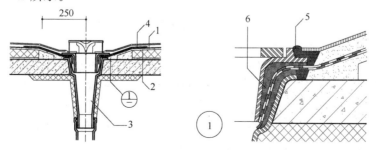

图12-12　直水落口

1—保护层；2—附加增强层；3—水落口；4—防水层；5—密封材料；6—密封材料填实

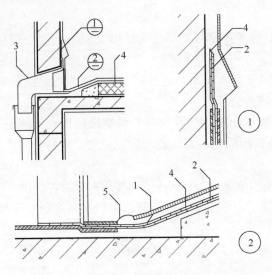

图 12-13　横水落口

1—保护层；2—附加增强层；3—水落口；4—防水
层；5—密封材料；6—密封材料填实

4）水落口埋设标高应考虑水落口设防时增加的保温层厚度及排水坡度加大的尺寸。如喷涂 PF 施工时，在距水落口 500mm 范围内应逐渐均匀减薄，最薄处厚度不应小于 15mm，并伸入水落口 50mm。如图 12-14、图 12-15 所示。

（6）变形缝防水构造

1）变形缝的泛水墙高度不得小于 250mm。

2）泛水处增设涂膜附加层的厚度不宜小于 2mm，附加层在平面上的宽度不小于 250mm；附加层和防水层应铺贴或涂刷至泛水墙的顶部。

3）变形缝中应预填聚苯乙烯泡沫板，上部填放衬垫材料，并采用合成高分子卷材做成 Ω 型包过变形缝进行覆盖。在变形缝部位增设的合成高分子防水卷材附加层，卷材两端应满粘于墙体固定，满粘的宽度不应小于 150mm，并辅之以金属压条和锚栓固定，同时卷材收头用密封材料密封，使外墙变形缝部位完全封闭，达到可靠防水目的。

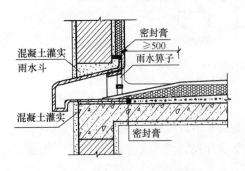

图 12-14　屋面横式水落口构造

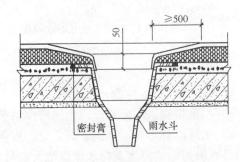

图 12-15　屋面直式水落口构造

4）等高变形缝可采用不锈钢板进行封盖，也可采用铝合金板、镀锌薄钢板等具有防腐蚀的金属板封盖，既有防护功能，同时具有装饰作用。

5）高低跨变形缝应采用有足够变形能力的材料和构造措施（变形缝的防水构造设计如图 12-16 所示）。

（7）伸出屋面管道周围的找平层应抹出高度不小于 30mm 的排水坡；管道与找平层间应留凹槽，并嵌填密封材料；防水层下应涂刷厚度不小于 2mm、宽度不小于 100mm 的附加层；防水层收头处应用金属箍箍紧，并用密封材料封严，如图 12-17 所示。

（8）屋面水平出入口泛水高度不得小于 250mm，泛水处应增设附加层和护墙，涂膜附加层的厚度不宜小于 2mm，附加层在平面上的宽度不小于 250mm；防水层收头应压在混凝土踏步下，如图 12-18 所示。

232

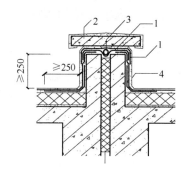

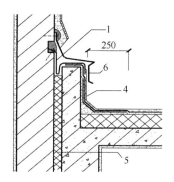

图 12-16 变形缝

1—合成高分子卷材；2—预制钢筋混凝土压顶；3—衬垫材料；4—保护层；5—聚苯乙烯
泡沫板；6—金属盖板

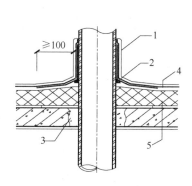

图 12—17 伸出屋面管道

1—保护层；2—密封材料；3—C20 细石
混凝土填实；4—防水层；5—保温层

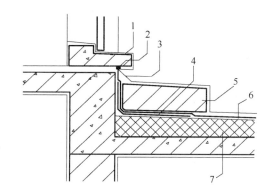

图 12-18 水平出入口

1—预制钢筋混凝土踏步板，两端各入墙 250；2—密封
材料；3—保护面层；4—附加防水；5—砖砌踏步（聚
合物水泥砂浆挤浆座砌）；6—防水层；7—保温层

12.2.4 施工要点

1. 防水材料施工不得直接在可燃保温材料上进行防水材料的热熔、热粘结法施工。

2. 隔汽层施工

（1）屋面周边隔汽层应沿墙面向上连续铺设，并与防水层相连接，形成全封闭的整体。隔汽层高出保温层上表面不得小于 100mm。

（2）采用卷材做隔汽层时，卷材宜空铺，卷材搭接缝应满粘；采用涂膜做隔汽层时，涂料涂刷应均匀，涂层无堆积、起泡和露底现象。

3. 防水涂料应多遍涂布，涂膜的厚度应均匀。涂膜总厚度应达到设计要求和本规范规定。

涂膜间夹铺胎体增强材料时，宜边涂布边铺胎体；胎体应铺贴平整，排除气泡，并与涂料粘结牢固。

4. 卷材防水层施工时，应由屋面最低标高处向上进行。天沟、檐沟卷材施工时，宜顺天沟、檐沟方向铺贴；搭接缝应顺流水方向。立面或大坡面铺贴应采用满粘法，并宜减少短边搭接。

5. 保护层施工

（1）水泥砂浆、块体材料或细石混凝土保护层与女儿墙之间应预留宽度为 30mm 的缝隙，并用密封材料嵌填严密。

（2）隔离层应在防水层施工完毕并验收合格后，采用塑料膜、卷材做隔离层时宜干铺；采用低强度等级的砂浆隔离层时，应铺抹平整。

（3）水泥砂浆做保护层表面应抹光压平，应设表面分格缝；细石混凝土保护层施工应振捣密实，表面抹平压光，留设的分格缝，其纵横间距应符合设计要求。

1）细石混凝土保护层（防水层）施工工艺流程如图 12-19 所示。

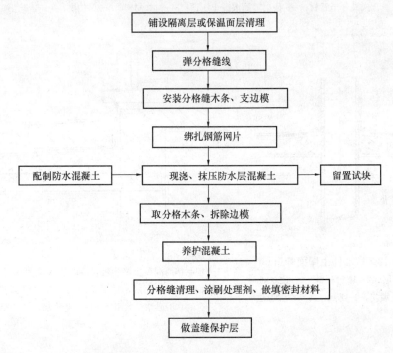

图 12-19　屋面混凝土防水层施工工艺流程

2）操作工艺要点

①施工前应放线找坡，确保落水口在最低位置。

②混凝土浇筑应按由远而近，先高后低顺序进行，应先铺 2/3 厚度混凝土并摊平，再放置钢筋网片，后铺 1/3 混凝土；钢丝网片应调直，并应在分格缝处断开，且不得露出防水层表面。

③在每个分格内，混凝土必须连续浇筑完成，不得留施工缝，混凝土铺平、铺匀后，用高频平板振捣器振捣或用滚筒碾压，达到密实、表面泛浆后，用木抹子拍实抹平。

④混凝土防水层收水初凝并起出分格缝隔条后，进行一次抹压，在终凝前应进行二次抹压，混凝土防水层表面应达到平整、光滑、无抹痕。混凝土防水层终凝后按规定养护。

⑤混凝土防水层强度达到 70% 上后，应用钢丝刷对混凝土防水层与突出屋面结构竖向交接处、与变形缝两侧墙体交接处、与基层转角处，以及其他分格缝、变形缝防水部位，彻

234

底清除水泥浮浆等杂物。

⑥缝隙应采用与密封材料相匹配的基层处理剂涂刷固化后嵌填密封，密封材料嵌填必须密实、连续、饱满，粘结牢固，无气泡、开裂、脱落等缺陷、凸凹不平现象；在缝隙密封后的上部，应粘贴不小于200mm宽度防水卷材作严密覆盖。

（4）块体材料做保护层时，宜留分隔缝，其纵横间距和分隔缝宽度应符合设计要求。

（5）采用塑料膜、土工布或卷材做隔离层时，基层平整时可直接干铺塑料膜、土工布或卷材，铺设应平整，不得有皱折；搭接宽度不应小于50mm。

不平整的基层，应先铺抹低强度等级的砂浆，待砂浆干燥后，其上干铺一层塑料膜或卷材干铺塑料膜、土工布或卷材；铺抹低强度砂浆隔离层时，表面应平整，不得有起壳、起砂等缺陷。

12.2.5 工程质量要求

屋面防水工程质量验收的主控项目和一般项目应符合《屋面工程质量验收规范》GB 50207—2012规定。

1. 卷材防水层所用卷材及其配套材料、卷材厚度、质量，以及防水涂料和胎体增强材料必须符合设计要求和规范规定。

2. 屋面卷材、涂膜、细石混凝土防水层不得有渗漏或积水现象；密封材料嵌填必须密实、连续、饱满，粘结牢固，无气泡、开裂、脱落等缺陷。

3. 找平层施工前，结构基层的质量应符合防水工程施工的要求，找平层原材料的质量合格，配比准确，水灰比和稠度是否适当。

分格缝模板的位置准确，水泥砂浆抹压密实，坡度是否准确，应及时进行二次压光。找平层表面平整，不得有酥松、起砂、起皮现象。

4. 防水层在天沟、檐沟、檐口、水落口、泛水、变形缝和伸出屋面管道的防水构造，必须符合设计要求和规范规定，细部构造按照要求增设附加增强层。

嵌缝密封材料应与两侧基层粘结牢固，密封部位光滑、平直，不得有开裂、鼓泡、下塌现象。

5. 防水层必须设置保护层（架空隔热屋面除外）。水泥砂浆、块材或细石混凝土保护层与防水层间设置隔离层；刚性保护层的分格缝留置和嵌缝应符合设计要求和规范规定。水泥砂浆或混凝土密实，表面无缺陷。保护层的排水坡度符合设计要求。

6. 卷材铺贴前弹线，卷材施工顺序、施工工艺正确，铺贴方向正确，粘结方法符合设计要求，卷材底面空气排尽。

卷材铺贴方法和搭接顺序应符合设计要求，搭接宽度正确，卷材接缝牢固，密封严密，不得有皱折、鼓泡和翘边等缺陷；防水层的收头应与基层粘结牢固，缝口严密，不得翘边。

7. 防水涂料配比准确，搅拌均匀，每遍涂刷的用量适当，涂刷的均匀程度，涂刷的遍数和涂料的总用量达到要求，涂刷的间隔时间足够，胎体增强材料的铺设方向、搭接宽度符合要求，涂膜防水层的厚度达到设计要求。涂膜防水层的厚度应符合设计要求，涂层无裂纹、皱折、流淌、鼓泡和露胎体现象。

8. 刚性防水层与结构基层间设隔离层，分格缝模板的位置正确，模板牢固，钢筋品种、规格符合设计要求，钢筋间距和位置正确；细石混凝土的配比准确，搅拌均匀，每格的混凝土连续浇筑，混凝土压实抹光并及时进行二次压光，养护及时充分，养护时间达到要求，表面无裂缝、起壳、起砂等缺陷，表面平整度允许偏差符合要求。

9. 平瓦屋面的顺水条、挂瓦条分档与材料尺寸匹配，铺钉平整牢固；平瓦铺置牢固，坡度过大时采取固定措施，瓦面整齐、平整、顺直，脊瓦与平瓦、脊瓦之间、平瓦之间的搭盖方向和尺寸正确，屋脊与斜脊顺直。

油毡瓦固定钉的数量足够，钉平、钉牢，钉帽无外露现象，与基层紧贴，油毡瓦间的对缝错开。

金属板材的安装固定方法正确，搭接宽度符合要求，板材间的接缝有密封措施，密封严密，螺栓固定点密封严密，檐口线、泛水段顺直。

瓦屋面的基层应平整、牢固，瓦片排列整齐、平直，搭接合理，接缝严密，不得有残缺瓦片。

12.2.6 屋面防水工程质量缺陷及防治措施

1. 材料质量缺陷及防治

（1）原因分析

1）各类防水材料技术性能不同，施工未按设计规定的防水材料选用。

2）防水卷材包括多种，错误的用一种低档次防水卷材代替其他所有；错误的用一种低档次合成高分子防水卷材代替同类的其他。

3）防水涂料包括多种，错误的用一种低档次防水涂料代替其他所有。

4）材料（产品）品种、类型正确，但质量不合格。

（2）防治措施

1）按设计规定防水材料的类型、规格和技术性能选用。

2）进场材料应检查出厂合格证、法定单位的产品检验报告，并进行现场抽样复试，不合格的材料不得使用。

2. 防水工程设计缺陷及防治

（1）设计缺陷

1）设计不能依据当地气候条件、暴雨强度和积雪消融在屋面的汇流面积等诸多要素，排水管径、位置和数量以及对屋面汇流分区、排水坡度及天沟和檐口的排水处置表示不清，造成排水不畅（排水孔过小），导致屋面积水不能尽快排出，屋面长期水浸蚀中，会加快防水层的老化、霉烂，破坏防水层。

2）屋面坡度过小，排水不畅。

3）细部节点设计深度不够，细部节点无施工详图。

4）有的防水施工图，设计者只注明所用材料名称，对其厚度和构造未要求。

5）有的只标明两布三涂，对选用材料不加注明，造成施工者为降低成本而随意性导致质量事故。

6）设计者不熟悉防水材料性能，甚至有采用"复制、粘贴"的设计方式。

7）为满足开发商的要求，偏重设计低价防水材料，而忽视屋面使用功能的要求。

（2）预防措施

1）设计人员根据工程性质、重要水平、屋面防水等级，同时应依据工程特性、地域自然条件等按屋面防水等级设防,细部结构应有节点大样详图。

2) 设计防水材料时,考虑性价比。

3) 防水材料涉及防水层厚度、种类、道数和构造有关。

4) 屋面防水层不只受外界气候变化和四周环境的影响,而且还与地基不平均沉降及主体构造的变形亲密相关。

5) 在屋面、天沟、或檐沟与女儿墙、栏板立面交接处、屋面与构造物、设备管道、雨水口、变形缝等细部节点,受温度、变形等影响较为明显,是防水关键环节。

其中,在女儿墙上要设计压顶滴水线,避免雨水顺墙面流渗到墙缝。在女儿墙上留槽时,其深度和宽度应符合要求,凹槽向外应留有一定的坡度。

6) 考虑当地最高或最低温度选用防水材料。

7) 防水基层及保温材料含水率大的屋面做排汽屋面,避免由于气温升高形成防水基层水分蒸发汽化,导致防水层空鼓开裂。

3. 施工质量缺陷(渗漏)及防治

(1) 原因分析

1) 基层质量不合格,特别冬期冻融,在突出局部和洞口逐渐出现酥松、掉皮、空鼓开裂。

2) 防水层厚度不够,特别是采用涂膜涂刷不平均,涂刷不匀或成膜厚度过低,细部涂刷高度不到位。收头作法不标准。

3) 卷材防水层与基层粘结强度不够,或卷材搭接边粘结强度低、密封不好,导致开裂、收头翘曲、开口等而发生渗漏。

4) 细部节点防水部位密封不够:

①固定收头的凹槽留设深度不符合要求,槽内没有向外留设坡度,在凹槽内固定收头时留设长度不够,胶粘不密实;

②女儿墙内没有留设木砖,用钉子固定防水卷材收头时,墙内的墙面产生裂缝;

③凹槽封堵不密实,引起渗漏;

④粘贴防水卷材时,儿墙与屋面阴角处粘贴不实,处于空鼓状态,经过长时间天气的变化出现下坠现象,把儿墙槽内的收头拉裂而出现渗漏;

⑤泛水、落水口处理不好。

5) 在喷涂 PF 时没有进行正确找坡,导致做保护层(或找平层、防水层、防护层)难以挽救所造成排水不畅或细部节点构造部位施工不规范造成。

6) 水泥砂浆保护层未加增强纤维进行找平而开裂,或在找平层上未设分格缝。

7) 露台屋面防水层不漏水,经闭水试验是合格的,然而露台下部的房间顶部(顶棚)却漏水,表明露台顶板上的保温层内有水,降低了保温效果。

8) 屋面山墙顶的女儿墙压顶下内侧阴角,是屋面防水层的收头细部,虽然压顶现浇板下角作了排水"鹰嘴",防水作了封闭处理,但女儿墙部位用保温板是处于开口状态,受风吹及雨水压力局部仍可以进水。

(2) 防治措施

1) 施工前一定要经过图纸会审,掌握施工图及有关规范图中的细部结构及有关技术请求,编制出实在可行的防水工程施工技术措施。施工人员和设计人员要及时沟通,对易产生裂痕等薄环节要做重点控制施工。

2）找坡层一定要挂线找坡，以免呈现坡度缺乏或不平，有存水现象而发作渗漏。

3）较高砖墙泛水收头应取消挑眉砖的做法，可在砖墙上留凹槽，卷材压入固定密封收头，如为涂膜防水则应压入带增强胎体资料的附加层后用防水涂料多遍涂刷封严收头。

有抗振设防而混凝土结构柱较多的砖墙体，假如混凝土结构不能留凹槽，混凝土压顶挑出滴水，收头之上的砖墙抹灰层应采用抗裂防水水泥砂浆（也可采用其他防水处置），且预留外表分格及注打密封胶。

4）槽内要留设木砖，防止收头防水卷材直接钉在墙上产生裂缝而造成渗漏。

5）留设防水卷材收头要留有足够的长度、达接严密，粘贴防水卷材收头要密实，可使用沥青防水卷材接缝剥离强度现场快速检验方法进行"三检"。通过该法检测后，可分别检测防水卷材（SBS 或 APP 改性沥青防水卷材）质量和施工接缝质量，使发现的质量问题能够及时得到处理。

6）没有埋设木砖时，可按照留设凹槽的尺寸加工一些经防腐处理的大头木塞固定防水卷材收头，大头木塞的间距为 200～300mm，既方便施工、节约材料，又防止墙体裂缝。

7）凹槽的封堵要用聚氨酯嵌缝膏或其他防水密封材料封闭，并用砂浆或砌块对防水卷材凹槽进行保护。

8）屋面结构施工尽量一次浇筑完成，防止产生裂缝。屋面结构的支撑和模板不可过早拆除，防止产生裂缝。做好屋面结构养护。

9）在喷涂 PF 硬泡工序必须进行逐步找坡，最终达到设计要求的排水坡度。

①平屋面排水坡度不应小于 2%，天沟、檐沟的纵向坡度不应小于 1%；

②水泥砂浆找平料中加增强纤维，并在找平层设分隔缝，纵横缝的间距不宜大于 6m，缝内嵌填密封；

10）非上人 PF 硬泡防水层加盖一定厚度无机材料保护层，屋面与突出屋面结构处和保护层所设分格缝都应严实密封。

11）做好防水层收头细部处理。屋顶露台、女儿墙、未封闭阳台、雨罩、空调主机板等部位，凡是需要保温处理的又要做防水层的部位，都存在防水层收头的细部处理问题。

在任何部位，防水材料都必须封闭保温材料的端部，使其处于防水层的保护之下。要把防水卷材或涂膜铺贴延长到主体墙上，为保证防水卷材粘贴的牢固性，必须对卷材边加垫钉牢，阻隔雨水顺墙而下，流入保温层进防水层的通道。

如在露台细部构造处理时，在露台防水层施工前，将周边上层墙体的外保温板距离露台屋面上 400mm 左右高度，锯断约 100mm 宽，凹槽内抹好找平层，将防水卷材贴至上层外墙主体，钉封处理后保温材料修补保温层，再施工面层。

如在女儿墙细部构造处理时，应将女儿墙保温层压至顶板底面 100mm 距离，抹好找平层，把防水卷材贴至女儿墙上，再适当补以胶粉聚苯颗粒砂浆。

12）在完成改性沥青防水卷材施工后，对搭接边利用专用检测设备进行剥离强度检测，不但控制卷材质量是否合格，而且控制搭接质量结果。

第 13 章 酚醛防火隔离带、空调风管安装

13.1 复合酚醛防火隔离带安装

在建筑外保温工程中，在氧指数达到 45％以上 PF 保温板，通过六面复合一定厚度无机材料面层或 PF 防火保温块（统称 PF 防火隔离带）。PF 防火隔离带防火燃烧性能等效 A 级，因此在外围护保温系统中广泛使用。

PF 防火隔离带体系基本构造见表 13-1。

表 13-1 防火隔离带基本构造

基层墙体 ①	基本构造							构造示意图
	②	③	粘结层 ④	保温层		防护层（保护层）		
				⑤	⑥	抹面层 ⑦	饰面层 ⑧	
钢筋混凝土墙体各种砌体墙体（基层水泥砂浆找平处理）	锚栓	托架	胶粘剂	PF 防火隔离带	保温材料	抹面胶浆复合玻纤网（隔离带处为双层）	涂料饰面或面砖饰面	

13.1.1 PF 防火隔离带设计

1. PF 防火带与配套材料技术性能要求

（1）PF 防火隔离带的燃烧等级必须达到 A 级。

（2）PF 防火隔离带应具有防水透气性能、保温隔热性能，且不得小于外保温体系热阻的 40％。

（3）PF 防火隔离带所用材料不得对人体产生危害、不得对环境产生污染。

（4）PF 防火隔离带规格和技术性能

PF 防火隔离带的规格尺寸、性能指标应分别符合表 13-2 和表 13-3 的要求。

表 13-2 PF 防火带规格

项 目	单 位	指标	允许偏差
长	mm	≤600	±3.0
宽	mm	300	+2.0 −0.0
厚	—	和外保温的保温层相等	+0.0 −2.0

表 13-3 PF 防火带性能指标

项　目		PF 防火带	
		复合 PF 防火隔离带	PF 防火块
密度，kg/m³		≤200	≤300
导热系数，W/（m·K）		≤0.065	≤0.070
垂直于表面抗拉强度，kPa		≥80	≥80
软化系数		>0.6	>0.6
外观		保护层无空鼓、脱落，无渗水裂缝	
匀温灼烧性能（1000℃）	线收缩率，%	—	≤5
	质量损失率，%	≤5	≤5
	抗压强度损失率，%	≤25	≤25

注：粘贴面砖时，垂直于表面抗拉强度不应小于100kPa。

（5）PF 防火隔离带配套材料技术性能

PF 防火隔离带安装采用与外墙外保温相同构造的粘贴工艺施工，配套用胶粘剂、抹面胶浆和玻纤网技术性能，仍然执行《外墙外保温工程技术规程》JGJ 144—2004 和《膨胀聚苯板薄抹灰外墙外保温系统》JG 149—2003 的要求。

1）胶粘剂的技术性能除应符合现行行业标准《墙体保温用膨胀聚苯乙烯板胶粘剂》JC/T 992—2006 的要求。

2）抹面胶浆的性能指标除应符合现行行业标准《外墙外保温用膨胀聚苯乙烯板抹面胶浆》JC/T 993—2006 的要求。

2. PF 防火隔离带系统性能与设计要求

（1）PF 防火隔离带系统性能

PF 防火隔离带应能适应基层的正常变形而不产生裂缝或空鼓，应能长期承受自重、风荷载和室外气候的长期反复作用而不产生有害的变形和破坏。

在正确使用和正常维护的条件下，PF 防火隔离带的使用年限不应低于外保温体系的使用年限。PF 防火隔离带外墙外保温系统的性能，见表 13-4。

表 13-4 PF 防火隔离带外墙外保温系统性能

项　目		性能指标
耐候性	外观	无渗水裂缝，无粉化、空鼓、剥落现象
	抹面层与保温层拉伸粘结强度，kPa	≥80
	面砖与抹面层拉伸粘结强度，kPa	≥400
	吸水量，g/m²	≤500
抗冲击性	普通型，3J	合格
	加强型，10J	合格
水蒸气透过湿流密度，g/（m²·h）		≥85
耐冻融（30 次）	外观	无可见裂缝，无粉化、空鼓、剥落现象
	抹面层与保温层拉伸粘结强度，kPa	≥80
	面砖与抹面层拉伸粘结强度，kPa	≥400

项　目		性能指标
不透水性		试样防护层内侧无水渗透
抗风压性		无裂缝、分层、脱开、拉出现象
防火性能	内部火焰蔓延	水平准位线 2 热电偶的温升不得超过 500℃或持续时间少于 20s
	外部火焰蔓延	水平准位线 2 热电偶的温度不得超过 600℃或持续时间少于 30s
	灼热燃烧	不得超过水平准位线 2 或在水平准位线 1 和 2 之间达到副墙的外边界
	机械性能	不得出现垮塌

（2）外墙外保温 PF 防火隔离带设计基本要求

1）设置 PF 防火隔离带的宽度

PF 防火隔离带应设置在门窗口上方。但有时会出现同一层窗口上沿不在同一水平线的情况，或洞口上方外墙面安装有外遮阳等物件，PF 防火隔离带的安装位置就需要上移，为避免在隔离带与洞口上沿之间有过多的可燃物，把这个上移距离控制在 500mm 以内。

2）PF 防火隔离带部位冷凝受潮验算

当基层墙体是多孔块材，外侧为密实防护层时，PF 防火隔离带部位应按现行国家标准《民用建筑热工设计规范》GB 50176—1993 的规定进行冷凝受潮验算。

经冷凝受潮验算墙体内出现凝结现象时，可采取设防潮隔汽构造等措施，以免保温材料受潮保温效果下降。

3）PF 防火隔离带底部透气构造设置

外墙外保温的 PF 防火隔离带材料透气性能较保温层材料的透汽性差，为防止 PF 防火隔离带内部出现冷凝现象，因此应在 PF 防火隔离带底部设置透汽排湿构造，具体措施是在其进气口处的保温层上设盲孔，通入保温层内，盲孔内填充膨胀珍珠岩颗粒。

4）PF 防火隔离带在墙体设置部位和最小宽度

①当窗框外表面缩进基墙外表面，窗洞口顶面外露部分，宜按图 13-1 的要求设 PF 防火隔离带。

②PF 防火隔离带应水平设在门窗洞口上方（或沿楼板位置设置），其下缘距门窗洞口上沿不宜超过 500mm，并应连续、交圈、封闭设置。PF

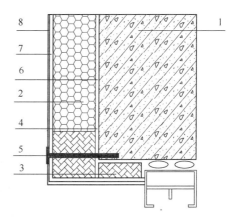

图 13-1　窗洞口顶面外露部分的外保温采用不燃保温材料的做法

1—基层墙体；2—PF 防火隔离带；3—不燃保温材料；4—胶粘剂；5—锚栓；6—保温材料；7—抹面层；8—饰面层

防火隔离带的高度不应小于 300mm，其厚度宜与相邻保温层厚度一致。

水平 PF 防火隔离带在水平方向环绕建筑物连续封闭。如需设置竖向隔离带，其宽度不得小于 200mm，向下延伸到散水。

窗洞口上沿高低不同，洞口上沿距隔离带如超过 500mm，PF 防火隔离带可局部采取上凸或下凹处理。PF 防火隔离带设置如图 13-2 至 13-5 所示。

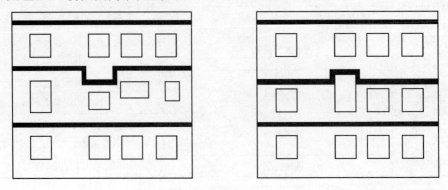

图 13-2　PF 防火带位置的凹凸处理

③退台式建筑（缩进量≥500mm）可组合 PF 防火隔离带，而不必重复设置。如图13-3所示。

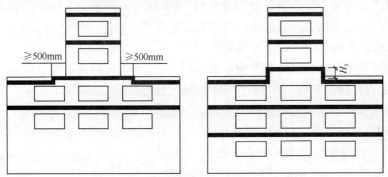

图 13-3　建筑物退台处防火隔离带设置

注：H_1 从屋面保温层上表面算起，不应小于 300mm。

④在结构沉降缝位置，两侧都应安装宽度超过 100mm 竖向隔离带（通高），缝中密封材料后面应填不燃保温材料，如图 13-5 所示。

5）低层屋顶与高出屋顶的外墙交接处 PF 防火隔离带设置

①与外墙交接处的屋顶，在该处设宽度不小于 500mm 的水平 PF 防火隔离带。

②在距屋顶表面 300mm 的墙体外侧上方设水平防火隔离带，其高度不小于 300mm。如另一方墙体，在该标高附近有水平防火隔离带时，应在两个防火隔离带之间用竖向防火档条连接，并使之闭合。如另一方向墙体在该标高附近无水平防火隔离带时，此带应沿外墙转折，其转折长度不应小于 300mm。

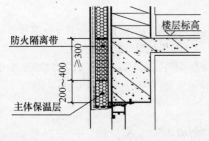

图 13-4　防火隔离带设置

③屋顶与外墙交界处、屋顶开口部位四周的保温层，应采用宽度不小于 500mm 的水平防火隔离带。

（3）屋面保温 PF 防火隔离带设计基本要求

1）当屋面和外墙均采用可燃或难燃保温材料时，在其毗邻部位应设防火隔离带。

2）水平防火隔离带应设置在屋顶与外墙交界处、屋顶开口部位四周，并应连续、交圈、封闭。退台建筑屋面（退台量≥500mm）不必重复设置，上人屋面可不设。

3）水平防火隔离带的宽度不应小于500mm，其厚度宜与相邻保温层厚度一致或协调。

4）水平防火隔离带上的防护层与屋面保温体系的防护层应采用同质不燃材料，其厚度不应小于20mm，且应全封闭覆盖。

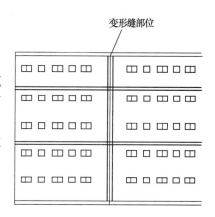

图13-5　变形缝部位

5）屋顶与外墙交界处、屋顶开口部位四周的保温层，应采用宽度不小于500mm的水平防火隔离带。

6）为防止屋面防火隔离带吸湿受潮使保温失效，应设排湿的构造设施。

（4）PF防火隔离带的托架和锚栓设置

1）托架应设在防火隔离带下端的接缝处，且跨缝长度不宜小于100mm，托架中心距不应大于600mm。

2）锚栓设置应考虑内容：

①空心块材砌体墙宜选用拧入型锚栓，混凝土墙和实心块材砌体墙宜选用膨胀型锚栓；

②锚栓宜设在距托架下缘200mm处；

③每块标准板上宜设置2个锚栓，板的面积小于600cm² 时可不设；

④锚栓进入基层墙体（不计水泥砂浆找平层）的有效锚固长度，空心块材砌体墙不应小于25mm；实心块材砌体墙和混凝土墙不应小于30mm，其钻孔深度应比有效锚固长度深不小于10mm。

13.1.2　PF防火隔离带施工

1. PF防火隔离带粘贴

PF防火隔离带与墙面应进行全面积粘贴，并应加锚固措施。防火隔离带与相邻保温层、外抗裂防护层应同步施工，自下而上顺序进行。PF防火隔离带接缝应与上、下部位保温层接缝错开，错开距离应不小于200mm。

防火隔离带施工平整度、安全等必须与外保温层达到一致，防止防火隔离带与相邻保温层间出现热桥、渗水、结露。

防火隔离带与相邻保温板宜作玻纤网增强处理，并按适当间距用锚栓固定牢靠。防火保温板侧边外露处玻纤网应做翻包处理。

2. 防火隔离带间接缝及与保温层间接缝处理

（1）防火隔离带间、隔离带与墙体保温材料间拼缝严密，宽度超过2mm的缝隙，必须用不燃保温材料填充严实。

（2）防火隔离带与相邻保温层为材质不同的保温材料，易出现干缩湿胀变形，热胀冷缩变形有较大差异。当有大于1.5mm缝隙时，不得采用胶粘剂或聚合物水泥抗裂砂浆等刚性材料填塞。

3. 外墙外保温托架和锚栓安装

（1）托架安装应在防火隔离带施工前进行；

（2）宜优先选用标准规格托架；

（3）托架的设置部位应符合相关规程规定和设计要求；

（4）锚栓安装应在防火保温板粘贴完成时间不少于8h后进行；

（5）锚栓安装后，圆盘不应突出防火保温板表面。

4. PF防火隔离带增设加强玻纤网

（1）在防火保温板施工完成24h后，PF防火隔离带与其他保温材料交接处应采用附加耐碱玻纤网格布加强处理。

（2）在抹面胶浆和玻纤网施工前，应沿防火隔离带水平方向全长连续铺设一层加强网，其宽度不小于带宽加（2×150）mm。加强网可水平搭接，其搭接长度不应小于100mm，如图13-6所示；

（3）用于铺装加强玻纤网的抹面胶浆厚度不宜小于0.5mm，不应大于1.5mm。加强网应在防火保温板的尽端做翻包处理，如图13-7所示；

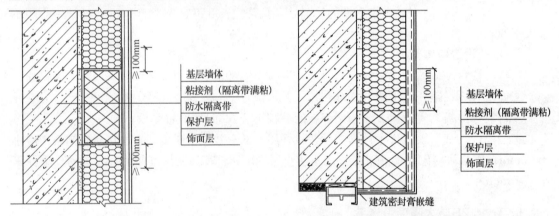

图13-6　玻纤网格布搭接示意图　　　　图13-7　玻纤网格布翻包做法

（4）PF防火隔离带的防护层与外保温体系保温层的防护层应采用同质不燃材料，并应增设一层加强玻纤网，跨越相邻保温层的宽度不应小于150mm。

5. 屋面保温PF防火隔离带施工

（1）屋面防火保温板应采用双面满粘法。板面应平齐、坡度、坡向应与屋面保温层一致。板间缝隙不宜大于1.5mm；

（2）屋面变形分隔缝的设置部位与构造、屋面与出屋面墙体交接处的保温和防火构造应符合设计要求；

（3）屋面防火隔离带应与屋面保温层同步施工。施工中，应采取防雨、防潮措施。屋面保温工程施工完成后，应及时施工屋面面层（含防水层）；

（4）坡屋面施工时，应按坡度走向自下而上进行。当建筑设计无上返封檐板时，应设置经防腐处理的金属挡板或其他支挡措施；

（5）透气构造施工应符合设计和相关标准要求。

13.1.3　工程质量要求

1. 主控项目

（1）PF 防火隔离带保温材料的品种、规格和主要组成材料性能应符合设计要求和现行行业有关规程规定。

检查方法：观察、尺量检查，检查质量证明文件和进场复检报告。

检查数量：按进场批次，每批随机抽取 3 个式样进行检查；质量证明文件和复试报告全数检查。

（2）锚栓和金属托架的材质、数量、位置、锚固深度和拉拔力应符合现行行业有关规程和设计要求。

检查方法：观察；退出锚钉，尺量检查；核查锚固力现场拉拔试验报告；核查隐蔽记录。

检查数量：每个检验批不少于 3 处；现场拉拔试验报告，隐蔽记录全数检查。

（3）PF 防火隔离带与基层及各层之间应粘结牢固、无空鼓、无脱落、面层无爆灰和裂缝。

检查方法：小锤轻击和观察检查；核查工程隐蔽记录。

检查数量：每个检验批抽查不少于 3 处。

2. 一般项目

（1）进场防火隔离带及其他材料，其外观和包装应完整无破损，并应符合现行行业有关规程和设计要求。

检查方法：观察检查。

检查数量：全数检查。

（2）防火隔离带的接缝应平整严密，侧边不应有胶粘剂，并应符合施工方案要求。

检查方法：观察检查。

检查数量：每个检验批抽查不少于 3 处。

（3）变形分隔缝的设置和构造处理应符合设计的要求。

检验方法：观察检查；核查隐蔽工程记录。

检查数量：全数检查。

（4）PF 防火隔离带处增设加强玻纤网的铺设；玻纤网铺设应压贴密实，不得有空鼓、皱折、翘曲、外露现象；玻纤网跨越相邻保温层的宽度不得小于 150mm。

检查方法：观察和尺量检查；核查隐蔽工程记录。

检查数量：全数检查。

（5）防火隔离带安装的允许偏差应符合表 13-5 的规定。

表 13-5　安装的允许偏差及检验方法

项　次	项目	允许偏差（mm）	检查方法
1	表面平整	3	用 2m 靠尺和楔形塞尺检查
2	垂直度	5	用 2m 靠尺检查
3	阴、阳角垂直	4	用 2m 靠尺检查

项　次	项　目	允许偏差（mm）	检查方法
4	阴、阳角方正	4	用2m靠尺和楔形塞尺检查
5	接缝高差	1.5	用2m靠尺和楔形塞尺检查

检查数量：每个检验批防火隔离带不少于3处。

13.1.4　工程质量缺陷原因及防治措施

1. PF防火隔离带安装后面层凸起，与保温层间产生明显缝隙

（1）原因分析

1）PF防火隔离带安装时布胶不匀，与相邻保温材料间有缝隙、渗水，网格布增强处理不规范，使平整度严重超标。

2）防护层材料质量或施工不合格，出现开裂、渗水，影响防火隔离带质量。

（2）防治措施

1）按相关规程规定，施工中必须防雨、防潮。

2）严格执行施工工艺。

2. 在PF防火隔离带部位出现面砖脱落现象

（1）原因分析

1）抹面层与防火隔离带粘接强度不高，导致工程交付使用若干年后，出现面砖大面积脱落现象。

2）增强网设置不合理或抹面层厚度不够。

（2）防治措施

1）防火隔离带与相邻保温材料交接处，采用附加耐碱玻纤网格布加强处理。

2）防火隔离带在满粘同时，保证防火隔离带在单位面积内锚固数量。

3. PF防火隔离带防护层的部位出现裂缝和雨水渗漏现象

（1）原因分析

变形分隔缝及其具体构造设置不妥。

（2）防治措施

根据实践经验，在PF防火隔离带表面的防护层出现裂缝和雨水渗漏现象，应对防火隔离带及其外表面的防护层设置分隔变形缝，且构造应合理。

1）水平缝应设在隔离带与主体保温材料的交接处；竖向缝宜与保温体系分隔缝一致，且间距不宜大于12m；

2）缝的宽度不宜小于20mm；

3）缝内宜设分隔条（网），应填塞柔性A级保温材料，并做密封防水处理。

13.2　铝箔复合酚醛泡沫板空调风管安装

铝箔（或金属压花金属板）复合酚醛泡沫板空调风管，首先是在生产线上由PF板与两面带有凹凸纹状的镀膜铝箔连续压制成型夹心板，再通过组装后完成空调风管。

外覆镀膜铝箔材料为经高温固化成型的高分子膜，能有效抵御紫外线及气体的腐蚀，而

且既能与铝箔结合牢固，又能与酚醛泡沫形成互穿网络共聚物，可保证铝箔复合酚醛泡沫板产品质量稳定。

酚醛泡沫通风管道系统的安装，是按设计规格、尺寸进行切割加工，再按通风管道具体要求，通过风管附件及法兰专用胶进行组装，制成自身支撑通风管道。

13.2.1 空调风管特性及应用范围

1. PF空调通风管道性能、特点

（1）良好保温性能，环保节能

可有效起到保温隔热功耗，防止风管表面结露，避免冷凝水对室内装饰及相关设施的危害，同时获得很高的节能效应。

（2）气密性能极佳，送风质量高，清洁卫生

PF空调保温风管系统的专用法兰可保证极佳的气密性能，减少泄露。法兰用量少，使得线形摩擦损失极低，表面光滑的铝箔和极佳低漏风量，不但能保证输送风介质卫生，也可避免造成二次污染。不吸水的保护层也不产生积水、不滋生细菌、不传播疾病等危害。

（3）安装方便，节省工期

通风管道制作程序简单方便，制管保温一次完成，程序简捷、耗工量少，且安装速度快、施工效率是传统产品的几倍，节省人工成本。因安装工艺过程简单，减少繁琐操作过程、安装安全。

（4）运行吸声、隔声，远离噪声

因采用夹芯板结构，具有良好的隔声吸声功能，震动和回声被隔热材料吸收，因而最大限度的减少噪声，因而增加环境的舒适度。

（5）维修保养方便、使用寿命长

风管任何一端有意外损坏，均可随意进行切割粘接修补。使用寿命可达20年以上，是传统风管使用的3倍年限。

（6）质重轻，外形美观

风管板材重量是铁皮风管重量的10%，对支架、吊件等的承载要求大大降低，可有效减低建筑物负荷。

搬运、安装变得更加方便和高效，不仅节约安装费用与投资，更缩小了安装空间。且风管棱角清晰、美观大方。

（7）防火安全

风管板材本身燃烧等级达到B1级的同时，又复合铝箔，大大提高消防安全系数。

（8）抗压强度高

采用压制成型夹心板材的自身支撑通风管道，夹心板材经相互粘合后，再与相关配件组合，板材、管道有很高抗压强度。

（9）PF通风管道（简称酚醛泡沫风管）与玻纤风管、镀锌铁皮风管及玻璃钢风管之间性能比较，见表13-6。

2. PF通风管道应用范围

（1）适用于工业、民用建筑中各种空调通风工程安装的要求。

表 13-6　几种通风管道性能比较

性能	PF 风管	玻纤风管	镀锌铁皮风管	玻璃钢风管	备 注
保温	风管保温一体化,导热系数:≤0.035W/m·K	风管保温一体化,导热系数:≤0.038W/m·K	外加保温层,搭接处不严密,导热系数:≥0.05W/m·K	导热系数:≥0.05W/m·K	
防潮性能	吸水率≤2%,具有优异的防水性能	憎水率≤98%,但纤维间隙积水,不防水	因保温材料而改变	吸水率≤6.3%	
洁净卫生	无粉尘脱落,铝面层抑制细菌滋生,可用于超净化厂房及室外	不能用于超净化厂房、室外及潮湿区域	无粉尘脱落,不能用于室外	无粉尘脱落	
隔声、消声性能	不产生噪声,隔声、消声功能性能优越	不产生噪声且有消声功能	需加装消声器,消声弯(风)头等附件	需加装消声器,消声弯(风)头等部件	
漏风量	≤2%	≤4%	8%左右	6%~8%	
重量	4kg/m²(板厚25mm)	4~6kg/m²(板厚25mm)	14kg/m²(板厚0.8mm)	23kg/m²	1500×320规格计算,含连接件
系统综合阻力	粗糙度0.24mm,无消声部件阻力	粗糙度0.24mm,无消声部件阻力	粗糙度0.15mm,另加消声部件阻力	8m/s左右,风速风阻参照铁皮设计(粗糙度0.20mm,加消声部件阻力)	
工期	20m/人/日	15m/人/日	≤10m/人/日	≤4m/人/日	从原料到成品
寿命	20年以上	10年	3~6年锈蚀	6年开始老化	
观感	良好	良好	一般	一般	
影响净高	无需加工空间,无法兰边,无消器所占空间	无需加工空间,无法兰边,无消器所占空间	需加工车间,上下各5~10cm 有法兰边2~3cm	有法兰边2~3cm	
外层强度	较好	一般	一般	好	一般碰撞不损坏
破损修复	易修复	不易修复	不易修复	不易修复	

（2）适用于航天制造、食品加工、电子工业、医药业、购物中心、体育娱乐场馆、酒店等多个领域。

配合净化设备广泛应用微生物环境,包括制药、生物基因、医院洁净设备、食品饮料等行业。

（3）适用于电子仪表的半导体、集成电路、电子电器、精密仪器、从仪表。

（4）适用于航空、航天、光电、纺织和微型机械等。

3. 通风管道性能参数

通风管道性能参数要求,见表 13-7。

表 13-7 风管性能参数

名　称	参　数	名　称	参　数
平均密度(kg/m³)	40～60	弯曲弹性模量(MPa)	≥77.0
单位重量(kg/m²)	1.34～1.85	隔声量(dB)	≥18.0
压缩强度(kPa)	150～200	粘结抗拉强度(N)	≥400
导热系数[W/(m·K)]	0.025～0.035	燃烧等级	B1 级～A 级
弯曲强度(MPa)	≥1.00	风管耐温范围(℃)	－60～150

13.2.2 空调风管制作安装要点

铝箔面硬质酚醛泡沫夹芯板空调风管道是在夹芯板基础上加工制作,其工艺过程主要用专用的刀具切割、直接粘粘、法兰连接组合而成。

1. 材料、附件及工具准备

(1) 铝箔面硬质酚醛泡沫夹芯板质量要求

1) 外观:要求平整,板面无翘曲、表面清洁、无污迹、破洞、开裂,切口要平直、切面整齐。

2) 物理性能要求,见表 13-8。

表 13-8 铝箔面硬质酚醛泡沫夹芯板物理性能指标

芯材热导率〔W/（m·K）〕	在 25℃±2℃温度条件下,芯材热导率应不大于 0.035W/m·K
180°剥离强度	将铝箔从芯材上进行 180°剥离时,两个面的剥离强度均应不小于 0.15N/mm
压缩强度	≥0.15MPa
弯曲强度	≥0.11MPa
尺寸稳定性	长、宽、厚三个方向尺寸变化均应不大于 2%,且不应出现在面材与芯材分离现象
燃烧性能	B1 级,其中烟密度应不大于 25
甲醛释放量	应达到 GB 18550 中的 E1 级,甲醛释放量应不大于 1.5mg/L

注:摘自《铝箔面硬质酚醛泡沫夹芯板》(JC/T 1051—2007)产品标准。

(2) 风管系统安装附件准备

各种法兰、工字型插条、号码、铝保护碟、快速固定胶粒,补偿角等。板材专用胶不仅将板材粘结牢固,而且胶膜具有阻燃性;专用法兰胶具有阻燃和膨胀双重效果,可保证板材和法兰的牢固粘结。

(3) 风管制作专用工具准备

铝质压尺、手动压槽机、V 型刀、双面 45°开料刀、直型开料刀和工具箱等。

2. 安装过程

(1) 板材粘接前,所有需粘接的表面必须除尘去污,切割的坡口涂满胶粘剂,并覆盖所有切口表面,折叠后即可组合成各种规格尺寸的风管。

(2) 按尺寸要求在板材拼接时先用专用工上用双面 45°开料刀切割成 V 型槽,V 型槽上涂上胶水。

(3) 风管粘合成型后,在外层铝箔接口处再贴上铝箔封条,内层铝口处涂上密封胶,成型后的风管两端涂上玻璃胶，所有接缝必须封闭严实，装上专用法兰即可现场安装。

13.2.3　安装质量要求

1. 酚醛泡沫夹芯板的导热系数、密度和吸水率，以及管道防火性能、断面尺寸及厚度必须达到设计要求。

2. 风管与部件、风管与土建风道及风管间的连接应紧密贴合，严密、无空隙、牢固。绝热层纵、横的接缝，应错开。

3. 板材所采用的专用连接构件，连接后板面平面度的允许偏差为 5mm。采用法兰连接时，其连接应牢固，法兰平面度的允许偏差为 2mm。

4. 风管采用插连接的接口应匹配、无松动。采用法兰连接时，不得产生热桥。支吊架安装符合设计要求。

5. 风管两端面应平行，无明显扭曲。

6. 矩形风管两条对角线长度之差不应大于 3mm；圆形法兰任意正交两直径之差不应大于 2mm。

7. 因铝箔复合夹芯板制作的风管重量轻，安装时一般只需在 4m 左右布置一个支架，便有足够的支撑力。

酚醛泡沫通风管道严密性及风管系统的严密性检验和漏风量等，各项指标均应符合设计要求或现行国家标准《通风与空调工程施工质量验收规范》GB 50243—2002 和《高层民用建筑设计防火规范》GB 50045—1995 有关规定。

第14章　施工现场管理

14.1　现场工程技术管理

14.1.1　施工管理主要内容

1. 施工组织设计管理主要内容

工程施工前，应认真编制施工组织设计或施工方案，且经批准后方可实施。施工组织设计包括内容如下：

（1）工程概况；

（2）工程项目综合进度计划；

（3）劳动力计划；

（4）主要施工方法和技术措施；

（5）成品保护措施；

（6）安全文明施工措施；

（7）安全消防技术措施；

（8）计划各项经济技术指标；

（9）明确建设、设计、施工三方面的协作配合关系；

（10）总分包的工作范围；

（11）施工构造图及重点节点构造图；

（12）主要原、辅料的规格、技术性能指标；

（13）质量保证措施等。

2. 施工技术管理主要内容

技术管理是确保节能工程项目质量、进度和安全的必要途径。其内容包括：

（1）图纸审核

在开工之前，审核图纸、熟悉图纸其目的是弄清楚设计意图，工程特点，材料要求等以求多发现问题。以便从图中发现的问题或疑问。

（2）图纸会审

在技术人员自审的基础上，由技术部门（包括技术领导、施工工长、预算员、检查员）将在施工中出现不可预见的问题、施工矛盾或图纸中设计的内容不齐全、不符合国家现行相关标准和规范要求等进行汇总，并组织有关人员讨论提出的问题，对能实施的项目提出意见或建议交领导进行综合性考虑。

在会审图纸的基础上，将会审的建议和设计需要解决的问题，由设计、建设（或监理）、施工单位的有关人员参加，确实修改的方案，由三方办理一次性洽商。对问题较复杂，改动较大的问题应请设计人员另行出图并按规定程序审批后方可使用。对影响施工造价的应纳入施工预算。

参加会审的设计、建设、监理、施工单位负责人必须在图纸会审记录上签字并盖公章。

（3）设计交底

在设计交底内容中，包括施工要点、节点构造等特殊部位的施工要求，以及使用新工艺施工特点等内容，在施工前做详细掌握。接受交底各方代表签字。

（4）施工交底

分项施工前应由施工工长组织并向参与施工的班组交底。这是企业基层实施技术质量指标的一项重要措施，也是施工工长一项十分重要的任务。

交底的方法步骤是：根据工程进度，按单位工程、分部工程、分项工程，细致交底。每次交底既要交技术、质量，又要交安全注意事项。

（5）设计变更通知单

在工程中因某种特殊情况而发生变更设计时，为了保证设计变更的完整性，又便于查找，在工程交工时应详细填写设计变更通知单汇总目录和设计变更通知单。

设计变更通知单是经过设计、监理、建设单位审查同意后，发给施工和有关单位的重要文件，是竣工图编制的依据之一，是建设、施工双方结算的依据，其文字记录应清楚，时间应准确，责任人签署意见应简单明确。

（6）洽商管理

建设单位、监理单位、施工单位在工程施工过程中，提出合理化建议，或由于条件、材料等诸多因素仍有可能再次变化。需对施工图进行修改时，由于专业的特殊性，一般专业洽商可由施工工长与设计、建设单位办理，应填写工程洽商记录，通知设计单位对施工图按程序进行修改。

涉及施工技术、工程造价、施工进度等方面问题时，提出方和设计单位应与其他相关各方协商取得一致意见后，可用工程洽商记录（技术核定联系单）的形式经各方签字后存档。但要注意洽商的严肃性。坚持做到：有变必洽，随变随洽。并应将洽商结果及时反映到竣工图上，洽商记录应编订成册，做好编号以备存档。

14.1.2　工程质量验收记录填写

1. 现场质量管理检查记录主要包括内容

工程质量要求：主控项目应全部合格；一般项目应合格；当采用计数检验时，至少应有90％以上的检查点合格，且其余检查点不得有严重缺。

施工现场质量管理检查记录应由施工单位填写，总监理工程师（建设单位项目负责人）进行检查，并做出结论。

检查内容包括：

（1）现场质量管理制度：三检（自检、交接检、专检）制度，月底评比制度，质量与经济挂钩制度。

（2）质量责任制：岗位责任制、施工技术质量安全交底制、挂牌制度。

（3）主要专业工程操作上岗证书核查制度。

（4）分包方资质与分包单位管理制度：审查分包资质及相应管理制度。

（5）施工图审查情况：施工图审查批次号、图纸会审记录及设计交底记录。

（6）施工组织设计、施工方案及审批：编制与审批程序和内容是否与施工相符。

（7）施工技术标准：施工图所包含各专业施工技术标准。

（8）工程质量检查检验制度：原材料检验制度、施工各阶段检验制度、工程抽检项目检验计划等。

施工现场质量管理检查记录应由施工单位填写，总监理工程师（建设单位项目负责人）进行检查，并做出结论。

2. 施工日志主要包括内容

工长在施工中记录日志是对工作不足的分析和成功经验的总结，也是处理事务的备忘录和存档资料，施工日志应包括如下内容：

（1）日期、气候温度；

（2）当日、本人、班组的工作内容；

（3）各班组操作人员的变动情况；

（4）停工、待料或材料代用技术核定情况；

（5）施工质量发现的问题，实际处理的情况；

（6）检查技术、安全存在的问题与改正措施；

（7）施工会议的重要记事，技术交底、安全交底的情况；

（8）质量返工事故；

（9）安全事故等。

3. 工程质量验收记录主要包括内容

工程质量验收记录包括隐蔽工程验收和最终整体工程验收，按工程项目不同而验收过程不等，工程应分步分别验收，首先涉及隐蔽工程质量，然后是整体工程验收。

整体工程的施工和验收必须在隐蔽工程验收合格的基础上才能进行，工程验收绝对不可忽视隐蔽工程验收。

隐蔽工程和最终工程质量验收，应对合格过程和不合格处理过程做详细记录，它是工程项目验收的重要依据，必须认真填写，以便在施工过程中和施工完后，对出现的施工质量问题作出准确的判断和处理。

4. 工程质量验收记录填写

（1）现场质量验收记录由施工单位按表内内容，由总监理工程师（建设单位项目负责人）进行检查，并作出检查结论。

（2）检验批质量验收记录由施工项目专业质量检负责人填写，由监理工程师（建设单位项目专业技术负责人）组织专业质量检查员等进行验收。

（3）分部（子分部）工程质量验收记录，由总监理工程师（建设单位项目专业负责人）组织施工项目经理和有关勘察、设计单位项目负责人进行验收。

5. 工程验收与工程验收前应检查文件或记录

（1）保温工程验收前，应在施工中完成下列隐蔽项目的现场验收：

1）系统与结构连接点；

2）系统与主体的伸缩缝、沉降缝、防震缝及墙角转角节点；

3）系统防雷连接点；

4）系统的封口点；

5）耐碱增强玻纤网铺设等。

（2）节能建筑外围护墙体（屋面）保温的工程，分项各检验批的质量检验应全部合格。保温工程验收时，应提交下列资料：

1）工程保温系统的施工图、竣工图、设计说明、设计变更文件及其他文件；

2）施工工艺和施工方案，设计与施工执行标准、文件；

3）工程保温系统各组成材料、部品及配件出厂时的质量合格证、性能检验报告、进入施工现场验收记录，抽检复验报告；

4）施工技术交底；

5）施工工艺记录和施工质量检验记录；

6）各检验批及隐蔽施工的验收记录；

7）金属面层系统防雷装置测试记录；

8）工程质量问题处理记录；

9）保温工程施工质量验收申请报告；

10）其他应提供的资料。

6. 外围护墙体外保温工程各检验批的验收记录填写

工程结束应按《建筑工程施工质量验收实施细则》填写质量验收记录，该质量验收记录包括外围护保温（防水）质量验收记录和分项工程质量验收记录，它们是工程正式验收的重要依据，填好存入档案。

外围护保温（防水）工程各检验批的验收记录按表格规定内容填写，在表中强制性条文的主控项目，一般项目等内容均应按相应的现行国家、地方标准或相关规定内容填写。

14.2 现场工程安全管理

14.2.1 安全责任

1. 施工单位的安全责任

施工单位主要负责依法对本单位的安全生产工作全面负责。施工单位应当建立健全安全生产责任制度和安全生产教育培训制度，对所承担的建筑工程进行定期和专项安全检查，并做好安全检查记录。

（1）施工单位应设安全生产管理机构，配备专职安全生产管理人员。

（2）施工单位应在施工现场出入口通道处、临时用电设施、作业架、孔洞口等易出现安全事故的部位、防火要求，设置明显的安全警示标志。

（3）施工单位应当根据建设工程的特点、范围，对施工现场易发生事故的部位、环节进行监控，制定施工现场可行的安全事故应急救援预案。

（4）施工单位发生事故，应按国家有关伤亡事故报告和调查处理的决定，及时、如实地向负责安全生产监督管理的部门、建设行政主管部门或者其他有关部门报告。

（5）发生安全事故后，施工单位应当采取措施防止事故扩大，保护事故现场。

2. 总承包单位的安全责任

实行施工总承包的建设工程，由总承包单位对施工现场的安全生产负总责。

（1）总承包单位依法将建设工程分包给其他单位的，分包合同中应当明确各自的安全生产方的权力、义务。总承包单位和分包单位对分包工程的安全生产承担连带责任。

（2）建设工程实行总承包的，如发生事故，由总承包单位负责上报事故。

（3）分包单位应当服从总承包单位的安全生产管理，分包单位不服从管理导致生产安全事故的，由分包单位承担主要责任。

3. 项目经理部安全职责

（1）项目经理安全职责

项目经理对建设工程项目的安全施工负责，包括：

1）认真贯彻安全生产方针、政策、法规和各项规章制度，制定和执行安全生产管理办法，严格执行安全考核指标和安全生产奖惩办法，确保安全生产措施费用的有效使用，严格执行安全技术措施审批和施工安全技术措施交底制度；

2）建设工程施工前，应当对有关安全施工的技术要求向施工作业班组、作业人员做出详细说明，并由双方签字确认。施工中定期组织安全生产检查和分析，针对可能产生的安全隐患制定相应的预防措施；

3）当施工过程中发生安全事故时，项目经理必须及时、如实按安全事故处理的有关规定和程序及时上报和处理，并制定防止同类事故再次发生的措施。

（2）安全员的安全职责

1）安全员负责施工现场的安全管理工作。制定并落实岗位安全责任制，签订安全协议。

2）遵守施工现场制定的一切安全制度，制定意外安全事故应急处理预案，以防意外发生。

3）安全员不得脱离施工现场，随时进行安全检查同时，且必须做到：

①应遵守有关安全操作规定。脚手架、吊篮经安全检查验收合格后，方可上人施工，施工时应具有防止工具、用具、材料坠落的措施。

②操作人员必须遵守高空作业安全规定，系好安全带。

③进场前，必须进行安全教育，注意防火，现场不许吸烟、喝酒。

④达到用电安全。

4）对安全生产进行现场监督检查。发现安全事故隐患，应当及时向项目负责人和安全生产管理机构报告，对违章指挥、违章操作的，应当立即制止。

5）落实安全设施的设置。

6）对施工全过程的安全进行监督，纠正违章作业，配合有关部门排除安全隐患，组织安全教育和全员安全活动，监督检查劳保用品质量和正确使用。

（3）作业队长安全职责

1）向本工种作业人员进行安全技术措施交底，严格执行本工种安全技术操作规程，拒绝违章指挥。

2）组织实施安全技术措施。

3）作业前应对本次作业所使用的机具、设备、防护用具、设施及作业环境进行安全检查，消除安全隐患，检查安全标牌是否按规定设置，标识方法和内容是否正确完整。

4）组织班组开展安全活动，对作业人员进行安全操作规程培训，提高作业人员的安全意识，召开上岗前安全生产会。

5）每周应进行安全讲评。当发生重大或恶性工伤事故时，应保护现场，立即上报并参与事故调查处理。

（4）作业人员安全职责

1）认真学习并严格执行安全技术操作规程，自觉遵守安全生产规章制度，执行安全技术交底和有关安全生产的规定，不违章作业。服从安全监督人员的指导，积极参加安全活动，爱护安全设施。

2）作业人员有权对施工现场的作业条件、作业程序和作业方式中存在的安全问题提出批评、检举和控告，有权对不安全作业提出意见。有权拒绝违章指挥和强令冒险作业，在施工中发生危及人身安全紧急情况时，作业人员有权立即停止作业或者在采取必要的应急措施后撤离危险区域。

3）作业人员应当遵守安全施工的强制性标准、规章制度和操作规程，正确使用安全防护用具、机械设备等。

4）作业人员进入新的施工现场前，应当接受安全生产教育培训。未经教育培训或者或培训不合格的人员，不得上岗作业。垂直运输机械作业人员，安装拆卸工、登高架设等特种作业人员，必须按照有关规定经过专门的安全作业培训，并取得特种作业操作资格证书后，方可上岗作业。

5）作业人员应努力学习安全技术，提高自我保护意识和自我保护能力。

14.2.2 安全措施

1. 现场安全措施

（1）新工人安全生产教育

凡从事外保温作业人员入场前必须进行安全生产教育，在操作中应经常进行安全技术教育，使新工人尽快掌握安全操作要求。

（2）进入施工现场

节能工程施工基本都是户外高空作业，施工现场应有安全网，进入施工现场必须戴好安全帽，登高空作业必须系安全带，并且必须使用合格的安全帽、安全带和架设可靠的安全网。

1）安全帽

使用安全帽的质量应符合安全技术要求，耐冲击、耐穿透、耐低温。工人作业必须戴好安全帽。

2）安全带

使用安全带的长度不超过2m，佩穿防滑鞋。安全带时应高挂低用，将保险钩挂在大横杆上后方可施工。

防止摆动和碰撞安全带上安全绳的挂钩，应挂在牢固地方，不得挂在带有剪断性的物体上。在使用前对安全带质量认真检查，但对安全带上的各和部件不得任意拆掉，发现安全带中见有破损时严禁再用。

3）安全网

建筑安全网的形式及其作用可分为平网和立网两种。平网安装平面平行于水平面，主要用来承接人和物的坠落；立网安装平面垂直于水平面，主要用来阻止人和物的坠落。外墙、坡屋面周边和预留孔洞部位，必须设置安全护栏和安全网或其他防止坠落的防护措施。

不得使用超期变质筋绳和安全网，安装的安全网确实达到有安全性。

（3）标准牌

施工现场应设有关安全生产内容的标语牌。

2. 作业架（吊篮）作业要求

（1）手动吊篮结构

1）手动吊篮由支承设施（建筑物顶部悬挑梁或桁架）、吊篮绳（直径 13mm 以上钢丝绳）、安全钢丝绳、手板葫芦和吊篮架体组成如图 14-1 所示。

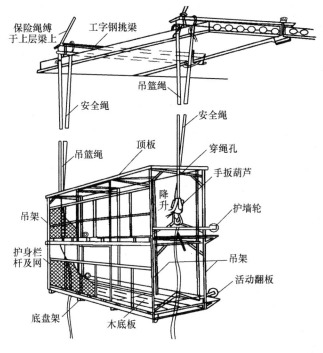

图 14-1　手动吊篮结构示意图

2）支承设施要求：采用建筑物顶部的悬挑梁或桁架，必须按设计规定与建筑结构固定牢固，挑梁挑出长度应保证悬挂用篮的钢丝绳垂直地面。如挑出过长，应在其下面加斜撑。挑梁与吊篮吊绳连接端应有防止滑脱的保护装置，如图 14-2 所示。

3）手动吊篮安装要求

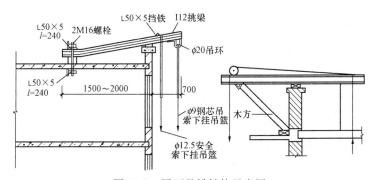

图 14-2　屋面悬挑结构示意图

在安装前，检验吊篮变形、开焊，以及悬梁的稳定性，确认合格后方可投入使用。

先在屋顶挑梁上挂好承重钢丝绳和安全绳，然后将承重钢丝绳穿过手扳葫芦的导绳孔向吊钩方向穿入、压紧，往复扳动前进手柄，即可使吊篮提升，往复扳动倒退手柄即可下落，但不可同时扳动上下手柄。

安全绳采用直径不小于 13mm 的钢丝绳通长到底布置，并与吊篮架体、挑梁连接；保险绳将挑梁与上层结构拉牢。

安全锁固定在吊篮架体上，同时套在保险钢丝绳上，在正常升降时，安全锁随吊篮架体沿保险钢丝绳升降，万一吊篮脱落，安全锁能自动将吊篮架体锁在保险钢丝上。

4）手动吊篮使用要求

吊篮升降到工作部位后，需与建筑物拉结牢固。吊篮顶盖不得上人，散落杂物应随时清理。上下吊篮用挂梯应栓牢，倒绳卸掉吊篮内的材料。工作中不得向外抛投任何物件。

5）作业架（吊篮）使用要求

吊篮升降到工作部位后，需与建筑物拉结牢固。吊篮顶盖不得上人，散落杂物应随时清理。上下吊篮用挂梯应栓牢，倒绳卸掉吊篮内的材料。工作中不得向外抛投任何物件。

电动吊篮登高作业要求安装屋面支承时，必须仔细检查各外连接件及紧固件达到牢固、悬挑梁的悬挑长度符合要求，配重码放位置以及配重数量符合说明书中有关规定。

屋面支承系统安装完毕，安装钢丝绳。安全钢丝绳在外侧，工作钢丝绳在里侧，两绳相距 150mm，钢丝绳应固定、卡紧。

吊篮经检查合格后接通电源试车。同时由上部将工作钢丝绳和安全钢丝绳分别插入提升机构及安全锁中。工作钢丝绳必须在提升机运行中插入。接通电源时注意相位，使吊篮按正确方向升降。

吊篮不得作为竖向运输工具，并不得超载。

（2）套管式附壁升降作业架（脚手架）作业要求

1）安装要求

安装前应根据工程特点进行脚手架布置设计，考虑脚手架高度、宽度、施工荷载等，还应具体绘制平、立面图以及安全操作等作为指导安装文件。

架子采用现场组装顺序为：地面加工组装升降框→检查建筑物预留点位置 →吊装升降框就位 →校正升降框并与建筑物固定 → 组装横杆 →铺脚手板 →组装栏杆、挂安全网。

组装应上下两预留连接点的中心线应在一条直线上，垂直度偏差应在 5mm 内，升降框吊装就位时，应先连接固定框，然后固定滑动框。

连接好后应对升降框进行校正，其与地面及建筑物的垂直度偏差均控制在 5mm 内。校正好后立即固定，并随即组装横杆和其他附属件。

2）使用要求

在爬架升降前应进行全面检查，当确认都符合要求，方可进行升降操作，检查应包括：下一个预留连接点的位置、架子立杆的垂直度、吊钩及主要承力杆件等自身和连接焊缝的强度等是否符合要求；所升降单元与周围的约束是否解除；升降有无障碍；架子上杂物是否清除；提升设备是否处于良好状态等。

3）爬架升降操作要求

爬架升降操作应按步骤进行。先将葫芦挂在固定框上部横杆的吊钩上，其挂钩挂滑动框的上吊钩上，并将葫芦张紧，然后松开滑动框同建筑物连接，在各提升点均匀同步地拉动葫芦，使滑动框同步上升。

当提升到位后，将滑动框建筑物固定，然后松开葫芦，将其摘下并挂至滑动框的下吊钩上，将其挂钩挂在固定框的下吊钩上，并将葫芦张紧，使其受力后，再松开固定框同建筑物连接，同样在各提升点均匀同步地拉动葫芦，使固定框同步上升。到位后将固定框同建筑物固定，至此即完成一次提升过程。如此循环作业，即可完成架子的爬升，架子爬升到位后，应及时同建筑物及周围爬升单元连接。爬架下降步骤与上升相同，只反向操作，即先下降固定框，再下降滑动框。

爬架拆除时，先清理干净架上垃圾杂物后，然后按自上而下顺序逐步拆除，最后拆除升降框。

14.2.3 防火、防毒措施

1. 防火措施

现场施工相对复杂，往往涉及因素较多，存在交叉作业，尽管工程使用不燃 PF 保温材料，但还有些墙体保温在使用可燃的安全网，以及其他可燃材料，因此，现场消防安全严格执行《建设工程施工现场消防安全技术规范》GB 50720—2011 规定。

（1）安全防火、防毒制度上墙，作业人应掌握灭火、防毒知识，掌握消防器材使用方法。消防器材安置在固定位置，干粉灭火器不得超过贮存期。

施工现场应设置室内外临时消火栓系统，并满足施工现场火灾扑救的消防供水要求。

（2）严禁在与保温材料、安全网接触部位进行电焊、气焊切割等明火作业，严禁在保温施工时与其他动火工程交叉作业。

1）不宜在 PF 外保温材料的墙面和屋顶上进行焊接、钻孔等施工作业。确需施工作业的，应采取可靠的防火保护措施，并应在施工完成后，及时将裸露的外保温材料进行防护处理，所有焊接作业应在保温层施工前且必须保证防火安全情况下完成。

2）幕墙保温系统的施工，应在幕墙的承力结构安装（如支撑构件和空调机等设施的支撑构件）完成验收合格后进行，即电焊等工序应在保温材料铺设前进行。

如必须在保温材料铺设过程中或施工完成后进行焊接、气焊等明火作业时，应根据现场具体情况制定严密动火规范和安全使用规范，严禁任何火种与保温层、安全网接触，同时防止焊渣流淌或飞溅电焊火星熔化、损坏、引燃保温层，在电焊部位的周围及底部铺设防火毯等可靠的防火保护措施，确保消防安全。

3）保温材料的施工应分区段进行，各区段应保持足够的防火间距，并宜做到边固定保温材料边涂抹防护层。未涂抹防护层的外保温材料高度不应超过 3 层。

4）不得直接 PF 保温材料上进行防水材料的热熔、热粘结法施工。

（3）现场喷涂 PF 发泡作业时，应避开高温环境。施工工艺、工具及服装等应采取防静电措施。

（4）外墙和屋顶相贴邻的竖井、凹槽、平台等，不应堆放可燃物。火源、热源等火灾危险源与外墙、屋顶应保持一定的安全距离，并应加强对火源、热源的管理。

（5）在现场保温施工过程中或完成施工后，绝不许乱丢火种，严禁吸烟、乱扔未熄灭烟头。

（6）施工用照明等高温设备靠近可燃保温材料时，应采取可靠防火保护措施。

（7）施工现场的供电系统实施三级配电二级保护。施工现场和生活区严禁私拉乱接电线，遵守施工现场安全制度。

电气线路不应穿过有机类保温材料层，确需穿过时，应采取穿管等防火保护措施。

2. 防毒（防危害）要求

（1）在现场操作喷涂 PF 设备时，或进入设备工作区，必须戴好必要劳保用品（如手套、护目镜、一次性无纺布类防护衣）及呼吸器、听力保护装置等，以免受到伤害、吸入有毒烟害、烧伤、听力损失、食入有毒液体或让它们溅到眼睛里或皮肤上，都会导致伤害。接触吸入后，易造成呼吸道的感染。

（2）在 PF 喷涂设备操作前，要拧紧所有液体连接处。每天检查软管、吸料管和收头，发现已磨损或损坏的零部件要立刻更换，高压软管不得重新连接，应更换整根软管。

（3）特别在空气不流通的施工现场，喷涂 PF 会导致空气中悬浮粒子浓度增加而产生毒害。最好使用能与户外接通新鲜空气的面具，当使用活性炭过滤保护（只能对有机溶类的苯类、酮类等有吸附作用）呼吸罩时，必须经常更换活性炭。

3. 现场文明施工要求

（1）现场管理要求

1）严格按照相关文件规定的尺寸和规格制作各类工程标志标牌，如：施工总平面图、工程概况牌、文明施工管理牌、组织网络牌、安全记录牌、防火须知牌等。其中，工程概况牌设置在工地大门入口处，标明项目名称、规模、开竣工日期、施工许可证号、建设单位、设计单位、施工单位、监理单位和联系电话等。

2）施工区和生活、办公区有明确划分；责任区分片包干，岗位责任制健全，各项管理制度上墙，施工区内废料和垃圾及时清理。

3）场内道路平整、坚实、畅，有完善排水系统。

（2）临时用电要求

1）施工区、生活区、办公区的配电线路架设和照明设备、灯具的安装、使用应符合规范要求；特殊施工部位的内外线路按规范要求采取特殊安全防护措施。

2）机电设备的设置必须符合有关安全规定，配电箱和开关箱选型、配置合理，各种手持式电动工具、移动式小型机械等配电系统和施工机具，必须采用可靠的接零或接地保护，配电箱和开关箱应设两极漏电保护。

电动机具电源线压接牢固，绝缘完好，无乱拉、乱接电线现象。所有机具使用前应派专人对电器设备定期检查，对所有不合规范的现象应立即整改，杜绝隐患，检查确认性能良好，不准"带病"使用。

3）电源开关使用要求

现场所用电源开关箱必须配置漏电保护器，专业人员必须持证上岗，操作者必须戴绝缘手套进行操作。严禁非操作人员动用电器设施，停止作业时应立即切断电源。

施工现场内临时用电的施工和维修，必须由经过专门培训取得上岗证的专业电工完成，其等级应与工程的难度和技术复杂性相适应。

（3）操作机械要求

1）操作机械设备时，严禁在开机时检修机具设备。不得随意在设备上放东西。

2）搅拌机应有专人操作、维修、保养，电器设备绝缘良好，并接地。

3）在使用设备前，必须认真阅读和掌握所使用设备的操作要领说明（手册）、注意事项（警告），严格按照设备的操作说明书进行验操作。未经培训者不得随意操作。

（4）材料管理要求

1）工地材料、设备、库房等按平面图规定地点、位置设置；材料按类存放整齐按序摆放固定位置，有标识，管理制度、资料齐全并有台账。

料场、库房整齐，易燃物、防冻、防潮、避高温物品单独存放，并设有防火器材。运入各楼层的材料堆放整齐。

2）PF 保温材料存放要求

PF 保温板材在搬运时，防止损伤断裂、缺棱掉角，保证板材外形完整；堆放现场及施工操作现场 10m 以内禁止明火或吸烟，防止堆压变形、划伤饰面。使用的板材，堆放整齐平稳，边用边运，不许乱扔。液体材料（如喷涂 PF 原料）存放在适宜温度，防冻、防高温或曝晒。

3）配套部件、材料存放要求

存放配套部件、热镀锌焊接钢丝网或耐碱玻纤网格布不得堆压变形、损坏；现场搅拌用干粉料不得受潮。

（5）环境保护要求

施工期间严禁向建筑物外抛掷垃圾，所产生飞撒物料、废料按规定集中存放、回收、装袋运出，清运处理或排放，随时做到工完场清。始终保持现场内部或工作面的干净整洁、无垃圾和污物，环境卫生好。

施工期间应减少噪声，按当地规定时间内工作，防止影响居民休息。在工程施工中尽最大限度保持原来的环境。

主要参考文献

[1] 中华人民共和国行业标准. 外墙外保温工程技术规程[S]. JGJ 144—2004.

[2] 中华人民共和国国家标准. 建筑节能工程施工质量验收规范[S]. GB 50411—2007.

[3] 酚醛板外墙外保温系统[M]（图集号：2009 沪 J/T—144）.

[4] 中国工程建设协会标准. 酚醛保温板薄抹灰外墙外保温工程技术规程[S]. DCECS 335—2013.

[5] 辽宁省地方标准. 酚醛保温板外墙外保温技术规程[S]. DBJ/T 2171—2013.

[6] 辽宁省建筑标准设计（建筑构造图集）改性酚醛泡沫保温板外保温墙体构造[M]（统一编号：DBJT05—258；图集号：辽 2013J135），2013.

[7] 福建省工程建设地方标准. 酚醛保温板外墙外保温工程应用技术规程[S]. DBJ/T 13—126—2010.

[8] 中华人民共和国国家标准. 建筑材料及制品燃烧性能分级[S]. GB 8624—2012.

[9] 韩喜林. 酚醛树脂泡沫的生产技术[J]. 沈阳化工，1990，02.

[10] 韩喜林. 改性酚醛树脂泡沫塑料的制备及应用[J]. 沈阳化工，1991，03.

[11] 韩喜林. 酚醛树脂泡沫的生产和改性[J]. 辽宁化工，1991，06.

[12] 韩喜林. 新型建筑绝热保温材料应用·设计·施工[M]. 北京：中国建材工业出版社，2005.

[13] 韩喜林. 聚氨酯硬泡节能建筑保温系统应用技术[M]. 北京：中国建材工业出版社，2010.

[14] 韩喜林. 防水工程安全·操作·技术[M]. 北京：中国建材工业出版社，2007.

[15] 韩喜林. 节能建筑设计与施工[M]. 北京：中国建材工业出版社，2008.

[16] 韩喜林. 节能建筑设计图集[M]. 北京：中国建材工业出版社，2010.

[17] 韩喜林，盛忠章. 酚醛建筑保温系统应用技术[M]. 北京：中国建筑工业出版社，2011.

[18] 韩喜林，唐志勇. 节能建筑保温材料. 设计. 施工常见问题解答[M]. 北京：中国建筑工业出版社，2013.

[19] 韩喜林. 建筑保温施工与工程质量缺陷对策[M]. 北京：中国建材工业出版社，2014.

[20] 中华人民共和国国家标准. 建筑材料燃烧释放热量试验方法[S]. GB/T 14430—2014.